작은 집 짓기
해부도감

CHIISANA IE NO MADORI KAIBOU JUKAN
ⓒ ITARU HOMMA 2017

Originally published in Japan in 2017 by X-Knowledge Co., Ltd.
Korean translation rights arranged through BC Agency, SEOUL
Korean translation rights ⓒ 2018 by THE FOREST BOOK Publishing Co.

이 책의 한국어판 저작권은 BC에이전시를 통해
저작권자와 독점계약을 맺은 더숲에게 있습니다. 저작권법에 의해
한국 내에서 보호를 받는 저작물이므로 무단전재와 복제를 금합니다.

일러두기

1) 면적의 단위는 제곱미터(m^2)로 계산하되, 독자의 편의를 위해 본문에서 자주 언급되는 면적은 평으로 환산하여 책의 맨 뒤쪽에 표로 정리했습니다.
2) 본문에 들어간 QR코드들은 저자의 건축사 사무소인 bleistift 홈페이지로 연결되는 링크로, 해당 쪽의 실제 주택의 모습을 사진으로 살펴볼 수 있습니다.
3) 건축 관련 법령 등 일부 내용은 국내 상황과 일치하지 않을 수 있습니다.

작은 집 짓기 해부도감

작아도 살기 좋은 집을 만드는 구조설계의 비밀

혼마 이타루 지음 | 노경아 옮김

더숲

들어가며

작은 집 짓기를 꿈꾸는 이들에게

누구나 집을 지을 때 넓은 집을 원하기 마련입니다. 그러나 부지가 넓다고 다 쾌적한 집을 지을 수 있는 것은 아닙니다. 이 책을 쓰게 된 것도 독자 여러분이 실제로 제가 설계한 집을 살펴보면 부지가 넓지 않아도 얼마든지 쾌적한 집을 지을 수 있다는 사실을 이해할 것이라고 믿었기 때문입니다.

저는 3년 전 주택설계 사무소를 설립한 후 150채 이상의 집을 설계했습니다. 그 집들의 연면적*은 66.1m²에서 330.6m²까지로 매우 다양합니다. 심지어 46.3m²도 되지 않는 작은 부지에 집을 지은 적도 있습니다. 그 과정에서 큰 집이라서 살기 편하고 작은 집이라서 살기 힘든 게 아니라는 사실을 깨달았습니다. 생활 편의성은 면적과 상관이 없습니다.

이 책에서는 '협소 주택'으로 불리는 연면적 66.1~99.2m² 정도의 집 41채를 소개하고, 그 구조와 설계상의 다양한 아이디어를 설명합니다. 아이디어라고는 해도 뭔가 거창한 시도를 한 것은 아닙니다. 어디까지나 '생활에 초점을 맞추어 생각하는' 당연한 일을 반복하며 그 결과물을 주택 건축에 무리가 되지 않는 선에서 반영했을 뿐입니다. 하지만 새삼 생각해보면 그것이야말로 쾌적한 집을 실현하기 위한 기본 자세가 아닐까 싶습니다.

주택 건축은 머릿속으로 생각한 것을 건물의 형태로 구현하는 일입니다. 그

---

* 건축물의 전체 층 바닥면적의 합계. 층수가 많을수록 연면적도 늘어난다.

출발점은 바로 '구조설계'입니다. 특히 면적이 한정된 작은 집의 경우, 구조를 어떻게 설계하느냐에 따라 그 안에서의 생활이 크게 달라집니다. 집은 한번 지으면 고치기가 어려워서 그 상태 그대로 몇십 년을 살아야 하는 경우도 적지 않습니다. 그러므로 기본 중의 기본인 '구조'를 신중히 설계하는 것이 무엇보다 중요합니다.

이 책의 1장에서는 연면적 99.2m² 이하로도 얼마든지 쾌적한 집을 지을 수 있음을 설명하고, 협소 주택을 지을 때 각 방의 면적을 어떻게 배분하면 좋을지 해설했습니다. 2장에서는 작은 집 구조설계의 원칙을 10개 항목, 49개 세목으로 나누어 소개했습니다. 3장에서는 실제 주택 41채의 구조를 해설했습니다. 읽다 보면 한정된 부지 안에서 LDK(거실·주방·식당), 개인 방, 다용도실을 어느 층, 어느 방 옆에 배치하느냐에 따라 생활 전반이 크게 달라진다는 사실을 깨닫게 되리라 믿습니다.

이 책을 소설처럼 처음부터 차례대로 읽을 필요는 없습니다. 페이지를 훌훌 넘기며 눈길이 가는 항목부터 읽으면 됩니다. 그러다 보면 작은 집의 매력과 가능성에 눈을 뜨고 작은 집에서의 생활을 상상하게 될 것입니다.

이 책이 '집 짓기'에 대한 꿈을 더욱 성장시키기를, 그리하여 더욱 쾌적하고 편안한 집을 실현하는 데 조금이나마 도움이 되기를 간절히 바랍니다.

목차

들어가며_ 작은 집 짓기를 꿈꾸는 이들에게   4

chapter 1. 99.2m² 이하 연면적으로도 쾌적한 집을 지을 수 있다

가족 수와 연면적의 관계   12
- 01_ 3인 가족은 82.6m² 이하로 충분하다   13
- 02_ 4인 가족은 89.3m² 정도면 충분하다   14
- 03_ 5인 가족은 99.2m² 정도면 충분하다   15

4인 가족도 86~92.6m²면 꿈을 실현할 수 있다   16
- 01_ LDK는 1층 아니면 2층?   17
- 02_ 99.2m² 이하에서도 LDK를 33.1m² 이상 확보할 수 있다   18
- 03_ 복도를 줄이면 LDK가 넓어진다   19
- 04_ 높이를 올릴 수 없다면 지하를 만들어 총 3층으로   20
- 05_ 취미실, 예비실, 다목적실까지 89.3m²로 충분하다   21
- 06_ 주택 10채의 공간별 비교   22

chapter 2. 작은 집 구조설계 10대 원칙

원칙 1 / 작은 집의 기본 구조는 직사각형   26
- 01_ 밭 전(田) 설계는 기본 중의 기본   28
- 02_ 직사각형 구조의 계단 배치   30

원칙 2 / 부지의 개성을 구조의 개성으로 탈바꿈   32
- 01_ 변형 부지에 맞추어 짓는다   33
- 02_ 길쭉한 부지에는 안뜰을   34
- 03_ 부지가 넓어도 작게 짓는다   35
- 04_ 높이 차이를 이용해 반지하를 만든다   36
- 05_ 부지가 좁다면 한 층에 하나의 기능만   37

원칙 3 / 계단 위치야말로 핵심   38
    01_ 층 중앙에 계단을 배치한다   39
    02_ 계단을 남쪽으로 붙인다   40
    03_ 계단으로 거실과 식당을 구분한다   41
    04_ 계단을 두 군데 만든다   42
    05_ 스킵플로어로 복도를 없앤다   43

원칙 4 / 공간을 연결해 널찍하게 만든다   44
    01_ 복도와 홀을 방의 일부로 끌어들인다   45
    02_ 계단실을 이용해 공간을 가로세로로 연결한다   46
    03_ '바깥'을 효과적으로 끌어들인다   47
    04_ 뚫린 공간으로 회전성을 만든다   48

원칙 5 / 생활에 알맞은 크기를 결정한다   49
    01_ 작지만 알차고 편리한 주방   50
    02_ 세면실, 탈의실, 화장실을 하나로   51
    03_ 면적에 얽매이지 않는 거실과 식당   52
    04_ 기능에 충실한 현관   53
    05_ 작아서 더욱 차분한 아이 방   54

원칙 6 / 수납공간은 적재적소에   55
    01_ 복도 벽면을 수납공간으로   56
    02_ 통로에 책장을 설치한다   57
    03_ 거실과 식당의 벽면 수납   58
    04_ 작은 집이지만 수납실 겸 옷방을 만든다   59
    05_ 침실에 이불을 수납한다   60
    06_ 작은 집의 현관 수납장   61

원칙 7 / 빛은 끌어들이고 바람은 통과시킨다   62
    01_ 천창은 계단실 위에   63
    02_ 이웃집은 가리고 빛은 받아들인다   64
    03_ 안뜰로 바람이 지나가게 한다   65
    04_ 벽으로 둘러싸인 발코니   66
    05_ 드라이 에어리어로 채광과 통풍을 개선한다   67
    06_ 복도와 계단을 바람의 통로로 삼는다   68

원칙 8 / 세로 방향의 뚫린 공간을 효과적으로 활용한다	69
01_ 계단실의 뚫린 공간을 활용한다	70
02_ 작은 구멍으로 의사소통을 돕는다	71
03_ 뚫린 공간을 여러 개 만든다	72
04_ 뚫린 공간을 크게 만든다	73

원칙 9 / 위로 늘리거나 아래로 늘리거나	74
01_ 3층 건물은 LDK에 반드시 뚫린 공간을	75
02_ 쾌적한 지하실을 만든다	76
03_ 4층으로 지을 수도 있다	77
04_ 쾌적한 생활공간인 반지하	78
05_ 내부 차고를 만들면 3층 건물이 된다	79

원칙 10 / 생활 동선을 최대한 원활하게	80
01_ 주방에서 출발하는 두 갈래 동선	81
02_ 주방과 다용도실을 나란히	82
03_ 현관의 보조 동선	83
04_ 주방 옆에 위생실을	84
05_ 식품 보관실이 보조 동선으로	85
06_ 개인 영역과 위생실	86
07_ 2층 주방의 뒷문	87

chapter 3 작은 집 구조설계의 실제 사례

영역 정하기	90
지상 2층 건물의 올바른 영역 설정	92
위생실로 접근하기 쉬운 동선을 만든다	94
정원이 넓다면 1층에 LDK를 배치한다	96
2개의 정원을 생활공간으로 끌어들인다	98
예비실을 추가한 방 4개짜리 주택	100
위생실을 생활 동선의 핵심으로	102
현관과 계단을 적절히 배치해 복도를 없앤다	104

공적 영역과 사적 영역을 상하층으로 명확히 나눈다	106
1층은 회전 동선, 2층은 방사상 동선	108
길쭉한 부지의 장점을 살린다	110
2층의 나무 발코니가 정원을 대신한다	112
72.8m²로 풍성한 생활을 실현한다	114
외부(햇빛, 식재)와의 관계를 면밀히 설계한다	116
작지만 기능은 충실하게	118
둥근 계단을 중심으로 회전하는 생활 동선	120
복도와 계단의 위치가 중요하다	122
정원을 대신하는 넓은 발코니와 안뜰	124
102.5m² 부지에 차량 2대의 주차장	126
91.7m² 안에 LDK, 방 4개, 부가 공간까지	128
5인 가족도 99.2m² 이하로 충분하다	130
안뜰과 고창을 활용해 채광과 통풍을 꾀한다	132
2개의 계단이 만드는 다양한 동선	134
지상 3층 건물은 위생실의 위치가 더욱 중요하다	**136**
2, 3층에서 생활 행위를 끝낸다 138	부부의 집이라면 침실도 개방형으로 140	개인 방은 LDK 가까이에 142	99.2m² 안에 개인 방 5개와 부가 공간까지 144	다목적 공간과 뚫린 공간으로 널찍한 느낌을 146	뚫린 공간과 안뜰로 상하층을 연결한다 148	테라스, 안뜰, 뚫린 공간으로 채광한다 150	계단실과 천창에서 들어오는 빛 152	2, 3층에서 일상생활을 끝낸다 154	LDK가 3층에 있어도 쾌적한 구조 156	
지하 + 지상 2층 건물에서는 지하의 용도에 주의한다	**158**
지하 방이 주는 여유 160	지하는 부부만의 휴식 공간 162	변형된 좁은 부지라서 오히려 좋은 집 164	미래를 대비한 공간설계 166	반지하의 장점 168	부가 공간인 방음실을 반지하에 170	사선제한이 엄격한 땅에 지은 3층 건물 172	
4층 건물의 위생실은 중간층에 둔다	**174**
약 46.3m²에는 한 층에 한 가지 기능만 있는 4층 건물 176	지하는 책과 서재를 위한 공간 178	'한 층에 한 기능' 원칙 180	
감사의 말	182
평 → 제곱미터 환산표	183

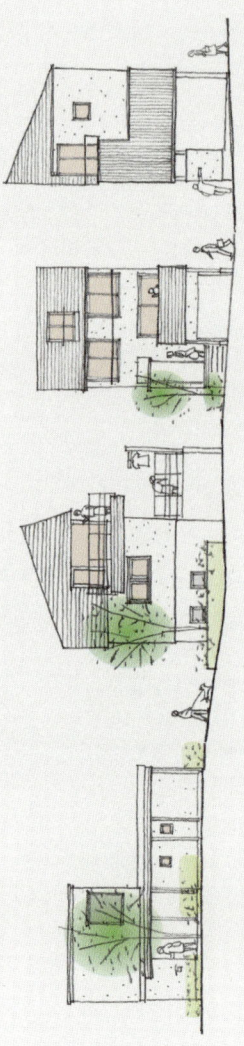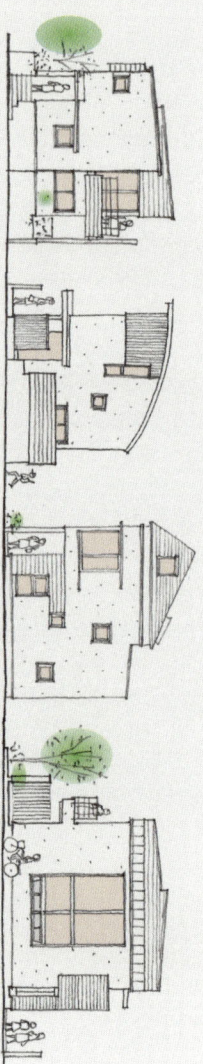

99.2m² 이하 연면적으로도 쾌적한 집을 지을 수 있다

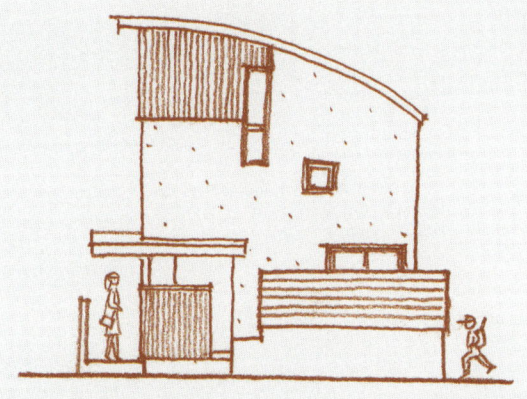

무엇이든 '작은 것'보다는 '큰 것'이 좋다고 생각하기 쉽지만 주택의 면적은 그렇지 않습니다. 집이 크면 냉난방 비용도 많이 들고 청소하기도 힘들기 때문이죠. 특별한 이유가 있어서 넓은 집을 희망하는 게 아니라면, 가족 수에 딱 들어맞는 쾌적한 생활 면적이 어느 정도 정해져 있습니다. 무리해서 넓은 면적을 확보하지 않아도 쾌적한 삶을 누릴 수 있다는 뜻입니다. 특히 3~5인의 일반적인 가족 구성이라면 연면적 99.2m² 이하로도 얼마든지 쾌적한 집을 지을 수 있습니다.

가족 수와 연면적의 관계

가족이 많아지면 필요한 방도 늘어납니다. 방이 늘어나면 그 방 사이를 오가는 동선動線 공간*도 늘어납니다. 예를 들어 3층에 방 한 개를 추가하면 그 방의 면적뿐만 아니라 계단, 복도, 계단 홀 등도 최소한 5m²쯤 추가될 것입니다.

즉 가족과 방의 수가 늘면 방 면적 이상으로 연면적이 늘어납니다. 그것을 감안하여 현재의 가족 수에 연면적이 얼마나 필요한지 계산하고 구조를 설계해야 합니다.

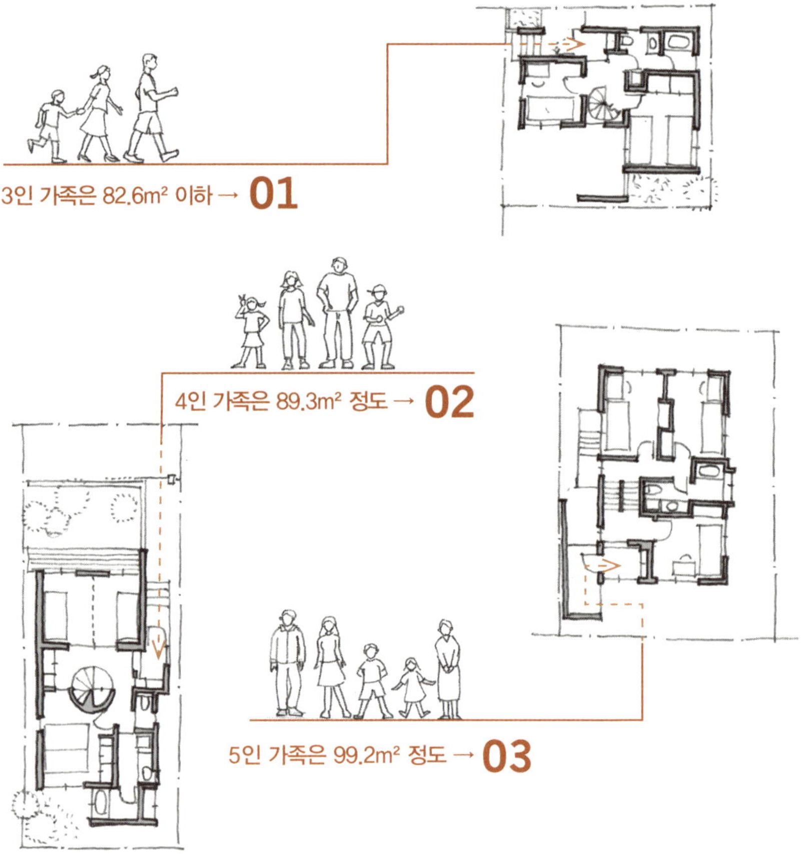

3인 가족은 82.6m² 이하 → **01**

4인 가족은 89.3m² 정도 → **02**

5인 가족은 99.2m² 정도 → **03**

* 사람이 이동하기 위해 필요한 공간

01 3인 가족은 82.6m² 이하로도 충분하다

3인 가족이라면 연면적 82.6m² 이하로도 얼마든지 쾌적한 집을 만들 수 있습니다. 그러려면 방 면적을 최소화하고 복도 등 동선 공간도 최대한 생략해야 합니다.

● 계단 홀까지 회전 동선*에 포함한다

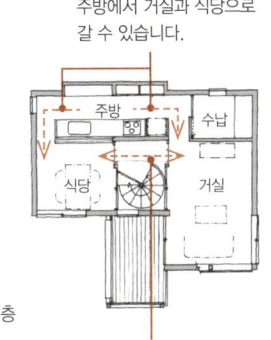

주방에서 거실과 식당으로 갈 수 있습니다.

2층

계단실과 복도를 겸하는 계단 홀의 면적은 약 5m². 여기서 거실 또는 식당으로 가게 하여 주방까지 포함한 회전 동선을 완성했습니다.

● 동선 공간은 최소한으로

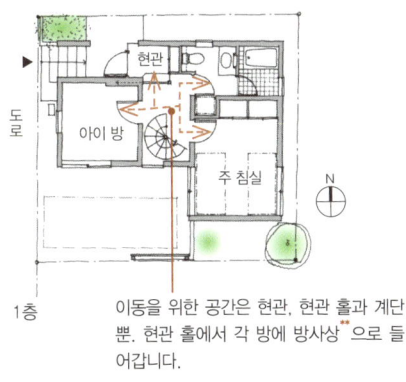

1층

이동을 위한 공간은 현관, 현관 홀과 계단뿐. 현관 홀에서 각 방에 방사상**으로 들어갑니다.

작은 집, 71.9m²(21.7평) → 3장 114쪽

● 계단 홀에서 방사상으로 들어가는 구조

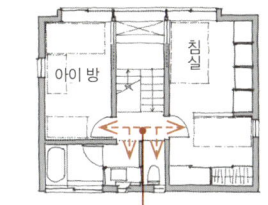

2층

1.7m² 면적의 복도에서 양쪽의 방, 세면실, 화장실 등 4개의 공간으로 갑니다.

● 주방, 다용도실을 한 바퀴 도는 회전 동선

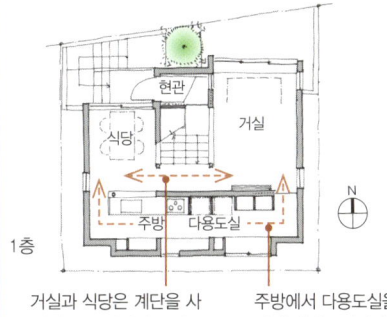

1층

거실과 식당은 계단을 사이에 두고 하나의 공간으로 이어져 있습니다.

주방에서 다용도실을 거쳐 거실로 갑니다.

● 지하를 수납공간으로 이용한다

지하

지하에 외부 창고를 만들었습니다.

오쿠야마의 집, 80.1m²(24.2평) → 3장 104쪽

* 중앙을 중심으로 한 바퀴 도는 동선
** 중앙의 지점에서 사방으로 거미줄이나 바큇살처럼 뻗어 나간 모양

02 4인 가족은 89.3m² 정도면 충분하다

부부와 두 아이로 구성된 4인 가족은 방이 3개 필요합니다. 그래도 연면적 89.3m² 정도면 얼마든지 쾌적한 집을 지을 수 있습니다. 동선 공간이 조금 늘어나겠지만, 복도나 홀에서 각 방에 방사상으로 들어가게 하면 면적을 효율적으로 활용할 수 있습니다.

● 동선 공간을 최소화한다

● 방사상 동선으로 공간을 알차게

식당과 화장실 사이에 층간 높이를 만들고 1m²짜리 디딤판을 놓아 공용 공간인 LDK와 개인 공간을 시각적으로 분리했습니다.

복도에서 침실, 아이 방, 화장실에 방사상으로 들어갑니다. 아이 방의 미닫이를 열면 복도도 아이 방의 일부가 됩니다.

혼모쿠의 집, 93.3m²(28.2평) → 3장 98쪽

● 회전 동선으로 효율을 최대화

● 중앙 복도에서 각 방으로

계단과 주방을 끼고 한 바퀴 도는 회전 동선을 만들어 복도를 생략했습니다.

중앙 복도에서 방사상으로 각 방에 들어가는 효율적인 동선을 만들었습니다.

시미즈가오카의 집, 93.7m²(28.3평) → 3장 106쪽

03 5인 가족은 99.2m² 정도면 충분하다

5인 가족은 대개 부부와 아이 셋으로 구성되니 아이 방 3개가 필요합니다. 그만큼 바닥면적과 동선 공간이 늘어나겠지만 걱정할 필요는 없습니다. 4인 가족이 연면적 89.3m² 정도로 충분했던 것처럼, 복도와 계단을 합리적으로 배치하면 99.2m²로도 얼마든지 쾌적한 집을 지을 수 있습니다.

● 중2층 반 층 위의 다락

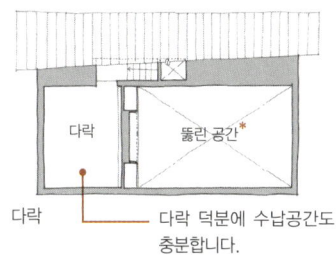

다락 덕분에 수납공간도 충분합니다.

● 고정 계단을 추가하여 다락 출입을 편하게

수납용 다락을 편하게 출입하려면 고정 계단이 꼭 필요합니다.

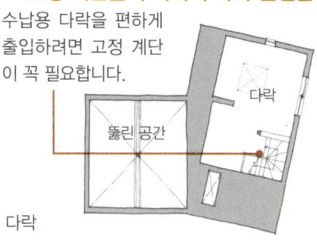

● 계단참으로 들어간다

이 계단참은 각 방으로 가기 위한 복도이기도 합니다.

● 2.6m²짜리 복도에서 각 공간으로 이동한다

2층에는 개인 방 중 부부 침실만 있습니다.

2층 LDK에 26.4m²를 할애했습니다.

2.6m²짜리 복도에서 각 공간으로 들어갑니다.

● 가로 이동까지 담당하는 계단

스킵플로어** 구조에서는 원래 세로 방향의 이동을 담당하는 계단이 가로 방향의 이동까지 맡습니다.

● 현관 홀도 복도의 일부로

복도가 현관 홀에서 각 방으로 이어집니다.

지금은 하나의 방이지만 막내가 크면 칸막이를 쳐서 둘로 나눌 예정입니다.

기치조지의 집, 91.7m²(27.7평) → 3층 128쪽

오쿠라야마의 집, 80.1m²(24.2평) → 3장 104쪽

* 건물 내부에서 사이에 천장이나 마루를 두지 않고 몇 개 층을 세로로 훤히 뚫어놓는 구조. 건축 도면에서는 바닥이 없다는 뜻으로 주로 'void'로 표시한다.
** 건물 각 층의 바닥 높이를 일반적인 건물처럼 1층씩 높이지 않고 각 계단참마다 반 층씩 어긋나도록 설계하는 방식

4인 가족도 86~92.6m²면 꿈을 실현할 수 있다

4인 가족이 살 집이라면 연면적이 적어도 99.2m²는 되어야 한다고 생각하기 쉽습니다. 그러나 면적을 조금씩만 더 줄이면 공사비를 대폭 절약할 수 있고, 비슷한 금액으로 훨씬 품질 좋은 집을 지을 수도 있습니다. 예를 들어 6.6~9.9m²를 줄이면 공사비가 150만 엔(약 1천 5백만 원)에서 250만 엔(약 2천 4백만 원) 정도 절감됩니다. 89.3m² 정도로 줄이는 것 자체는 그리 특별한 일이 아닙니다. 생활 방식이나 부지 상황만 허락된다면 그 면적으로도 얼마든지 쾌적한 공간을 설계할 수 있기 때문입니다.

LDK는 1층 아니면 2층? → **01**

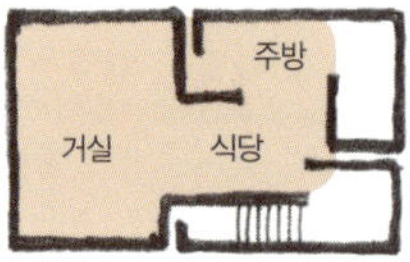

99.2m² 이하에서도 LDK를 33.1m² 이상 확보할 수 있다 → **02**

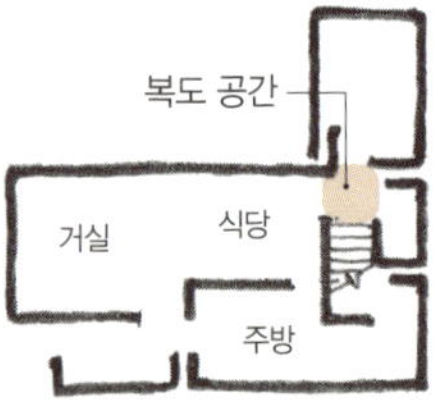

복도를 줄이면 LDK가 넓어진다 → **03**

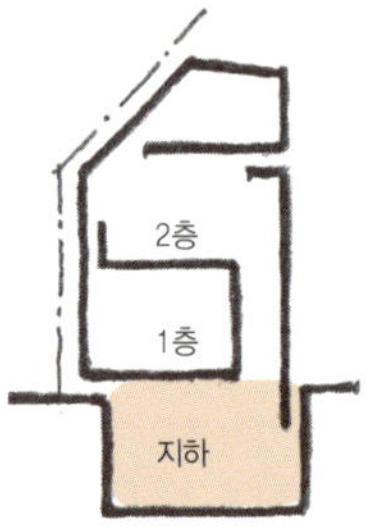

3층을 올리기 어렵다면 지하를 만든다 → **04**

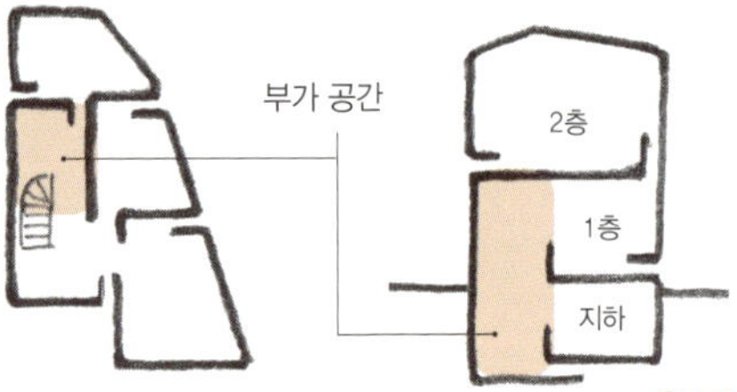

부가 공간까지 포함해도 89.3m²대 → **05**

01

LDK는 1층 아니면 2층?

LDK를 어느 층에 배치하느냐는 부지 특성이나 생활 방식에 달려 있습니다. 부지 특성에 주목한다면 주로 채광을, 생활 방식에 주목한다면 주로 정원과 실내의 연결 방식에 따라 LDK의 위치를 결정합니다. 어느 층을 선택하든 동선과 공간만 잘 설계하면 쾌적한 집을 지을 수 있습니다.

● **LDK를 1층에 배치하면 정원이 가까워진다**

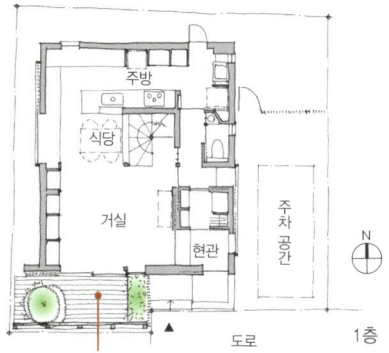
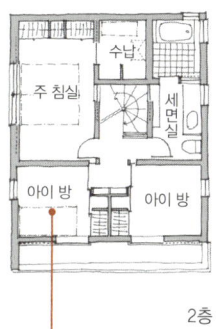

이 부지는 남쪽의 이웃집과 다소 거리가 있어서 1층에 LDK를 두어도 채광에 문제가 없었습니다. 남쪽의 나머지 공간에는 나무 데크를 만들어 거실과 연결했습니다.

2층에 침실과 수납실, 아이 방 2개, 위생실*을 두어 층 전체를 개인 영역으로 구성했습니다.

히가시쿠루메의 집, 94.7m²(28.6평) → 3장 108쪽

● **LDK를 2층에 두면 거실이 밝아진다**

거실과 식당에서 출입하는 이 발코니에는 벽이 세워져 있습니다. 남쪽에 있는 이웃집을 신경 쓰지 않고 빨래를 말리기 위해서입니다.

1층에는 현관을 만들어야 해서 침실과 아이 방, 위생실이 조금 작아졌습니다.

남쪽에 이웃집이 붙어 있어서 LDK를 2층에 배치해 채광 문제를 해결했습니다.

니시키의 집, 88.4m²(26.7평) → 3장 118쪽

* 욕실, 화장실, 세면실을 한데 합친 공간

02 99.2m² 이하에서도 LDK를 33.1m² 이상 확보할 수 있다

연면적이 89.3m²쯤 되면 개인 방을 비롯한 모든 공간을 작게 만들어야겠다고 생각하기 쉽지만 사실은 그렇지 않습니다. 넓게 쓰고 싶은 곳을 잘 선택하여 공간에 완급을 주면 되기 때문입니다. 만약 LDK를 넓게 쓰고 싶다면 거기에 과연 어느 정도의 면적을 할애할 수 있을까요?

● 넓은 공간을 원한다면 LDK를 2층에 배치할 것

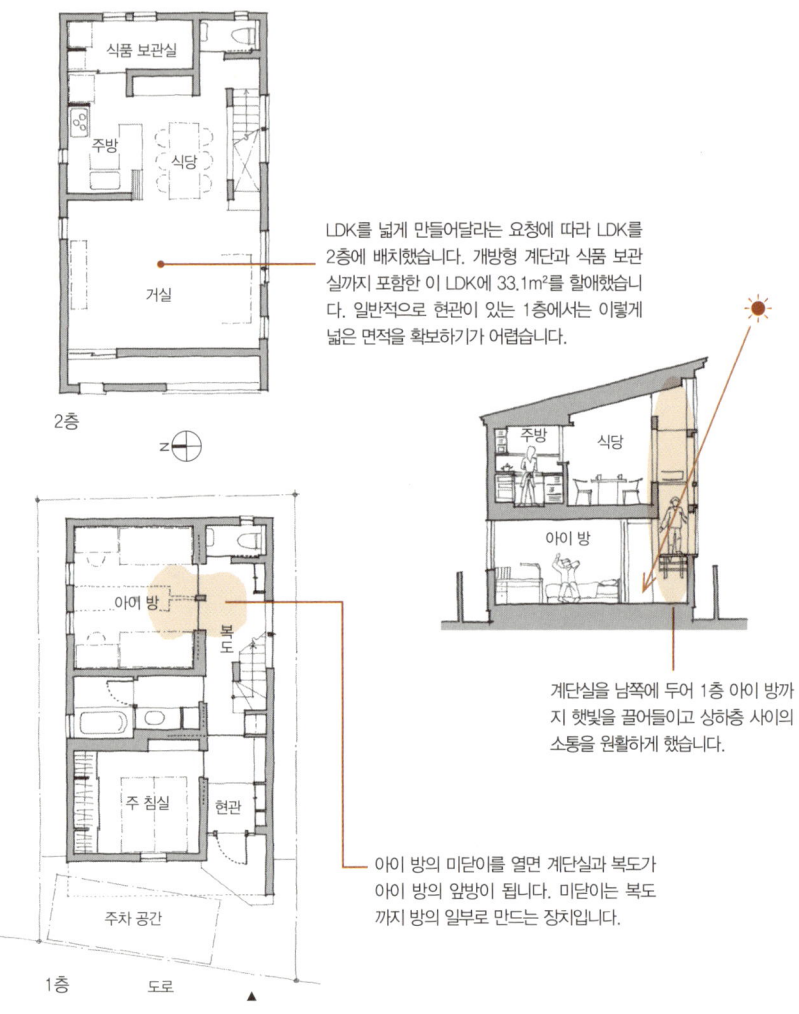

LDK를 넓게 만들어달라는 요청에 따라 LDK를 2층에 배치했습니다. 개방형 계단과 식품 보관실까지 포함한 이 LDK에 33.1m²를 할애했습니다. 일반적으로 현관이 있는 1층에서는 이렇게 넓은 면적을 확보하기가 어렵습니다.

계단실을 남쪽에 두어 1층 아이 방까지 햇볕을 끌어들이고 상하층 사이의 소통을 원활하게 했습니다.

아이 방의 미닫이를 열면 계단실과 복도가 아이 방의 앞방이 됩니다. 미닫이는 복도까지 방의 일부로 만드는 장치입니다.

고토쿠지의 집, 94.8m²(28.7평) → 3장 122쪽

03 복도를 줄이면 LDK가 넓어진다

연면적을 최소한으로 줄이려면 이런저런 공간들이 면적 쟁탈전을 벌이기 마련입니다. 이때 LDK와 개인 방을 최대한 넓게 만들고 싶다면 복도와 계단 등 동선 공간을 최소화해야 합니다. 계단은 단층 건물을 제외하면 반드시 필요합니다. 그렇다면 복도를 최대한 줄이는 것이 정답입니다.

● 1층 복도는 다른 공간에 포함시키고 2층 복도는 없앤다

계단을 공간 한가운데에 배치하면 복도를 없앨 수 있습니다. 그 결과 계단 주변이 거실과 식당의 일부가 되었고, 주방을 포함한 층 전체가 하나의 공간이 되었습니다.

아이 방의 미닫이를 열면 복도가 아이 방의 일부가 됩니다.

오미야의 집, 93.2m²(28.2평) → 3장 120쪽

● 연면적이 작을 때는 LDK를 다른 공간과 합친다

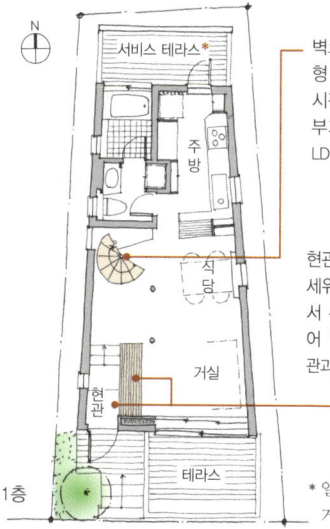

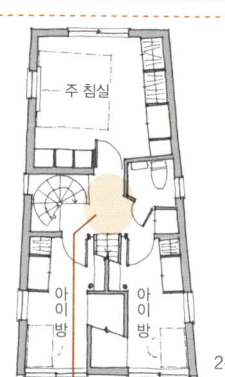

벽으로 둘러싸이지 않은 개방형 나선 계단을 선택해 계단도 시각적으로 거실과 식당의 일부가 되도록 했습니다(계단과 LDK를 하나의 공간으로).

현관 옆에 수납장(높이 1.5m)을 세워 거실이 보이지 않게 하면서 수납장 위의 공간을 열어두어 널찍한 느낌을 냈습니다(현관과 LDK를 하나로 합침).

집 한가운데의 복도에서 계단실, 침실, 아이방 2개, 화장실, 다락 계단 등 5개의 공간으로 출입합니다.

기치조지의 집, 91.7m²(27.7평) → 3장 128쪽

* 일반적인 발코니보다 좁아서 사람이 지나다니기 어렵다. 물건을 잠시 놓아두거나 실외기 등을 두는 용도로 쓰는 발코니

04

높이를 올릴 수 없다면 지하를 만들어 총 3층으로

작은 부지에 4인 가족이 살 집을 지으려면 2층 건물로는 면적이 부족할 때가 많습니다. 그래서 지상 3층 또는 지하와 1~2층으로 이루어진 3층 건물을 짓는데, 그러면 이동에 필요한 공간이 늘어납니다. 또 지하에 침실이나 아이 방을 만들면 지상 2층 건물과는 조금 다른 요소가 필요해집니다.

● 북쪽 사선제한* 때문에 지하 1층을 만든 경우

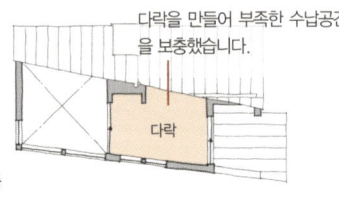

다락을 만들어 부족한 수납공간을 보충했습니다.

위생실은 LDK와 함께 2층에 배치했습니다.

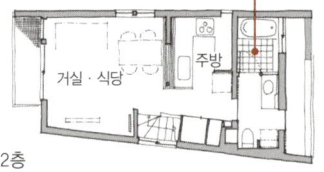

내부 차고가 면적을 꽤 차지한 탓에 1층에는 계단실과 복도, 아이 방 2개만 배치했습니다.

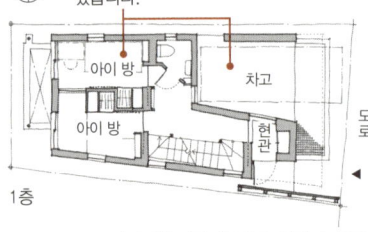

북쪽 사선제한 때문에 3층을 올릴 수 없어서 지하 1층을 만들어 필요한 면적을 확보했습니다.

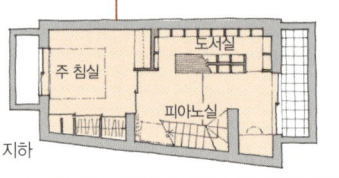

우에하라의 집, 103.2m²(31.2평) → 3장 172쪽

● 용적률 제한** 때문에 지하 1층을 만든 경우

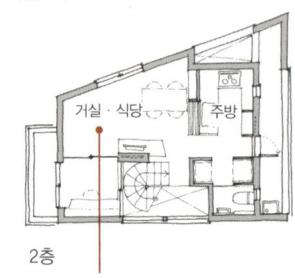

부지 면적 73.4m², 건폐율 40%, 용적률 80%인 조건이었습니다. 이 조건으로는 3층 건물을 지을 수 없어서 지하 1층을 추가하고 1층에 침실과 위생실, 2층에 LDK, 지하에 아이 방 등을 배치했습니다.

용적률 제한을 충족하기 위해 만든 지하 1층에 아이 방 2개와 피아노실을 배치했습니다.

이노카시라의 집, 85.5m²(25.9평) → 3장 164쪽

* 높이를 제한하는 법적 조치로, 도로의 반대쪽, 북쪽 경계선, 인접지와의 경계선 등에서 그은 일정한 사선 이내로 건물의 높이를 한정한다. 이는 일조·채광·통풍·미관 등의 도시 환경을 위한 조치다.
** 건축법에 따라 지역별로 부지 면적에 대한 연면적의 비율을 제한한 것

05 취미실, 예비실, 다목적실까지 89.3m²로 충분하다

4인 가족이라면 일반적으로 방이 3개 필요합니다. 거기에 취미실이나 예비실을 추가한다면 LDK 외에 방이 4개 필요합니다. 89.3m²에 방 4개와 LDK를 넣으려면 모든 공간이 작아져야 한다고 생각하기 쉽지만, 구조만 효율적으로 설계하면 실제보다 넓어 보이는 집을 실현할 수 있습니다.

● 안뜰로 4개의 방을 부드럽게 연결한다

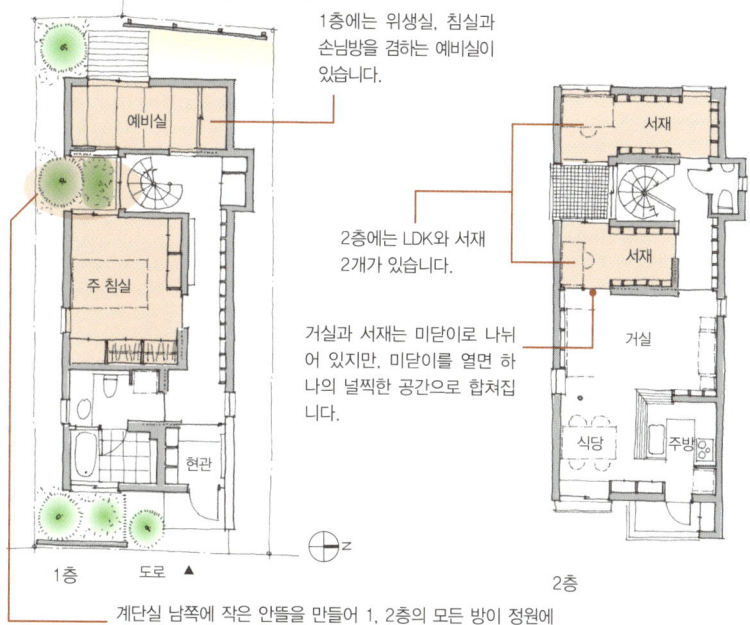

1층에는 위생실, 침실과 손님방을 겸하는 예비실이 있습니다.

2층에는 LDK와 서재 2개가 있습니다.

거실과 서재는 미닫이로 나뉘어 있지만, 미닫이를 열면 하나의 널찍한 공간으로 합쳐집니다.

계단실 남쪽에 작은 안뜰을 만들어 1, 2층의 모든 방이 정원에 접하도록 했습니다. 그 결과 모든 방과 방 사이에 정원이 있어서 양쪽 방을 부드럽게 연결하는 구조가 완성되었습니다.

오쿠자와의 집, 90.7m²(27.4평) → 3장 132쪽

06 주택 10채의 공간별 비교

	명칭	부지 면적	연면적	바닥면적				LDK		
				지하	1층	2층	옥상	거실·다이닝룸	주방	가사실, 식품 보관
4인 가족, (LDK + 방 3개)인 집의 면적 배분	사쿠라조스이의 집(33쪽, 94쪽)	74.9m² (22.7평)	74.3m² (22.5평)	—	37m² (11.2평)	37m² (11.2평)	—	17.9m²	7.7m²	—
								25.5m²(7.7평) → 34%		
	니시키의 집(17쪽, 118쪽)	80m² (24.2평)	88.4m² (26.7평)	—	42.3m² (12.8평)	46m² (13.9평)	—	29.4m²	8.4m²	—
								37.7m²(11.4평) → 43%		
	오미야의 집(19쪽, 120쪽))	117.3m² (35.5평)	93.2m² (28.2평)	—	46.6m² (14.1평)	46.6m² (14.1평)	—	30m²	8m²	4.1m²
								42m²(12.7평) → 45%		
	혼모쿠의 집(14쪽, 98쪽)	176.6m² (53.4평)	93.3m² (28.2평)	—	52.2m² (15.8평)	41.3m² (12.5평)	—	23.2m²	6.9m²	5.1m²
								35m²(10평) → 37%		
	시미즈의 집(14쪽, 106쪽)	137.1m² (41.5평)	93.7m² (28.3평)	—	46.9m² (14.2평)	46.9m² (14.2평)	—	24.6m²	7.4m²	2.7m²
								34.7m²(10.5평) → 37%		
	히가쿠루메의 집(17쪽, 108쪽)	119.5m² (36.1평)	94.7m² (28.6평)	—	47.2m² (14.3평)	47.2m² (14.3평)	—	20.7m²	9.9m²	3.9m²
								34.5m²(10.4평) → 37%		
	고토쿠지의 집(18쪽, 122쪽)	86.7m² (26.2평)	94.8m² (28.7평)	—	47m² (14.2평)	48m² (14.5평)	—	31.5m²	5.9m²	5.3m²
								42.7m²(12.9평) → 45%		
	평균		90.3m² (20.3평)					25.3m²	7.7m²	4.2m²
								7.7평	2.3평	1.3평
								26.5%	8.1%	4.3%
								36m²(10.9평) → 39%		
부가 공간이 있는 경우	이노카시라의 집(20쪽, 164쪽)	73.3m² (22.2평)	85.5m² (25.9평)	29.1m² (8.8평)	26.8m² (8.1평)	29.8m² (9평)	—	16.2m²	8.7m²	—
								24.9m²(7.5평) → 28%		
	오쿠자와의 집(21쪽, 132쪽)	90.7m² (27.5평)	90.7m² (27.4평)	—	45.3m² (13.7평)	45.3m² (13.7평)	—	18.3m²	5.5m²	—
								23.8m²(7.2평) → 26%		
	우에하라의 집(20쪽, 172쪽)	61.6m² (18.6평)	93.5m² (28.3평)	34.4m² (10.4평)	24.8m² (7.5평)	34.4m² (10.4평)	11.2m² (3.4평)	16.2m²	7.9m²	—
								24.1m²(7.3평) → 26%		

● **부가 공간은 LDK와 반비례 관계**

부가 공간을 넣다 보면 다른 공간이 줄어들기 마련입니다. 실제로 표에 등장한 이노카시라의 집, 오쿠자와의 집, 우에하라의 집에서는 LDK가 줄어들었습니다. 방, 위생실, 동선 공간은 용도상 반드시 일정한 면적이 필요하므로, 상대적으로 여유 있는 LDK의 면적을 줄였습니다.

개인 방			위생실	동선 공간				기타	규모
침실	아이 방	옷방, 수납실		현관	신발 보관실	계단	복도		
13.9㎡	16.5㎡	—	8㎡	2.3㎡	—	5.8㎡	2.2㎡	—	2층
30.4㎡(9.2평) → 41%			2.4평(11%)	10.3㎡(3.1평) → 14%					
11.6㎡	14.5㎡	—	8.3㎡	3.7㎡	—	6.9㎡	5.4㎡	—	2층
26.1㎡(7.9평) → 30%			2.5평(9%)	16㎡(4.8평) → 18%					
11.5㎡	13.2㎡	—	11.5㎡	2.3㎡	—	5.1㎡	7.4㎡	—	2층
24.7㎡(7.5평) → 27%			3.5평(12%)	14.8㎡(4.5평) → 16%					
11.2㎡	14.8㎡	4.6㎡	12.5㎡	2.4㎡	—	4.6㎡	7.9㎡	—	2층
30.6㎡(9.3평) → 33%			3.8평(14%)	14.9㎡(4.5평) → 16%					
11.7㎡	15㎡	6.1㎡	10.1㎡	2.3㎡	2.4㎡	6.1㎡	5.4㎡	—	2층
32.8㎡(9.9평) → 35%			3.1평(11%)	16.2㎡(4.9평) → 17%					
13.6㎡	14.9㎡	3.9㎡	10.4㎡	2.4㎡	2.3㎡	6.5㎡	6㎡	—	2층
32.4㎡(9.8평) → 34%			3.1평(11%)	17.2㎡(5.2평) → 18%					
11㎡	14.2㎡	—	10.3㎡	2.4㎡	—	5.9㎡	8.3㎡	—	2층
25.2㎡(7.6평) → 27%			3.1평(11%)	16.6㎡(5평) → 17%					
12.1㎡	14.7㎡	4.9㎡	10.1㎡	2.5㎡	2.4㎡	5.8㎡	6.1㎡		
3.7평	4.4평	1.5평	3평	0.8평	0.7평	1.8평	1.8평		
12.6%	15.4%	5.2%	—	2.6%	2.4%	6.1%	6.4%		
28.9㎡(8.7평) → 33%			9.9㎡(3평) → 11%	16.8㎡(5.1평) → 17%					

11.8㎡	16.7㎡	—	8.4㎡	2.3㎡	—	11.1㎡	7.6㎡	6.2㎡(피아노실)	지하+2층
28.5㎡(8.6평) → 32%			2.5㎡(9%)	21㎡(6.4평) → 24%				2㎡(7%)	
12.8㎡	13.7㎡	—	9.6㎡	2.8㎡	—	5.8㎡	13.5㎡	7.9㎡(예비실)	2층
26.5㎡(8평) → 29%			2.9㎡(11%)	22.1㎡(6.7평) → 25%				2.5㎡(9%)	
13.5㎡	12.3㎡	—	9.1㎡	2.4㎡	—	10㎡	4.9㎡	17.9㎡(서고)	지하+2층
25.8㎡(7.8평) → 27%			2.8㎡(10%)	17.3㎡(5.2평) → 18%				5.5㎡(19%)	

● 면적 배분은 LDK : 개인 방 : 동선 + 욕실 = 1 : 1 : 1로

1장에서 소개한 14채 중 4인 가족이 사는 집 10채의 바닥면적을 분석하면 92.6㎡ 이하의 연면적이 각각의 방과 공간에 어떻게 배분되었는지 알 수 있습니다. 단 10채 중 필수 공간 외에 부가 공간이 더 있는 이노카시라의 집, 오쿠자와의 집, 우에하라의 집은 따로 떼어 생각하는 것이 좋습니다. 그렇다면 이 3채를 제외한 7채의 면적은 평균적으로 어떻게 배분되어 있을까요?

분석 결과, 가사실 및 식품 보관실을 포함한 LDK가 약 36㎡, 옷방을 포함한 개인 방이 약 29㎡, 위생실과 동선 공간이 약 27㎡이었습니다. 즉 92.6㎡ 이하의 연면적 중 약 1/3이 LDK에, 1/3이 개인 방에, 그리고 나머지 1/3이 주방, 욕실, 동선 공간에 할애되었습니다.

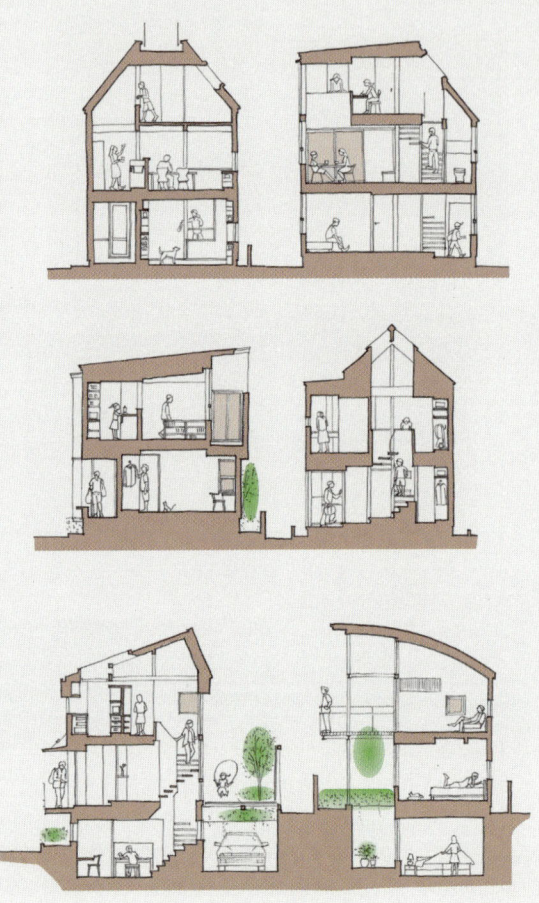

작은 집 구조설계 10대 원칙

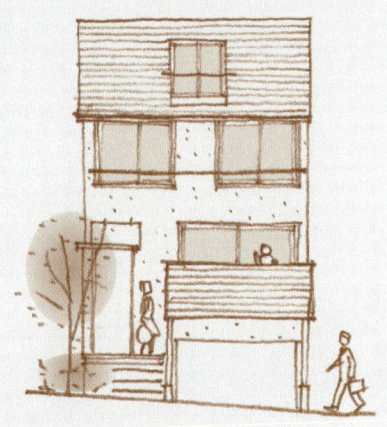

누구나 자신의 집을 지을 때 틀에 얽매이지 않는 자유로운 형식으로 짓고 싶어 합니다. 그러나 순수 예술과 달리 집을 지을 때는 이런저런 제약이 따릅니다. 특히 구조에 관해서는 건축주가 희망하는 생활을 최대한 실현하는 것이 중요한데, 부지가 작을수록 제약은 더 까다로워집니다. 그런 조건들을 고려하면서도 자유로운 발상을 촉진하기 위해 알아야 할 몇 가지 원칙을 소개합니다.

 **원칙 1** / 작은 집의 기본 구조는 직사각형

큰 집이든 작은 집이든 그 안에서 이루어지는 기본적인 생활은 똑같습니다. 먹고 자고 배설하는 기본적인 행위에 그 가족 고유의 행위가 더해져 약간의 차이가 생겨날 뿐입니다.

구조도 마찬가지입니다. 기본적인 구조는 정해져 있고, 거기에 가족의 이런저런 요소가 더해져 공간의 기능과 크기가 조금씩 달라집니다. 방 안에서 이루어지는 행위를 합리적으로 생각하면 방의 크기도 그리 클 필요가 없습니다.

구조를 그려내는 일은 생활을 그려내는 일이기도 합니다. 그러므로 기본적인 생활을 고려한다면 그 생활을 담아내는 집의 구조도 기본적이어야 합니다. 기본적인 평면의 틀은 원과 정다각형이지만, 생활을 먼저 그려내고 그것을 담는 그릇으로 주택을 설계한다면 직사각형(장방형) 틀이 가장 효과적일 것입니다.

직사각형 틀을 활용하면 쓸데없는 부분을 최대한 없앤 알찬 구조를 만들 수 있습니다. 이 방식은 작은 집을 구상할 때 특히 효과적입니다.

생활의 기본적인 행위를 고려하여 면적을 최소한으로 줄입니다.

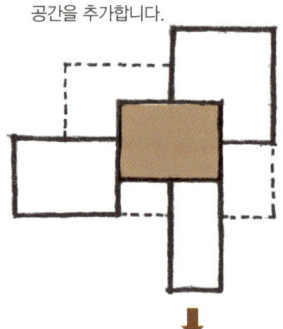

최소한의 바닥면적에 기본 이외의 공간을 추가합니다.

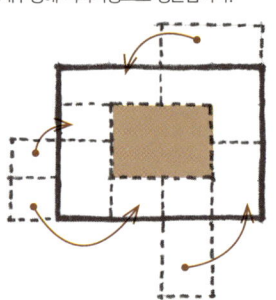

바닥면적을 비슷하게 유지하면서 추가한 공간을 재구성해 직사각형으로 정돈합니다.

밭 전(田) 자 설계

일본 민가 구조의 원형은 종이를 바른 장지문이나 널빤지로 만든 널문으로 4개의 방을 나눈 '밭 전(田) 자' 모양입니다. 田 모양이므로 기본은 직사각형이고, 거기에 다양한 방(기능)을 추가하면 형태가 바뀌고 외형에 요철이 생깁니다.

현대에도 마찬가지입니다. 작은 집을 설계하려면 제일 먼저 생활에 필요한 최소한의 공간을 조합해야 합니다. 그리고 田 모양을 기본으로 하여 그 안에서 교차하는 두 선을 조금씩 이동하며 각 공간에 필요한 바닥면적을 확보하면 됩니다. 두 선 외에 선을 더하거나 선을 도중에 끊으면 여분 없는 합리적 구조를 설계할 수 있습니다.

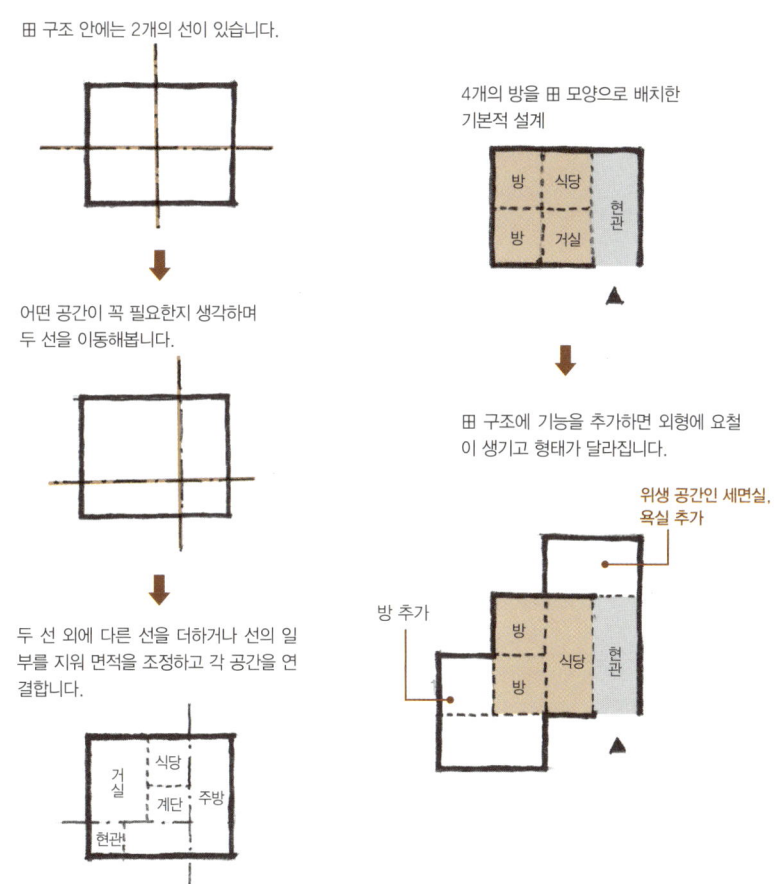

01 田 설계는 기본 중의 기본

田 구조에서는 직사각형 안에서 직각으로 교차하는 두 선이 4개의 공간을 만듭니다. 이 공간들을 기본으로 삼고, 두 선을 움직이거나 선의 일부를 지우고 더하며 각 층의 구조를 설계하면 됩니다. 특히 작은 집을 설계할 때는 이런 방식으로 최대한 효율적인 생활 동선을 그려낼 수 있습니다.

정사각형에 가까운 직사각형. 田 설계의 기본입니다(직사각형 평면은 6.6×7.1m).
1층은 회전 동선, 2층은 방사상 동선

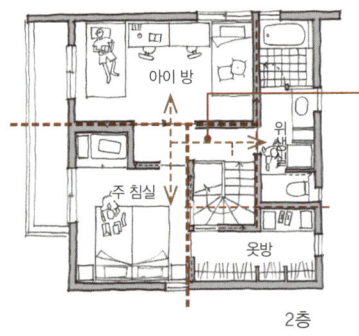

2층에서는 계단을 중심으로 두 선을 이동해 위생실, 아이 방, 주 침실, 옷방 등 4개의 공간을 확보했습니다. 생활 동선은 복도에서 각각의 공간에 방사상으로 접근하는 방사상 동선입니다.

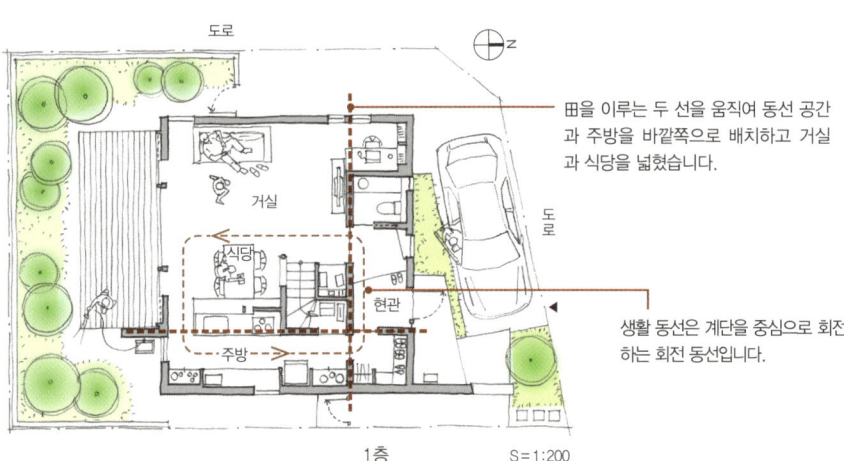

田을 이루는 두 선을 움직여 동선 공간과 주방을 바깥쪽으로 배치하고 거실과 식당을 넓혔습니다.

생활 동선은 계단을 중심으로 회전하는 회전 동선입니다.

시미즈가오카의 집, 93.7m²(28.3평) → 3장 106쪽

기타 사례 : 히가시쿠루메의 집(3장 108쪽)

> 길쭉한 직사각형 구조도 田에서 시작합니다(직사각형 평면은 4.9×6.9m).
> 모든 층에 매끄럽고 단순한 생활 동선을 적용했습니다.

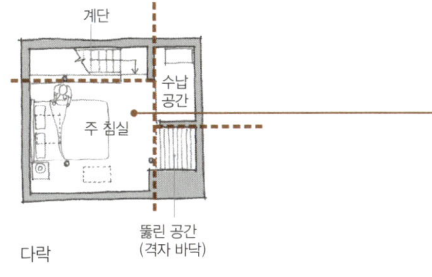

다락의 핵심 공간은 주 침실입니다. 田의 두 선을 이동하여 만든 계단과 수납공간, 2층과 1층을 상하로 연결하는 뚫린 공간이 주 침실을 둘러싸고 있습니다.

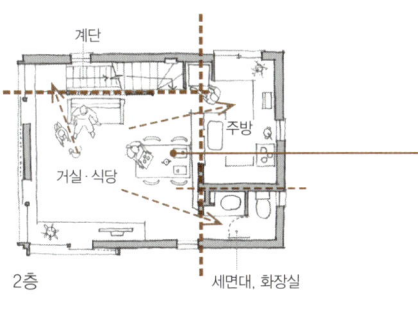

2층에서는 두 선을 이동해서 주방과 계단, 화장실 및 세면실을 만들고 나머지 공간을 거실·식당으로 만들었습니다. 생활 동선은 거실과 식당에서 각각의 공간으로 직접 들어가도록 했습니다.

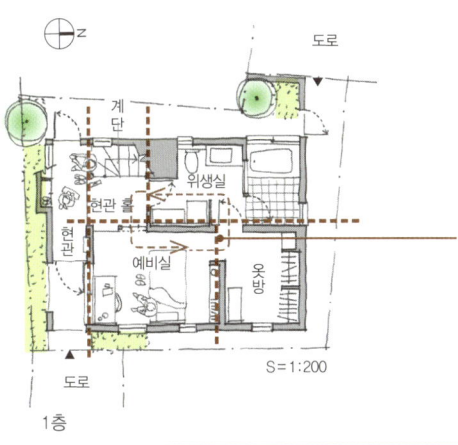

1층은 현관을 제외한 모든 공간이 田 모양인 변형 구조로 위생실, 현관 홀 및 계단, 옷방, 예비실 등 4개의 공간으로 이루어져 있습니다. 생활 동선은 각 공간을 통과하며 하나로 이어지는 회전 동선입니다.

유텐지의 집, 86.6m²(26.2평) → 3장 142쪽

기타 사례 : 기치조지의 집(3장 128쪽)

02 직사각형 구조의 계단 배치

단층이라면 구조를 직사각형으로 설계하는 데 별 문제가 없습니다. 그러나 2층 집이나 3층집에서 계단의 위치는 문제가 됩니다. 계단은 각 층 생활 동선의 기점(핵심)이기 때문입니다. 계단을 적확한 위치에 두어야 각 층을 직사각형으로 마무리하며 생활에 부담을 주지 않는 동선을 설계할 수 있습니다.

정사각형에 가까운 구조

계단을 구조의 중심에 두면 1층에는 회전 동선, 2층에는 방사상 동선이 생깁니다.

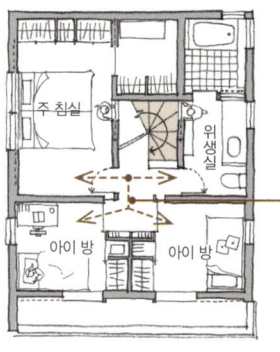

2층

계단을 구조의 중앙에 두면 계단에 연결된 복도도 중앙에 위치하므로 여기서 침실, 아이 방, 위생실로 가는 방사상 동선이 생겨납니다.

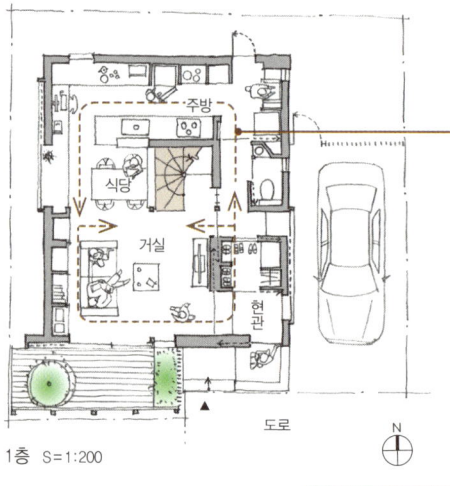

1층 S=1:200

1층에 LDK를 두고 계단을 구조의 중심에 배치하면 현관에서 시작되는 생활 동선이 회전성을 띠며, 현관에서 주방으로 직접 들어가는 보조 동선도 만들어집니다.

히가시쿠루메의 집, 94.7m²(28.6평) → 3장 108쪽

기타 사례 : 시미즈가오카의 집(3장 106쪽)

직사각형에 가까운 구조

정사각형에 가까운 구조에서는 계단을 중앙에 두었지만 직사각형에 가까운 구조에서는 계단을 벽 쪽으로 붙입니다. 곧은 계단을 선택하느냐 굽은 계단*을 선택하느냐에 따라 거실과 식당의 관계가 달라집니다.

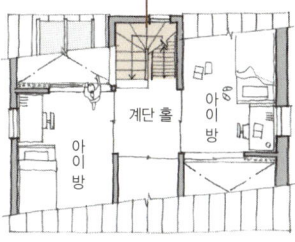

미닫이를 열면 2개의 아이 방이 계단 홀을 통해 이어져 하나의 널찍한 공간이 됩니다.

3층

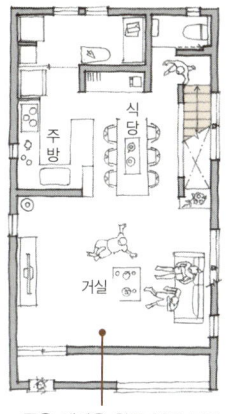

2층

곧은 계단을 한쪽 벽에 붙여 LDK가 하나의 널찍한 공간이 되도록 했습니다.

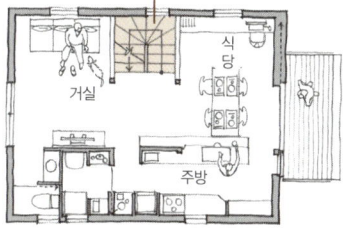

거실과 식당 사이에 계단이 있지만 계단실이 양쪽으로 열려 있어 거실과 식당, 계단은 하나의 널찍한 공간입니다.

2층

널찍한 계단 홀은 다목적으로 쓰는 현관 앞 공간과 이어져 있습니다.

1층 S=1:200

하쓰다이의 집, 106.9m²(32.3평) → 3장 146쪽

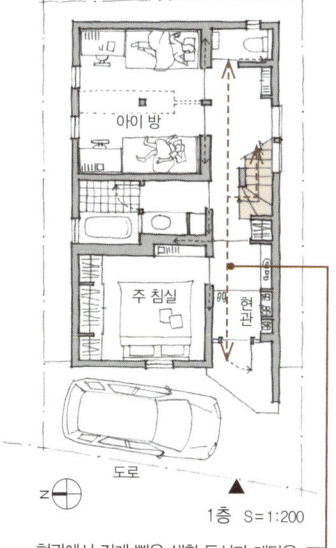

1층 S=1:200

현관에서 길게 뻗은 생활 동선과 계단을 평행하게 배치하여 이동하는 공간과 머무는 공간을 구분했습니다.

고토쿠지의 집, 94.8m²(28.7평) → 3장 122쪽

기타 사례 : 유텐지의 집(3장 142쪽)

* 계단은 형태에 따라 하나의 직선으로 구성된 곧은 계단, 중간에 방향이 틀어지는 굽은 계단, 원을 그리며 오르내리는 원형 계단으로 나뉜다. 나선 계단은 원형 계단의 일종이다.

원칙 2 / 부지의 개성을 구조의 개성으로 탈바꿈

부지마다 각각 개성이 있습니다. 면적과 형태가 똑같은 부지라도 이웃집의 형태와 위치에 따라 상황이 크게 달라집니다. 하물며 비틀리거나 길쭉한 형태를 띠거나 이웃 도로와 높이 차이가 나는 등 특수한 사정이 있으면 구조설계도 크게 달라집니다. 그 특징을 부정적으로 받아들이기보다 장점으로 받아들여 활용하면 더욱 개성 있고 쾌적한 집을 설계할 수 있습니다.

길쭉한 부지에는 안뜰을 → 02

부지가 넓어도 작게 짓는다 → 03

높이 차이를 이용해 반지하를 만든다 → 04

부지가 좁다면 한 층에 하나의 기능만 → 05

변형 부지에 맞추어 짓는다 → 01

01 변형 부지에 맞추어 짓는다

가구를 두려면 실내의 모든 공간이 직사각형이어야 합리적입니다. 그래서 변형 부지에 맞춰 건물 평면을 설계할 때는 그런 편의성을 해치지 않도록 주의해야 합니다. 그래야 변형된 부지 때문에 생기는 부자연스러움을 최소화하고 직사각형 부지로는 만들 수 없는 개성적인 공간을 누릴 수 있습니다.

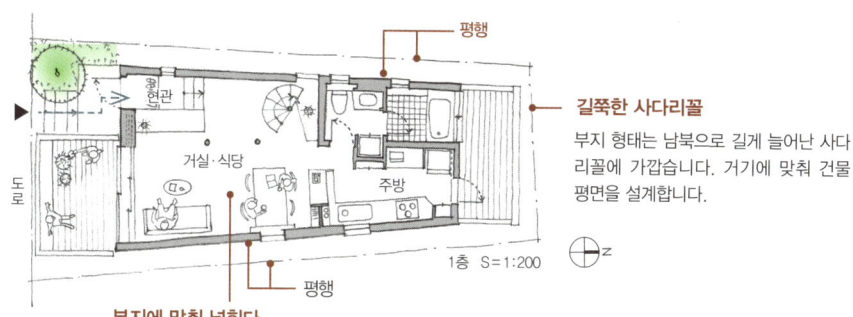

길쭉한 사다리꼴
부지 형태는 남북으로 길게 늘어난 사다리꼴에 가깝습니다. 거기에 맞춰 건물 평면을 설계합니다.

부지에 맞춰 넓힌다
북쪽에서 시작하여 주방, 식당, 거실을 거쳐 남쪽으로 갈수록 공간이 넓어집니다. 직사각형 구조와는 다른 널찍함을 느낄 수 있습니다.

사쿠라조스이의 집, 74.3m²(22.4평) → 3장 94쪽

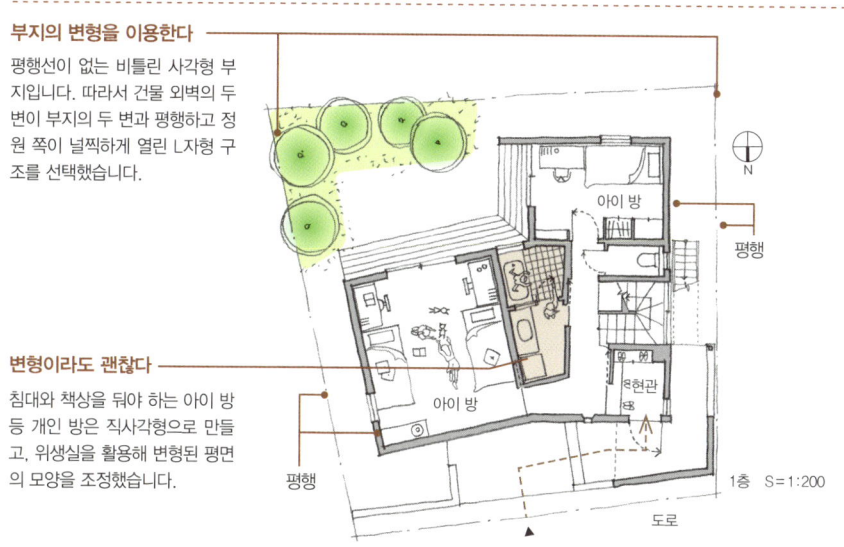

부지의 변형을 이용한다
평행선이 없는 비틀린 사각형 부지입니다. 따라서 건물 외벽의 두 변이 부지의 두 변과 평행하고 정원 쪽이 널찍하게 열린 L자형 구조를 선택했습니다.

변형이라도 괜찮다
침대와 책상을 둬야 하는 아이 방 등 개인 방은 직사각형으로 만들고, 위생실을 활용해 변형된 평면의 모양을 조정했습니다.

가마쿠라의 집, 116.5m²(35.3평) → 3장 130쪽

기타 사례 : 이노카시라의 집(3장 164쪽), 우에하라의 집(3장 172쪽), 교도의 집(3장 138쪽)

02 길쭉한 부지에는 안뜰을

길쭉한 부지에 주택을 설계할 때는 안뜰을 만드는 경우가 많습니다. 부지가 동서로 길쭉한지 남북으로 길쭉한지에 따라 정원의 역할이 달라집니다. 부지가 동서로 길쭉하면 건물의 남쪽 면이 길어지므로 채광 걱정이 없습니다. 따라서 정원은 동서 방향의 통풍을 촉진하는 역할을 합니다. 부지가 남북으로 길쭉하면 정원이 통풍을 돕고 북쪽 구석의 방까지 빛을 보내는 역할을 맡습니다.

거의 닮은꼴
부지의 가로세로 비가 3:1이어서 건물도 가로세로 비 3:1로 설계했습니다.

3.3m²짜리 안뜰
부지가 남북으로 길어서 3.3m²쯤 되는 안뜰을 만들어 통풍을 촉진하는 동시에 북쪽 구석의 방까지 해가 들도록 했습니다.

시각적 연결
안뜰 덕분에 1층에서는 2개의 아이 방이, 2층에서는 주방과 욕실이 시각적으로 연결됩니다.

시모이구사의 집, 96.3m²(29.1평) → 3장 110쪽

기타 사례 : 오쿠자와의 집(3장 132쪽), 고가네이의 집(3장 148쪽)

03 부지가 넓어도 작게 짓는다

부지 면적에 어느 정도 여유가 있어도 건물을 작게 만들면 정원과 현관 주변을 더 넓게 쓸 수 있습니다. 이때 실외 공간을 어떻게 활용하느냐에 따라 실내 생활도 크게 달라집니다. 실외로만 여겼던 공간을 실내 공간과 잘 연결하는 구조로 선택하면 4인 가족이 99.2m² 이하로도 얼마든지 쾌적하게 지낼 수 있습니다.

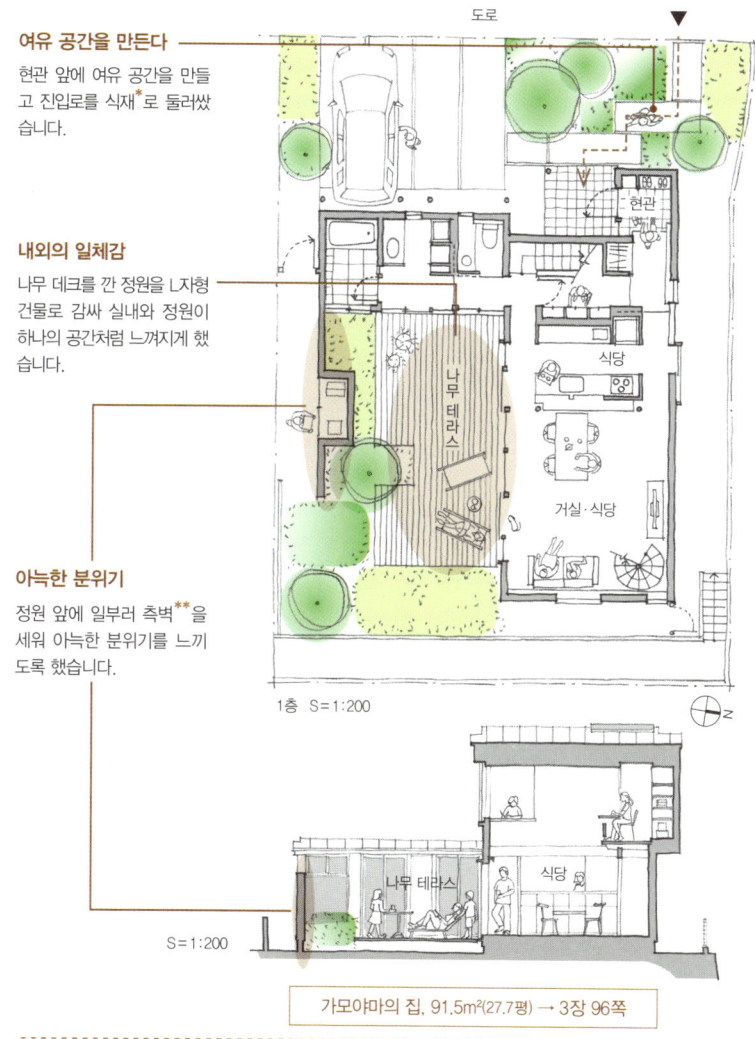

여유 공간을 만든다
현관 앞에 여유 공간을 만들고 진입로를 식재*로 둘러쌌습니다.

내외의 일체감
나무 데크를 깐 정원을 L자형 건물로 감싸 실내와 정원이 하나의 공간처럼 느껴지게 했습니다.

아늑한 분위기
정원 앞에 일부러 측벽**을 세워 아늑한 분위기를 느끼도록 했습니다.

가모야마의 집, 91.5m²(27.7평) → 3장 96쪽

기타 사례 : 혼모쿠의 집(3장 98쪽), 시미즈오카의 집(3장 106쪽)

* 풀과 나무를 심어 가꾸는 것
** 건물 옆면에 있는 돌출된 벽

04 높이 차이를 이용해 반지하를 만든다

지하를 만들어야 할 때, 도로와 부지 사이의 높이 차이를 이용해 반지하를 만들면 층 전체를 지하로 만들 때보다 공사비가 줄어듭니다. 지하실에 생활공간을 두려면 채광과 통풍을 위해 드라이 에어리어*를 만들어야 합니다. 반지하는 지상 쪽에 창을 달아 채광과 통풍을 꾀할 수 있으니 드라이 에어리어가 없어도 됩니다.

지하에도 창문을
지상으로 나온 부분에 고창을 달아 지상과 비슷한 형태로 채광과 통풍을 꾀했습니다.

현관은 중간층에
현관은 도로에서 외부 계단으로 반층 올라간 건물의 중간층(1층), 즉 생활 동선상 가장 합리적인 위치에 배치했습니다.

사쿠라가오카의 집, 100.7㎡(30.5평) → 3장 168쪽

기타 사례 : 오쿠라야마의 집(3장 104쪽)
구게누마 사쿠라가오카의 집(3장 160쪽)

* 채광, 환기, 방습 등을 위해 지하의 외벽을 따라 도랑을 판 것

05 부지가 좁다면 한 층에 하나의 기능만

4인 가족이 살 집의 부지 면적이 49.6m² 이하면 잠자고 쉬는 등의 기능을 한 층에 한두 가지만 담을 수 있어서 4층집을 선택하는 경우가 대부분입니다. 4층을 선택하면 계단실이 차지하는 면적이 넓어지지만 한 층의 면적이 좁은 만큼 가로 동선 공간도 줄어듭니다. 따라서 계단실 주변 공간을 생활공간으로 잘 끌어들이면 실제보다 훨씬 넓게 느껴지는 집을 만들 수 있습니다.

공동 책장으로 공간을 연결한다
아이들 방 앞에 두 아이가 공유하는 책장을 만들어 아이 방과 계단 홀을 연결했습니다.

계단 홀을 LDK로 끌어들인다
계단 홀과 LDK 사이의 폭넓은 미닫이를 열면 계단 홀과 LDK가 하나의 공간이 됩니다.

거리감은 동일
아이 방과 침실은 1층과 3층으로 떨어져 있지만, LDK를 중간층(2층)에 두어 LDK까지의 거리가 같도록 했습니다.

시선을 길게 늘린다
시선이 침실에서 계단 홀로 길게 빠져나가게 하여 공간이 길어 보이게 만들었습니다.

건폐율을 최대한 채운다
부지 면적이 45.9m², 건폐율이 60%이므로 한 층의 바닥면적은 최대 27.4m²입니다.

아카쓰쓰미도리의 집, 105.4m²(31.9평) → 3장 180쪽

기타 사례 : 센다기 2의 집(3장 176쪽)

 **원칙 3** / 계단 위치야말로 핵심

현관이 집에 들어가는 출발점이라면 계단은 각 층의 출발점입니다. 그 출발점의 위치가 구조설계에 큰 영향을 미칩니다.

계단은 상하층을 연결하는 동선 공간이므로 생활 동선과 원활하게 이어져야 합니다. 또 계단은 상하층을 잇는 뚫린 공간이자 빛과 바람이 지나가는 통로로서 인접한 생활공간의 채광과 통풍까지 담당해야 합니다.

계단에는 나선 계단, 곧은 계단, 굽은 계단 등이 있는데, 선택에 따라 올라가는 곳과 내려가는 곳의 위치가 달라집니다. 이처럼 어떤 계단을 선택하여 어디에 배치하느냐가 구조설계의 '핵심'입니다.

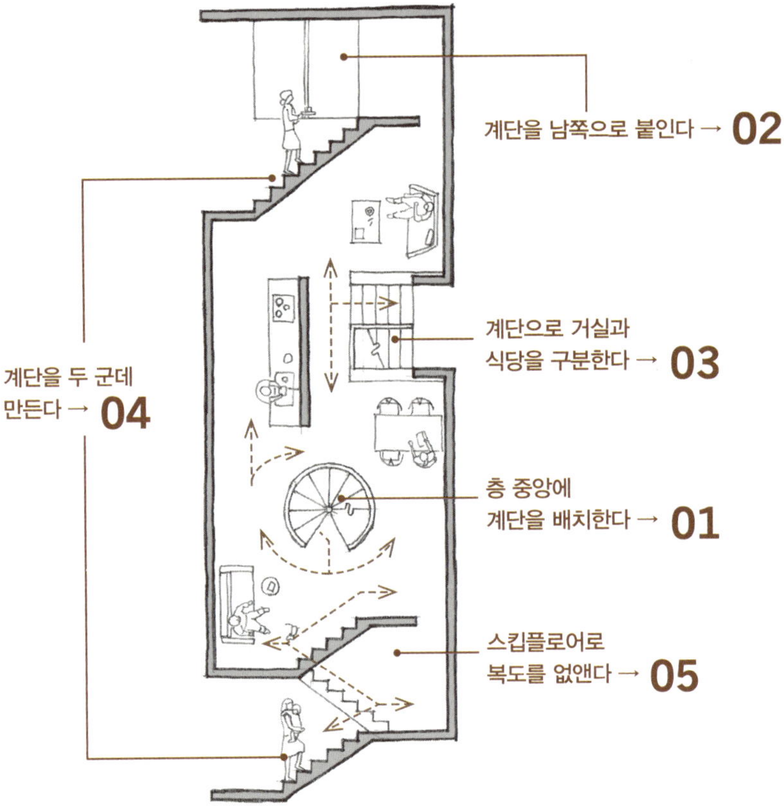

계단을 남쪽으로 붙인다 → **02**

계단으로 거실과 식당을 구분한다 → **03**

계단을 두 군데 만든다 → **04**

층 중앙에 계단을 배치한다 → **01**

스킵플로어로 복도를 없앤다 → **05**

01 층 중앙에 계단을 배치한다

계단을 집의 중앙에 두어 계단을 중심으로 한 효율적인 생활 동선을 설계할 수 있습니다. 이 방법은 복도를 최소화할 수 있어서 작은 집에 특히 효과적입니다. 또 LDK가 위치한 층에서는 계단을 활용하여 회전 동선을 만들 수 있습니다.

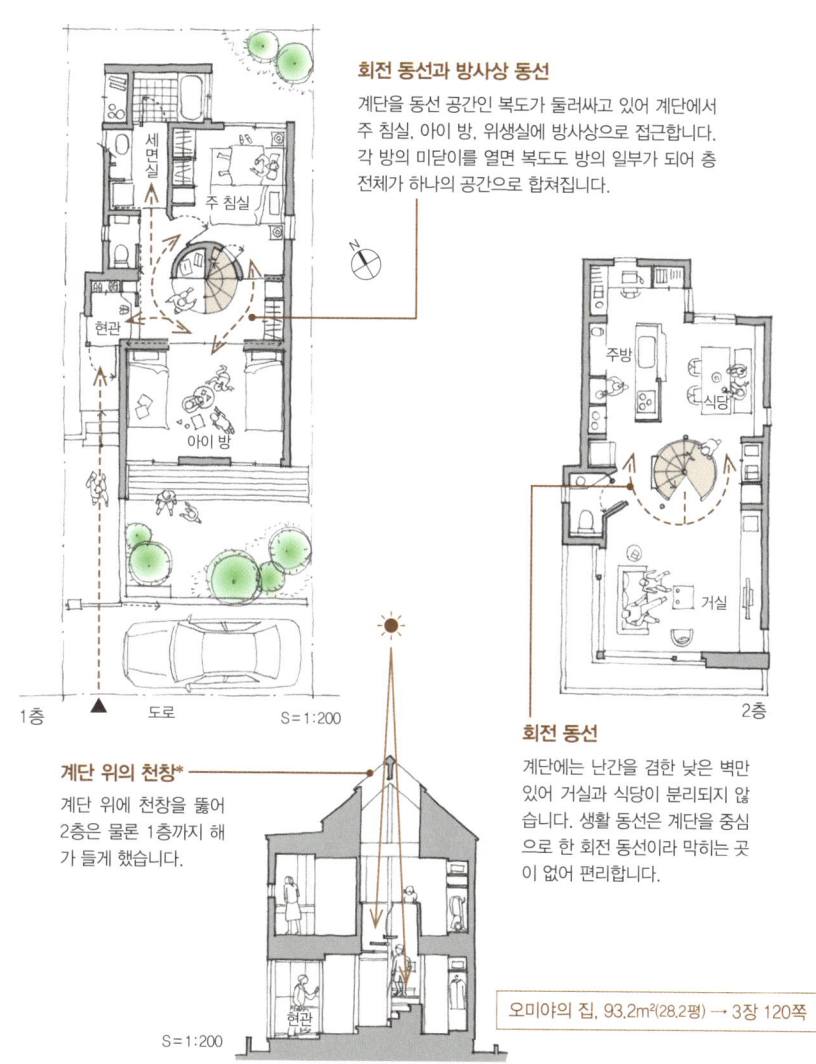

회전 동선과 방사상 동선
계단을 동선 공간인 복도가 둘러싸고 있어 계단에서 주 침실, 아이 방, 위생실에 방사상으로 접근합니다. 각 방의 미닫이를 열면 복도도 방의 일부가 되어 층 전체가 하나의 공간으로 합쳐집니다.

계단 위의 천창*
계단 위에 천창을 뚫어 2층은 물론 1층까지 해가 들게 했습니다.

회전 동선
계단에는 난간을 겸한 낮은 벽만 있어 거실과 식당이 분리되지 않습니다. 생활 동선은 계단을 중심으로 한 회전 동선이라 막히는 곳이 없어 편리합니다.

오미야의 집, 93.2m²(28.2평) → 3장 120쪽

기타 사례 : 가미소시가야의 집(3장 116쪽), 시미즈가오카의 집(3장 106쪽)
히가시쿠루메의 집(3장 108쪽), 구니타치의 집(3장 126쪽)

* 채광 또는 환기를 위해 지붕에 설치한 창으로, 채광 효과가 벽면의 같은 크기 창문의 3배다.

02 계단을 남쪽으로 붙인다

남쪽에만 생활공간을 배치하면 북쪽에 몰린 복도와 계단실은 어두울 수 있습니다. 복도와 계단실을 생활공간 앞쪽, 즉 남쪽에 두면 복도와 계단실로 들어온 햇빛을 안쪽의 생활공간까지 보낼 수 있습니다. 뚫린 공간인 계단실을 통해 2층에서 들어온 빛이 1층까지 도달합니다. 계단을 남쪽으로 붙이면 좋은 점이 많습니다.

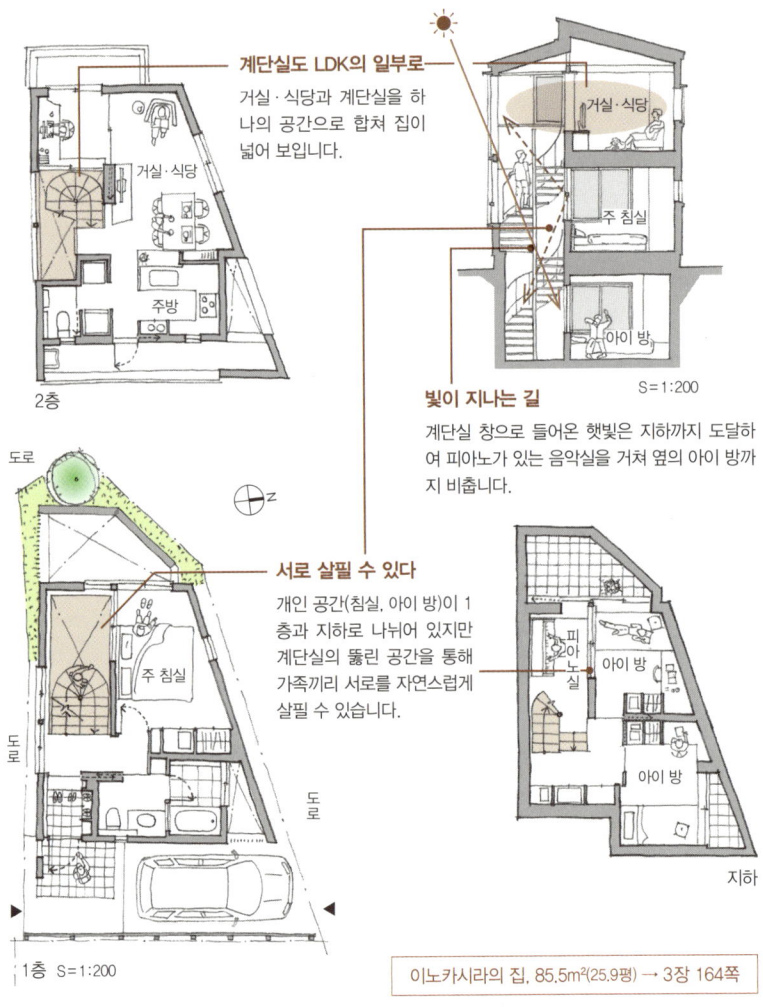

계단실도 LDK의 일부로
거실·식당과 계단실을 하나의 공간으로 합쳐 집이 넓어 보입니다.

빛이 지나는 길
계단실 창으로 들어온 햇빛은 지하까지 도달하여 피아노가 있는 음악실을 거쳐 옆의 아이 방까지 비춥니다.

서로 살필 수 있다
개인 공간(침실, 아이 방)이 1층과 지하로 나뉘어 있지만 계단실의 뚫린 공간을 통해 가족끼리 서로를 자연스럽게 살필 수 있습니다.

이노카시라의 집, 85.5m²(25.9평) → 3장 164쪽

기타 사례: 작은 집(3장 114쪽), 니시키의 집(3장 118쪽), 교도의 집(3장 138쪽), 고토쿠지의 집(3장 122쪽), 무사시코가네이의 집(3장 166쪽), 미야사카 2번지의 집(3장 150쪽), 구게누마 사쿠라가오카의 집(3장 160쪽)

03 계단으로 거실과 식당을 구분한다

현대의 주택 설계에서는 거실·식당·주방을 한 공간에 모으는 것이 상식입니다. 그런데 거실·식당·주방뿐 아니라 계단까지 한 공간으로 합치면 생활 동선이 편리해지고 거실과 식당 사이에 적당한 거리감이 생깁니다. LDK에 계단을 포함할 때는 거실, 식당, 계단실을 시각적으로 연결하는 것이 매우 중요합니다.

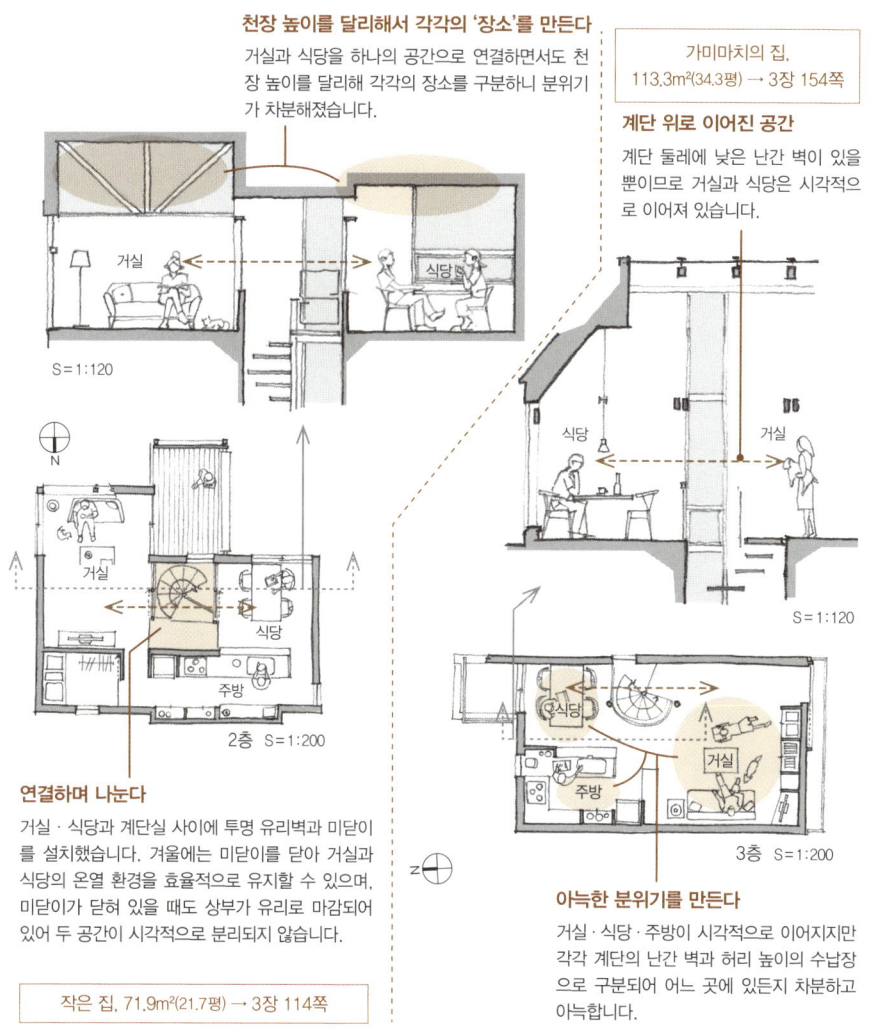

천장 높이를 달리해서 각각의 '장소'를 만든다
거실과 식당을 하나의 공간으로 연결하면서도 천장 높이를 달리해 각각의 장소를 구분하니 분위기가 차분해졌습니다.

가미마치의 집, 113.3m²(34.3평) → 3장 154쪽

계단 위로 이어진 공간
계단 둘레에 낮은 난간 벽이 있을 뿐이므로 거실과 식당은 시각적으로 이어져 있습니다.

연결하며 나눈다
거실·식당과 계단실 사이에 투명 유리벽과 미닫이를 설치했습니다. 겨울에는 미닫이를 닫아 거실과 식당의 온열 환경을 효율적으로 유지할 수 있으며, 미닫이가 닫혀 있을 때도 상부가 유리로 마감되어 있어 두 공간이 시각적으로 분리되지 않습니다.

작은 집, 71.9m²(21.7평) → 3장 114쪽

아늑한 분위기를 만든다
거실·식당·주방이 시각적으로 이어지지만 각각 계단의 난간 벽과 허리 높이의 수납장으로 구분되어 어느 곳에 있든지 차분하고 아늑합니다.

기타 사례 : 오쿠라야마의 집(3장 104쪽), 니시키의 집(3장 118쪽), 오미야의 집(3장 120쪽), 고가네이의 집(3장 148쪽), 하쓰다이의 집(3장 146쪽)

04 계단을 두 군데 만든다

작은 집에 계단을 2개 넣으면 방으로 쓸 수 있는 면적이 그만큼 줄어들겠지만, 면적상 손해를 감수하고도 남을 만한 효과가 있습니다. 계단이 하나 늘어나면 생활 동선이 높아지고 상하층 사이에 입체적 회전 동선이 생겨 집 안이 실제보다 넓어 보입니다.

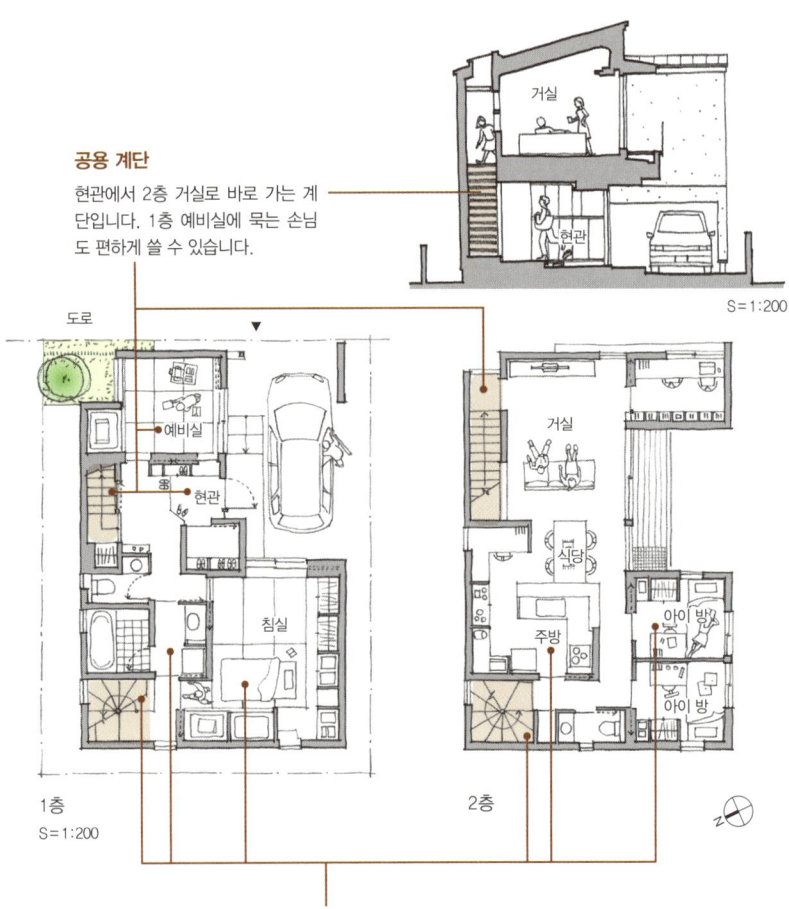

공용 계단
현관에서 2층 거실로 바로 가는 계단입니다. 1층 예비실에 묵는 손님도 편하게 쓸 수 있습니다.

개인 계단
1층의 침실과 위생실, 2층의 아이 방과 주방을 최단 거리로 이어주는 계단입니다. 개인 영역의 계단으로 씁니다.

우메가오카의 집, 113.8m²(34.4평) → 3장 134쪽

기타 사례 : 가모야마의 집(3장 96쪽)

05 스킵플로어로 복도를 없앤다

스킵플로어란 반 층씩 오르내리며 다른 층으로 이동하는 구조입니다. 스킵플로어에서 계단을 건물 중앙에 두면 오르내리며 실내를 오가므로 계단이 복도 역할까지 겸합니다. 즉 계단과 복도가 합쳐져 동선 공간을 최대한 생략할 수 있습니다.

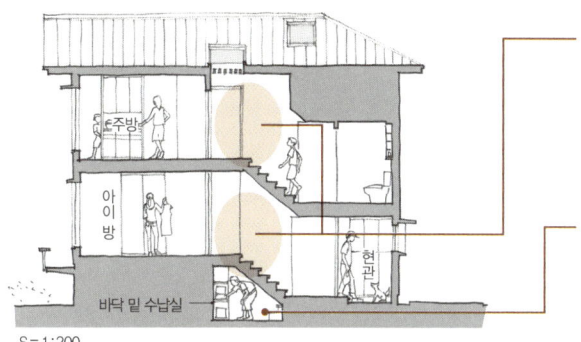

전진과 후진으로 올라간다
앞으로 나아가며 올라갔다가 돌아서서 또 올라갑니다. 그렇게 반복하며 반 층씩 올라가므로 계단이 복도의 역할까지 겸하는 것입니다.

쉽게 오갈 수 있다 1
현관 홀에서 몇 계단만 내려가면 바닥 밑 수납실이 있습니다.

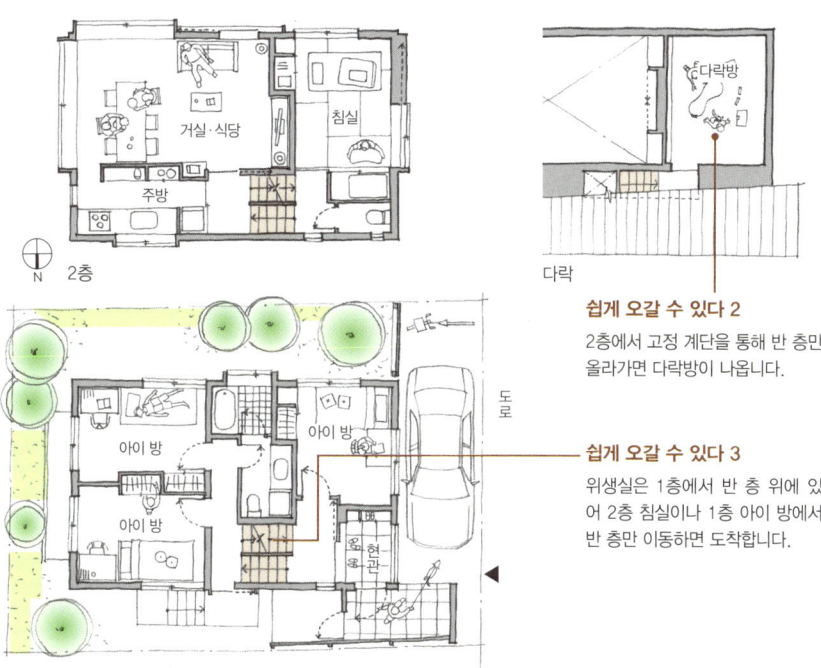

쉽게 오갈 수 있다 2
2층에서 고정 계단을 통해 반 층만 올라가면 다락방이 나옵니다.

쉽게 오갈 수 있다 3
위생실은 1층에서 반 층 위에 있어 2층 침실이나 1층 아이 방에서 반 층만 이동하면 도착합니다.

기치조지의 집, 101.3m²(30.6평) → 3장 128쪽

 **원칙 4** / 공간을 연결해 널찍하게 만든다

단독 주택의 면적을 표현할 때 '방 ○개짜리'라는 말이 자주 쓰입니다. 방이 몇 개인지만 알면 집의 면적을 대략 알 수 있다는 것입니다. 그런데 정말 그럴까요?
집의 구조를 설계할 때는 여러 방과 공간을 적절하게 배치할 뿐만 아니라 상호 관계도 고려해야 합니다. 공간을 어떻게 연결하고 분리하느냐가 실제 생활에 매우 큰 영향을 끼치기 때문입니다. 이웃한 공간을 칸막이로 구분함은 기본입니다. 부드럽게 연결하는 구조설계를 통해 숫자로는 표현할 수 없는 실제 면적 이상의 널찍한 느낌을 낼 수 있습니다.

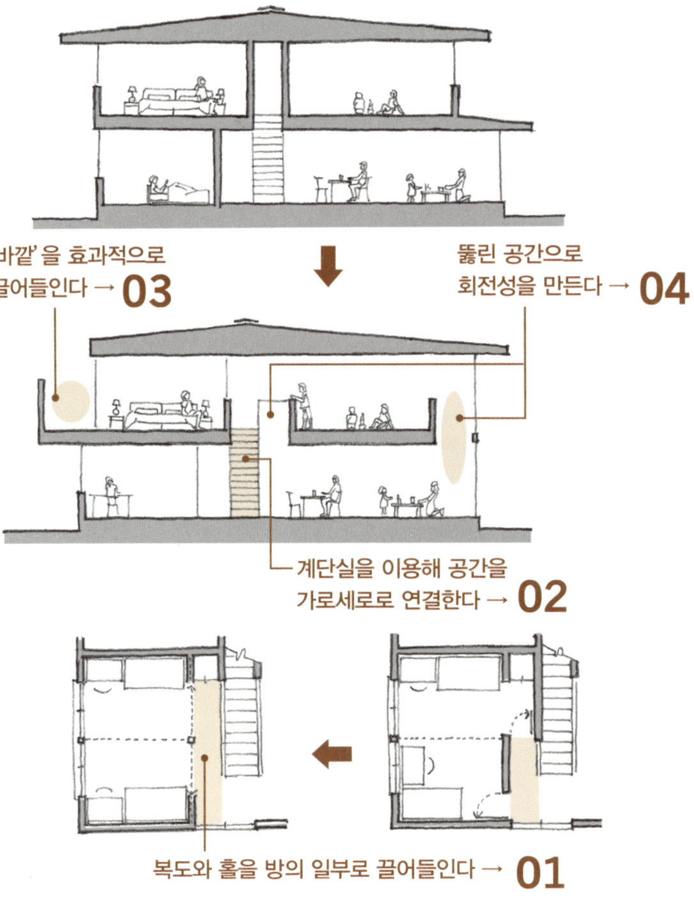

'바깥'을 효과적으로 끌어들인다 → **03**

뚫린 공간으로 회전성을 만든다 → **04**

계단실을 이용해 공간을 가로세로로 연결한다 → **02**

복도와 홀을 방의 일부로 끌어들인다 → **01**

01 복도와 홀을 방의 일부로 끌어들인다

거실·식당과 직접 연결된 방을 제외한 모든 방은 반드시 복도나 계단 홀을 통해 출입하게 됩니다. 따라서 복도와 계단 홀을 방과 적절하게 연결하면 공간의 효율이 높아집니다. 방 출입문에 미닫이를 달고, 그 문을 열 때 문짝이 벽 속에 감춰지도록 하면 복도와 계단 홀, 방이 한 공간으로 합쳐져 넓직하게 느껴집니다.

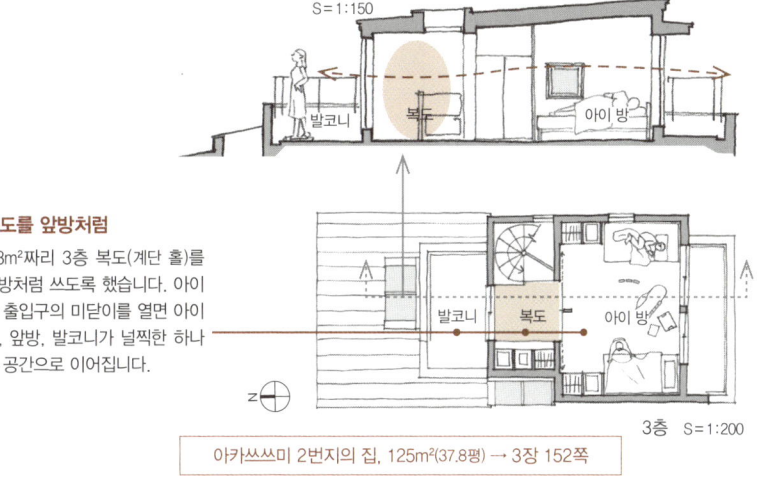

복도를 앞방처럼

3.3m² 짜리 3층 복도(계단 홀)를 앞방처럼 쓰도록 했습니다. 아이 방 출입구의 미닫이를 열면 아이 방, 앞방, 발코니가 넓직한 하나의 공간으로 이어집니다.

아카쓰쓰미 2번지의 집, 125m²(37.8평) → 3장 152쪽

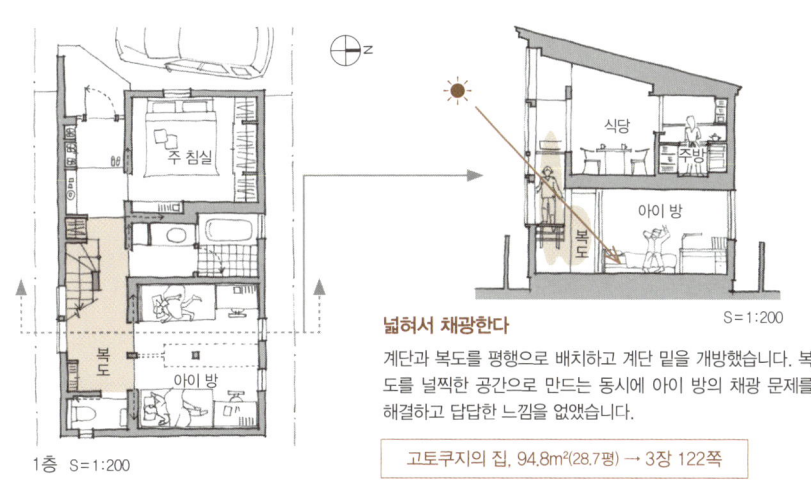

넓혀서 채광한다

계단과 복도를 평행으로 배치하고 계단 밑을 개방했습니다. 복도를 넓직한 공간으로 만드는 동시에 아이 방의 채광 문제를 해결하고 답답한 느낌을 없앴습니다.

고토쿠지의 집, 94.8m²(28.7평) → 3장 122쪽

기타 사례 : 오미야의 집(3장 120쪽), 혼모쿠의 집(3장 98쪽), 시모이구사의 집(3장 110쪽)
무사시코가네이의 집(3장 166쪽), 사쿠가라오카의 집(3장 168쪽) 다카사고의 집(3장 144쪽)
하쓰다이의 집(3장 146쪽), 고마에의 집(3장 100쪽)

02 계단실을 이용해 공간을 가로세로로 연결한다

계단실은 상하 이동을 위한 동선 공간이면서 상하층을 연결하는 뚫린 공간입니다. 또 이웃한 방이나 다른 공간과 연결되면 가로세로로 공간을 연결하는 역할도 합니다. 상하층으로 나뉘어 있던 방이나 공간이 계단실을 사이에 두고 하나로 이어지면 집 안이 실제보다 넓어 보입니다.

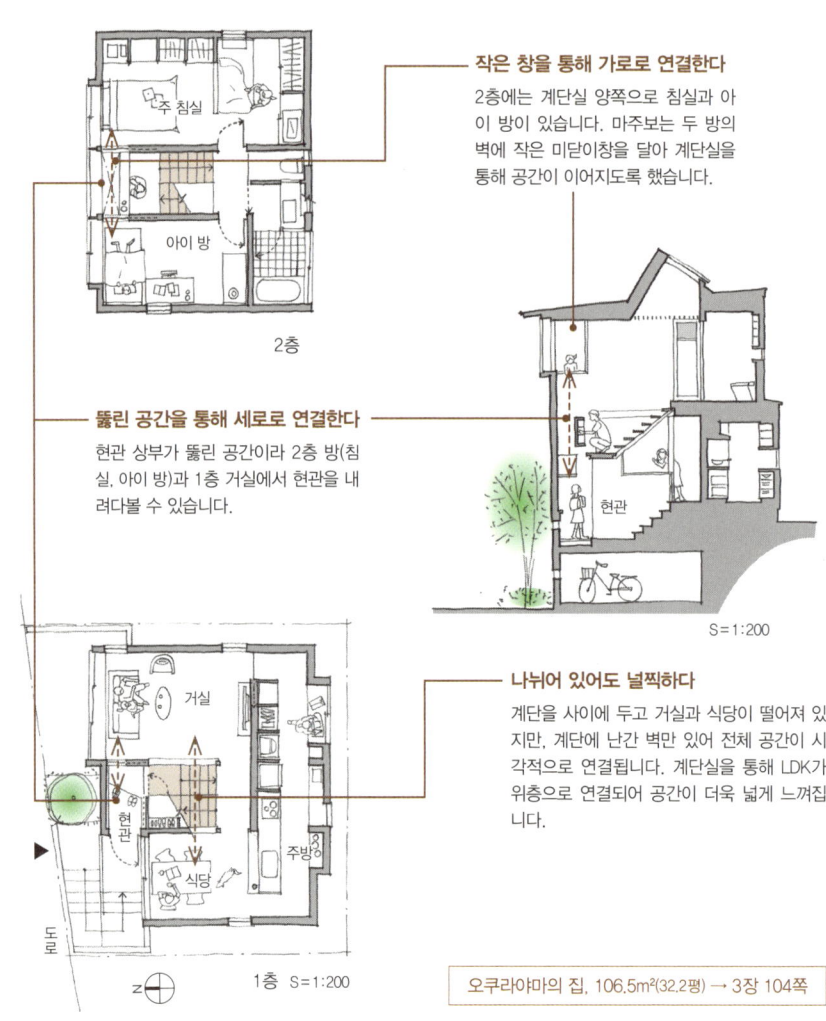

작은 창을 통해 가로로 연결한다
2층에는 계단실 양쪽으로 침실과 아이 방이 있습니다. 마주보는 두 방의 벽에 작은 미닫이창을 달아 계단실을 통해 공간이 이어지도록 했습니다.

뚫린 공간을 통해 세로로 연결한다
현관 상부가 뚫린 공간이라 2층 방(침실, 아이 방)과 1층 거실에서 현관을 내려다볼 수 있습니다.

나뉘어 있어도 널찍하다
계단을 사이에 두고 거실과 식당이 떨어져 있지만, 계단에 난간 벽만 있어 전체 공간이 시각적으로 연결됩니다. 계단실을 통해 LDK가 위층으로 연결되어 공간이 더욱 넓게 느껴집니다.

오쿠라야마의 집, 106.5m²(32.2평) → 3장 104쪽

기타 사례 : 이노카시라의 집(3장 164쪽), 히가시쿠루메의 집(3장 108쪽), 구니타치의 집(3장 126쪽)

03 '바깥'을 효과적으로 끌어들인다

면적을 조금 줄이더라도 실내 일부에 외부 공간을 끌어들이면 집이 훨씬 넓어 보입니다. 외부 공간이 가까이 있으면 시선이 위로 연장되어 공간이 더 널찍하게 느껴집니다. 외부 공간을 확보하느라 실내 면적을 다소 줄이더라도 햇빛과 바람을 곁에서 느끼다 보면 실내 공간도 더욱 시원스럽게 느껴질 것입니다.

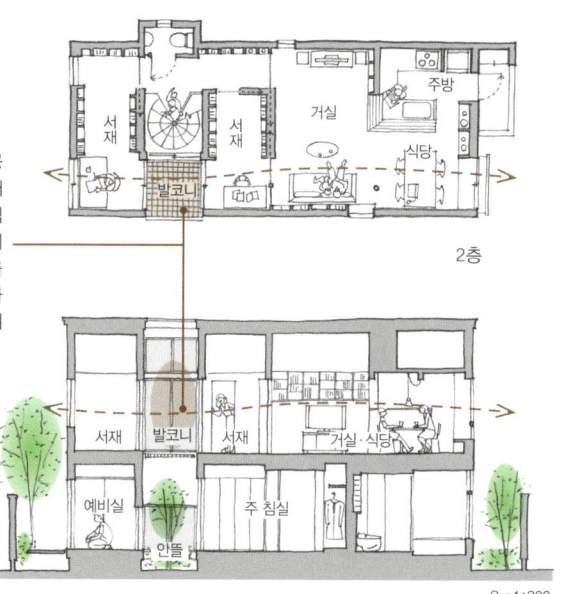

부지 끝에서 끝까지

미닫이를 열면 거실과 식당 공간이 서재, 안뜰, 두 번째 서재를 거쳐 서쪽 정원까지 연결됩니다. 시선이 부지의 동쪽 끝에서 서쪽 끝까지, 실내와 외부를 교대로 거쳐 외부로 빠져나가 집이 실제보다 훨씬 넓게 느껴집니다.

일체감이 생겨난다

안뜰의 식물들을 예비실, 침실, 계단실에서 바라볼 수 있습니다. 안뜰 덕분에 세 공간에 일체감이 생깁니다.

오쿠자와의 집, 90.7m²(27.4평) → 3장 132쪽

기타 사례 : 시모이구사의 집(3장 110쪽), 모모이의 집(3장 124쪽)

04 뚫린 공간으로 회전성을 만든다

뚫린 공간은 아래층의 방과 뚫린 공간에 면한 위층 방을 연결합니다. 나아가, 뚫린 공간을 2개 만들면 상하층 사이에 입체적인 회전성이 생깁니다. 입체적인 회전성은 각 방을 한층 긴밀하게 연결하고 통풍을 촉진하여 널찍한 느낌을 더욱 강화합니다.

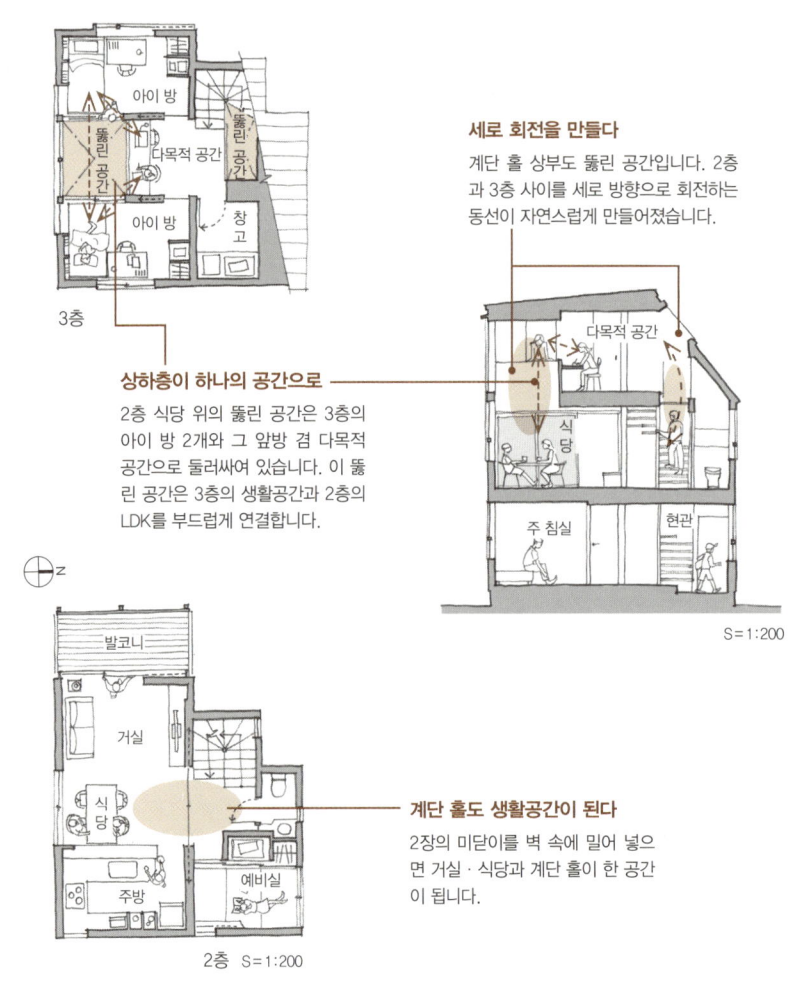

세로 회전을 만들다
계단 홀 상부도 뚫린 공간입니다. 2층과 3층 사이를 세로 방향으로 회전하는 동선이 자연스럽게 만들어졌습니다.

상하층이 하나의 공간으로
2층 식당 위의 뚫린 공간은 3층의 아이 방 2개와 그 앞방 겸 다목적 공간으로 둘러싸여 있습니다. 이 뚫린 공간은 3층의 생활공간과 2층의 LDK를 부드럽게 연결합니다.

계단 홀도 생활공간이 된다
2장의 미닫이를 벽 속에 밀어 넣으면 거실·식당과 계단 홀이 한 공간이 됩니다.

다카사고의 집, 101.7m²(30.8평) → 3장 144쪽

기타 사례 : 시모타카이도의 집(3장 140쪽)

원칙 5 / 생활에 알맞은 크기를 결정한다

큰 집을 원하는 사람은 많지만 작은 집을 원하는 사람은 적습니다. 그러나 부지 면적이나 예산에는 현실적인 한계가 있기 마련입니다. 여러 상황을 감안하여 생활에 들어맞는 집 크기를 찾아나가야 합니다.

그렇다고 모든 공간을 줄일 필요는 없습니다. 줄여도 괜찮은 곳은 알차게 줄이고, 넓게 쓰고 싶은 곳은 최대한의 면적을 확보하면 됩니다. 그러려면 생활에 반드시 필요한 면적이 어느 정도인지 알아야 합니다. 일상의 활동이나 가진 물건의 양을 생각하여 꼭 필요한 면적을 알아낸 다음 설계를 시작하는 것이 중요합니다.

작지만 알차고 편리한 주방 → 01

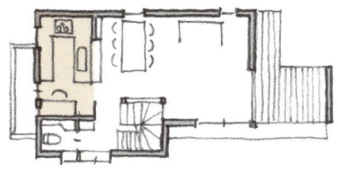

세면실, 탈의실, 화장실을 하나로 → 02

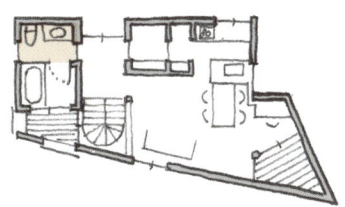

면적에 얽매이지 않는 거실과 식당 → 03

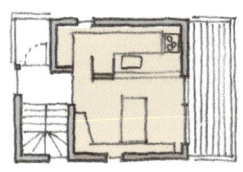

기능에 충실한 현관 → 04

작아서 더욱 차분한 아이 방 → 05

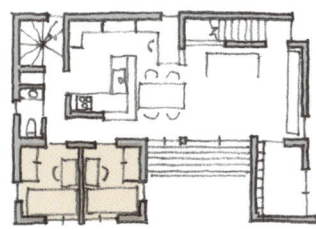

01 작지만 알차고 편리한 주방

주방은 집 안에서 작업 효율이 가장 중요한 장소입니다. 주방을 설계할 때는 조리 공간과 함께 수납공간도 생각해야 하고, 작업 효율과 일하는 사람의 쾌적성도 고려해야 합니다. 작업 효율과 쾌적성을 높게 유지하며 면적을 줄이려면 작업의 흐름을 먼저 정리하고 수납할 물건의 양과 수납 위치를 정하는 것이 좋습니다.

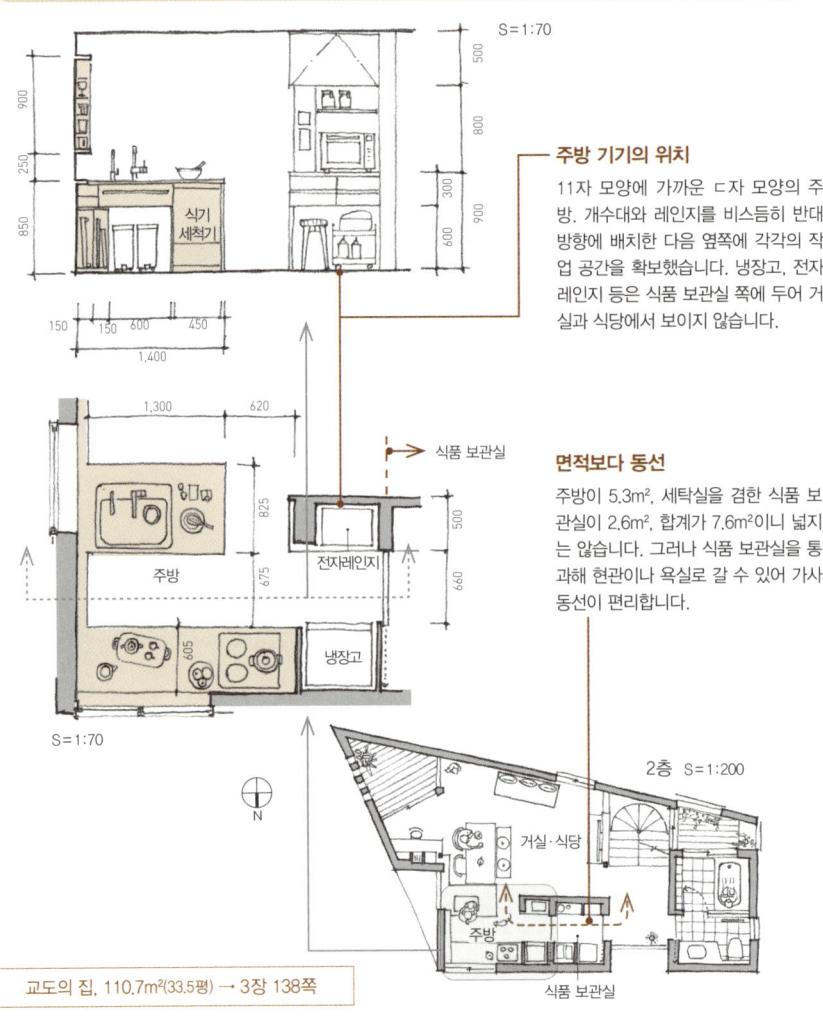

주방 기기의 위치

11자 모양에 가까운 ㄷ자 모양의 주방. 개수대와 레인지를 비스듬히 반대 방향으로 배치한 다음 옆쪽에 각각의 작업 공간을 확보했습니다. 냉장고, 전자레인지 등은 식품 보관실 쪽에 두어 거실과 식당에서 보이지 않습니다.

면적보다 동선

주방이 5.3m², 세탁실을 겸한 식품 보관실이 2.6m², 합계가 7.6m²이니 넓지는 않습니다. 그러나 식품 보관실을 통과해 현관이나 욕실로 갈 수 있어 가사 동선이 편리합니다.

교도의 집, 110.7m²(33.5평) → 3장 138쪽

기타 사례 : 시모타카이도의 집(3장 140쪽), 이노카시라의 집(3장 312쪽), 가미마치의 집(3장 154쪽)
무사시코가네이의 집(3장 166쪽), 히노의 집(3장 178쪽)

02 세면실, 탈의실, 화장실을 하나로

욕실, 세면·탈의실, 화장실을 별실로 만드는 집이 많습니다. 그러나 작은 집은 그럴 만한 면적의 여유가 없습니다. 이때 세면·탈의실과 화장실을 합쳐 답답한 느낌을 줄이는 동시에 위생실 면적을 압축합니다. 세탁기 둘 곳도 고려해 적절한 크기를 설계하면 효율적인 위생실을 만들 수 있습니다.

가미마치의 집, 113.3m²(34.3평) → 3장 154쪽

일렬로 나열한다
변기, 세탁기, 세면대를 나란히 배치해 71cm 폭의 통로 겸 작업 공간을 확보했습니다. 세탁기는 빌트인 제품을 세면대 밑에 매립했고, 세면대 옆 빈 공간에 갈아입을 옷이 담긴 바구니를 두게 했습니다.

다카사고의 집, 101.7m²(30.8평) → 3장 144쪽

정사각형으로 마무리한다
세면대, 세탁기, 변기를 3.6m²의 정사각형 평면 안에 넣었습니다. 셋 사이의 거리가 반걸음도 되지 않지만 각각의 행위에 지장이 없는 최소한의 크기를 파악해 설계했습니다.

기타 사례 : 작은 집(3장 114쪽), 사쿠라조스이의 집(3장 94쪽), 유텐지의 집(3장 142쪽), 오쿠자와의 집(3장 132쪽)
우에하라의 집(3장 172쪽), 교도의 집(3장 138쪽)

03 면적에 얽매이지 않는 거실과 식당

거실과 식당을 겸했던 예전의 다실은 식사 시간이 아니어도 모두가 자연스럽게 모여드는 가족생활의 중심이었습니다. 그리 넓지는 않았지만 가족이 편하게 머무를 수 있는 차분한 분위기가 있었기 때문일까요? 현대의 거실과 식당도 면적에 얽매이기보다 차분한 분위기를 만드는 것이 중요합니다.

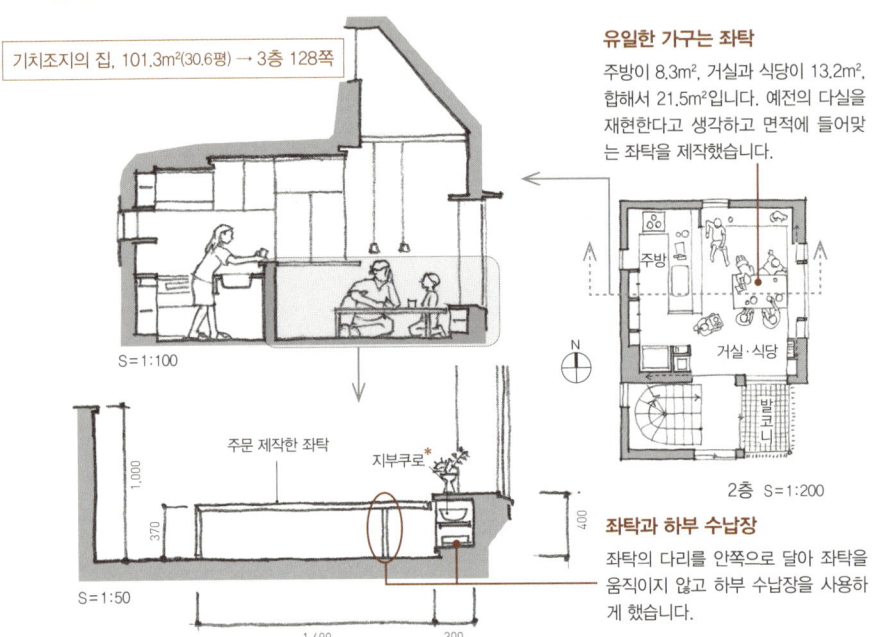

기치조지의 집, 101.3m²(30.6평) → 3층 128쪽

유일한 가구는 좌탁

주방이 8.3m², 거실과 식당이 13.2m², 합해서 21.5m²입니다. 예전의 다실을 재현한다고 생각하고 면적에 들어맞는 좌탁을 제작했습니다.

좌탁과 하부 수납장

좌탁의 다리를 안쪽으로 달아 좌탁을 움직이지 않고 하부 수납장을 사용하게 했습니다.

서재도 거실의 일부로

12.6m²의 거실·식당에 4인용 식탁과 의자를 두어 남은 공간이 적습니다. 그러나 서재 입구의 미닫이를 열면 서재도 거실·식당 공간의 일부가 되어 거실이 한결 넓게 느껴집니다.

건조실로도 쓴다

서재는 미닫이를 닫으면 실내에서 빨래를 말리는 건조실로 쓸 수 있습니다.

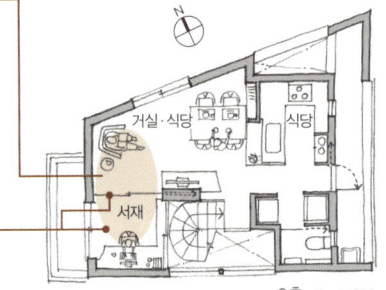

이노카시라의 집, 85.5m²(25.9평) → 3장 164쪽

기타 사례: 교도의 집(3장 138쪽), 구게누마 사쿠라가오카의 집(3장 160쪽), 아카쓰쓰미도리의 집(3장 180쪽)

* 일본 전통 객실의 양식 중 하나. 도코노마(床の間) 옆 하부에 설치하는 수납장

04 기능에 충실한 현관

기능만 생각하면 현관의 유일한 목적은 신발을 신고 벗는 것입니다. 가족이 차례차례 원활하게 신발을 신고 벗을 수 있는 면적을 확보하고, 거기에 신발과 우산 등 관련 소품을 수납할 수 있으면 현관으로서는 제 역할을 충분히 해낸 것입니다.

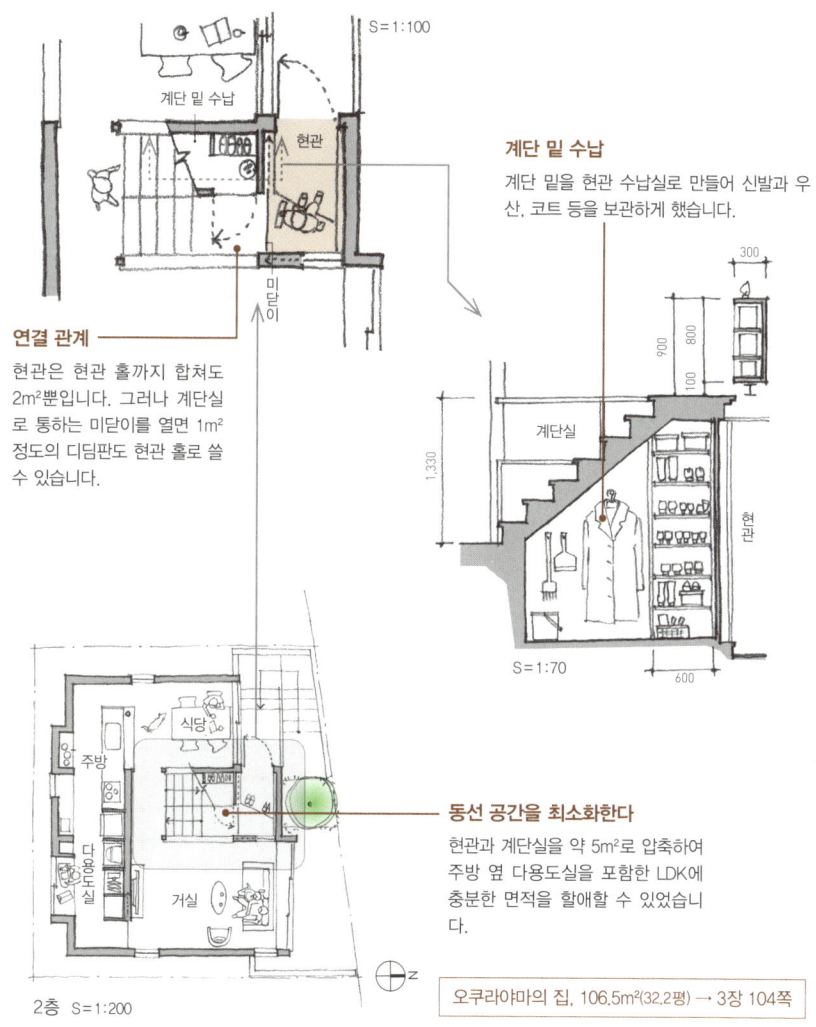

계단 밑 수납
계단 밑을 현관 수납실로 만들어 신발과 우산, 코트 등을 보관하게 했습니다.

연결 관계
현관은 현관 홀까지 합쳐도 2m²뿐입니다. 그러나 계단실로 통하는 미닫이를 열면 1m² 정도의 디딤판도 현관 홀로 쓸 수 있습니다.

동선 공간을 최소화한다
현관과 계단실을 약 5m²로 압축하여 주방 옆 다용도실을 포함한 LDK에 충분한 면적을 할애할 수 있었습니다.

오쿠라야마의 집, 106.5m²(32.2평) → 3장 104쪽

기타 사례 : 사쿠라조스이의 집(3장 94쪽), 세타 2의 집(3장 162쪽), 우에하라의 집(3장 172쪽)
아카쓰쓰미도리의 집(3장 180쪽), 구게누마 사쿠라가오카의 집(3장 160쪽)

05 작아서 더욱 차분한 아이 방

방 면적을 제곱미터로 계획하면 아이 방도 간단히 8.3~9.9m² 등으로 설계하기 쉽습니다. 그러나 침대, 책상, 책장, 옷장 등의 수납 가구와 최소한의 여유 공간을 계산하면 의외로 면적이 작아도 괜찮음을 알 수 있습니다. 숫자에 얽매이지 말고 아이의 생활을 상상하며 꼭 필요한 면적을 계산하는 것이 좋습니다.

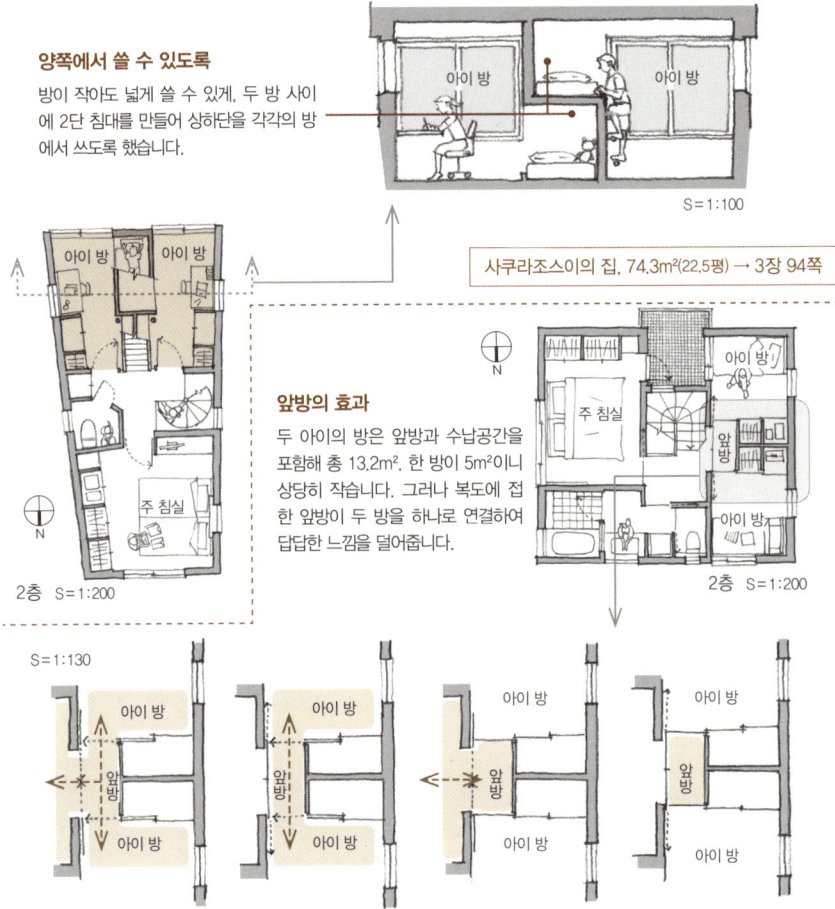

양쪽에서 쓸 수 있도록
방이 작아도 넓게 쓸 수 있게, 두 방 사이에 2단 침대를 만들어 상하단을 각각의 방에서 쓰도록 했습니다.

사쿠라조스이의 집, 74.3m²(22.5평) → 3장 94쪽

앞방의 효과
두 아이의 방은 앞방과 수납공간을 포함해 총 13.2m². 한 방이 5m²이니 상당히 작습니다. 그러나 복도에 접한 앞방이 두 방을 하나로 연결하여 답답한 느낌을 덜어줍니다.

4장의 미닫이를 각각 열고 닫으면 공간의 면적이 달라지고, 아이 방과 계단 홀에서 볼 때의 공간 감각도 크게 달라집니다.

구게누마 사쿠라가오카의 집, 103.7m²(31.4평) → 3장 160쪽

기타 사례 : 이노카시라의 집(3장 164쪽), 우에하라의 집(3장 172쪽), 사쿠라가오카의 집(3장 168쪽)
다카사고의 집(3장 144쪽), 아카쓰쓰미도리의 집(3장 180쪽), 우메가오카의 집(3장 13쪽)

원칙 6 / 수납공간은 적재적소에

수납 방식은 집집마다 다릅니다. 수납공간을 거의 설계하지 않고 수납 가구를 두어 해결하는 경우도 있고, 반대로 가구를 거의 두지 않고 붙박이 수납장으로만 해결하는 경우도 있습니다. 어떤 경우든 어디에 무엇을 수납할지 미리 계획해야 효과적으로 수납할 수 있습니다.

작은 집은 모든 방과 공간이 상대적으로 작아서 가구를 쓰든 붙박이를 설치하든 수납공간이 바닥면적에서 차지하는 비율이 커집니다. 따라서 작은 집일수록 수납할 물건의 양을 계산한 후 수납공간을 설정하는 것이 중요합니다. 고정관념에 얽매이지 말고 수납 계획을 세우기 바랍니다.

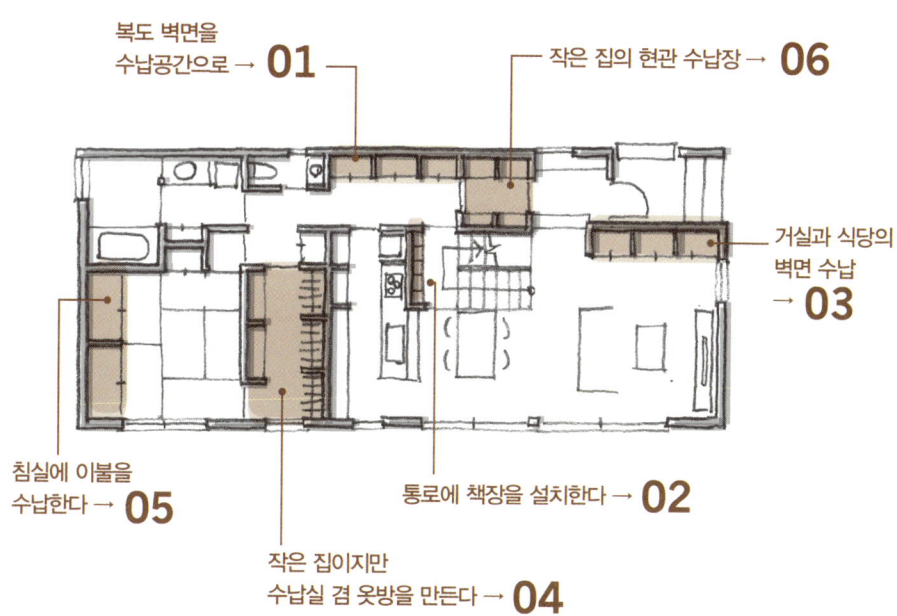

복도 벽면을 수납공간으로 → 01
작은 집의 현관 수납장 → 06
거실과 식당의 벽면 수납 → 03
침실에 이불을 수납한다 → 05
통로에 책장을 설치한다 → 02
작은 집이지만 수납실 겸 옷방을 만든다 → 04

01 복도 벽면을 수납공간으로

모든 방에 수납공간을 만들 수 있는 것은 아닙니다. 억지로 만들면 오히려 전체적인 균형이 깨져 생활이 불편해질 수 있습니다. 이때는 복도에 수납장을 만드는 것도 방법 중 하나입니다. 그러면 이동에만 쓰던 복도가 새로운 용도를 지닌 의미 있는 장소가 될 것입니다.

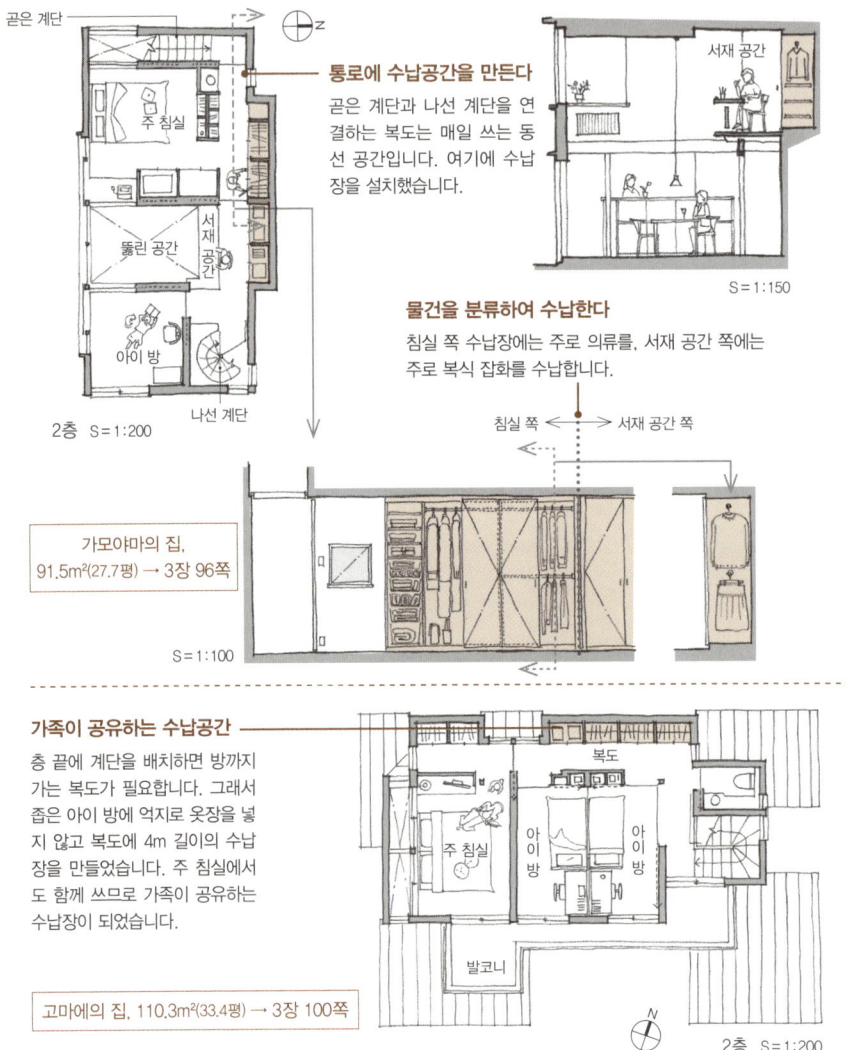

통로에 수납공간을 만든다
곧은 계단과 나선 계단을 연결하는 복도는 매일 쓰는 동선 공간입니다. 여기에 수납장을 설치했습니다.

물건을 분류하여 수납한다
침실 쪽 수납장에는 주로 의류를, 서재 공간 쪽에는 주로 복식 잡화를 수납합니다.

가모야마의 집, 91.5m²(27.7평) → 3장 96쪽

가족이 공유하는 수납공간
층 끝에 계단을 배치하면 방까지 가는 복도가 필요합니다. 그래서 좁은 아이 방에 억지로 옷장을 넣지 않고 복도에 4m 길이의 수납장을 만들었습니다. 주 침실에서도 함께 쓰므로 가족이 공유하는 수납장이 되었습니다.

고마에의 집, 110.3m²(33.4평) → 3장 100쪽

기타 사례 : 하네기의 집(3장 102쪽)

02 통로에 책장을 설치한다

일하거나 공부하면서 자주 쓰는 책은 자기 방에 두는 게 좋겠지만, 그렇지 않은 책까지 손 닿는 곳에 항상 둘 필요는 없습니다. 모두가 매일 지나는 복도나 계단에 책장을 설치하면 가족끼리 책을 공유하게 되어 공통의 화제가 생길 수 있습니다.

디딤판을 만든다
계단 상부는 대개 뚫린 공간이므로, 그곳 벽면에 발을 디딜 수 있는 디딤판을 설치해 안전하게 책을 꺼내게 했습니다.

시모이구사의 집, 96.3m²(29.1평) → 3장 110쪽

큰 벽을 효과적으로 이용한다
곧은 계단을 벽에 붙이면 직사각형의 큰 벽이 비어 그 벽에 책장을 설치했습니다. 계단은 가족 모두가 반드시 지나는 공간으로 책을 공유하게 됩니다.

S=1:150

복도가 도서관으로
책과 언제나 함께하고 싶다는 희망에 따라, 모두가 오가는 복도 벽에 책장을 설치해 많은 책을 수납했습니다.

오쿠자와의 집, 90.7m²(27.4평) → 3장 132쪽

기타 사례 : 혼모쿠의 집(3장 98쪽)

* 테라스와 발코니는 의미가 다르다. 테라스는 건물 1층에 붙은 정원 등의 야외 공간, 발코니는 2층 이상 건물에서 옥외로 돌출된 공간이다. 참고로 베란다는 아래층과 위층의 면적 차이를 활용하여 위층 실내와 연결되도록 만든 옥외 공간이다. 따라서 위층 베란다는 아래층 지붕이 된다.

03 거실과 식당의 벽면 수납

가족의 생활에 반드시 필요한 물건의 양은 집의 크기에 관계없이 어느 집이나 비슷합니다. 작은 집은 다양한 장소를 찾아내 수납공간을 계획적으로 설계하고 수납 효율을 높이는 것이 중요합니다. 거실과 식당은 다른 방보다 넓은 만큼 벽면도 큽니다. 그 벽면을 활용하면 의외로 많은 물건을 수납할 수 있습니다.

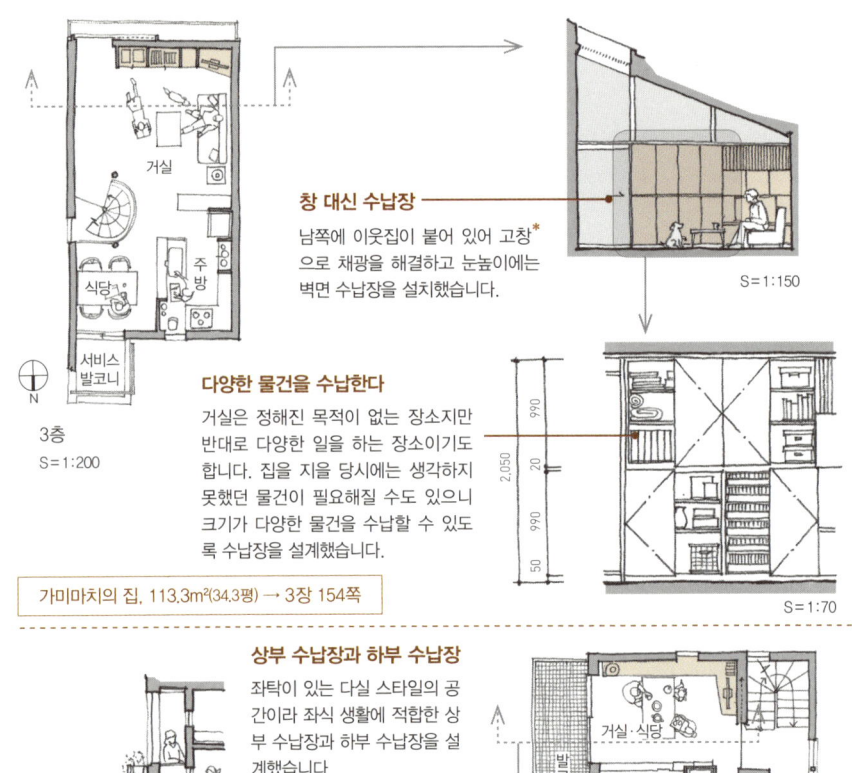

창 대신 수납장
남쪽에 이웃집이 붙어 있어 고창*으로 채광을 해결하고 눈높이에는 벽면 수납장을 설치했습니다.

다양한 물건을 수납한다
거실은 정해진 목적이 없는 장소지만 반대로 다양한 일을 하는 장소이기도 합니다. 집을 지을 당시에는 생각하지 못했던 물건이 필요해질 수도 있으니 크기가 다양한 물건을 수납할 수 있도록 수납장을 설계했습니다.

가미마치의 집, 113.3m²(34.3평) → 3장 154쪽

상부 수납장과 하부 수납장
좌탁이 있는 다실 스타일의 공간이라 좌식 생활에 적합한 상부 수납장과 하부 수납장을 설계했습니다.

아카쓰미도리의 집, 105.4m²(31.9평) → 3장 180쪽

기타 사례 : 히가시쿠루메의 집(3장 108쪽)

* 건물 바닥으로부터 높은 곳에 낸 창문. 사생활 보호와 채광, 통풍을 위해 사람의 키보다 높은 곳에 낸다.

04 작은 집이지만 수납실 겸 옷방을 만든다

옷방은 옷을, 수납실은 생활에 필요한 물건들을 보관하는 곳입니다. 한 곳에 두 가지 기능을 합치면 더욱 편리한 수납공간이 됩니다. 그러나 수납실 겸 옷방을 만들려면 어느 정도의 면적이 필요해서 다른 방의 면적을 줄여야 할 수도 있으니 신중하게 판단해야 합니다.

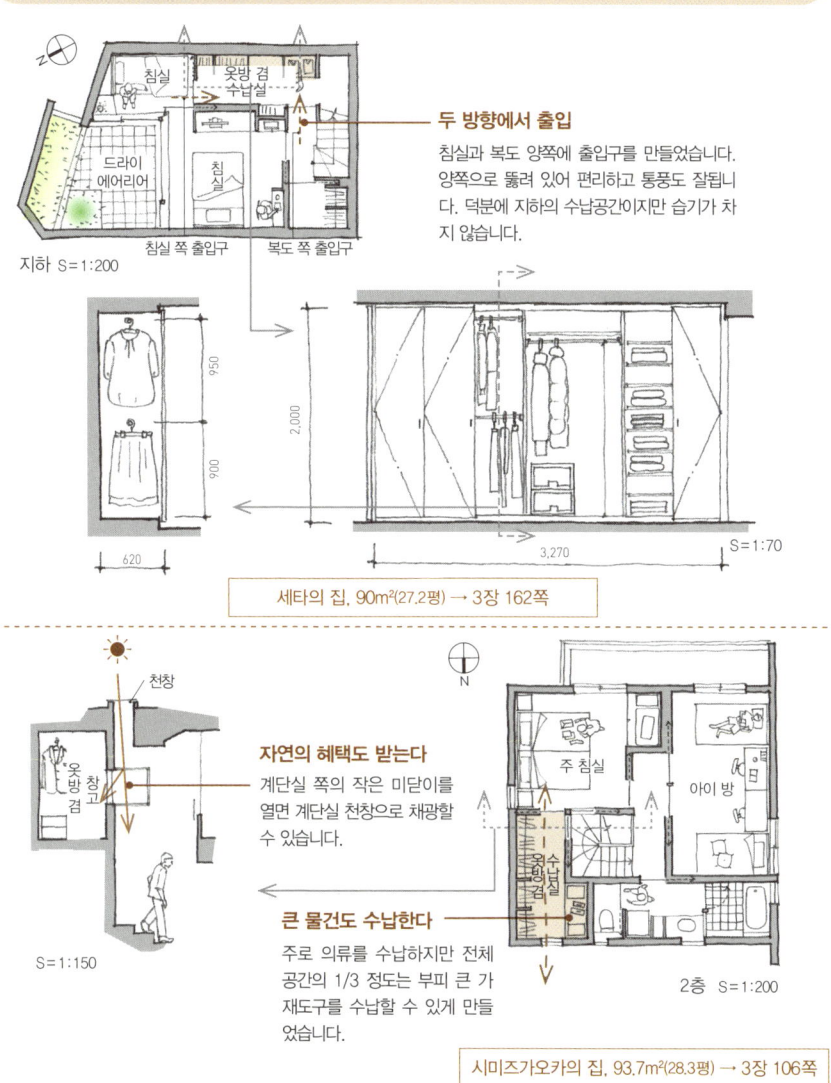

두 방향에서 출입
침실과 복도 양쪽에 출입구를 만들었습니다. 양쪽으로 뚫려 있어 편리하고 통풍도 잘됩니다. 덕분에 지하의 수납공간이지만 습기가 차지 않습니다.

세타의 집, 90m²(27.2평) → 3장 162쪽

자연의 혜택도 받는다
계단실 쪽의 작은 미닫이를 열면 계단실 천창으로 채광할 수 있습니다.

큰 물건도 수납한다
주로 의류를 수납하지만 전체 공간의 1/3 정도는 부피 큰 가재도구를 수납할 수 있게 만들었습니다.

시미즈가오카의 집, 93.7m²(28.3평) → 3장 106쪽

기타 사례 : 모모이의 집(3장 124쪽), 사쿠라가오카의 집(3장 168쪽)

05 침실에 이불을 수납한다

침실에는 이불을 보관할 곳이 필요합니다. 요나 매트리스를 넣으려면 깊이가 있어야 해서 옷장과는 다른 구조여야 합니다. 침실에는 옷도 수납해야 하니 작은 집의 침실에는 두 종류의 수납장을 꼼꼼히 설계해야 합니다.

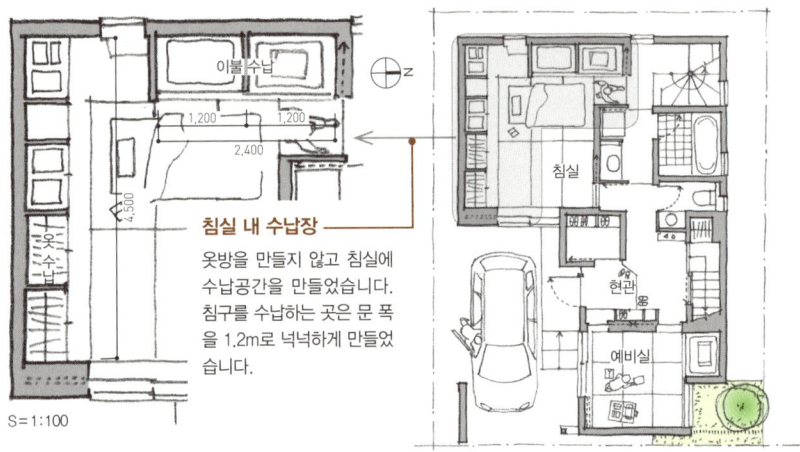

침실 내 수납장
옷방을 만들지 않고 침실에 수납공간을 만들었습니다. 침구를 수납하는 곳은 문 폭을 1.2m로 넉넉하게 만들었습니다.

우메가오카의 집, 113.8m²(34.4평) → 3장 134쪽

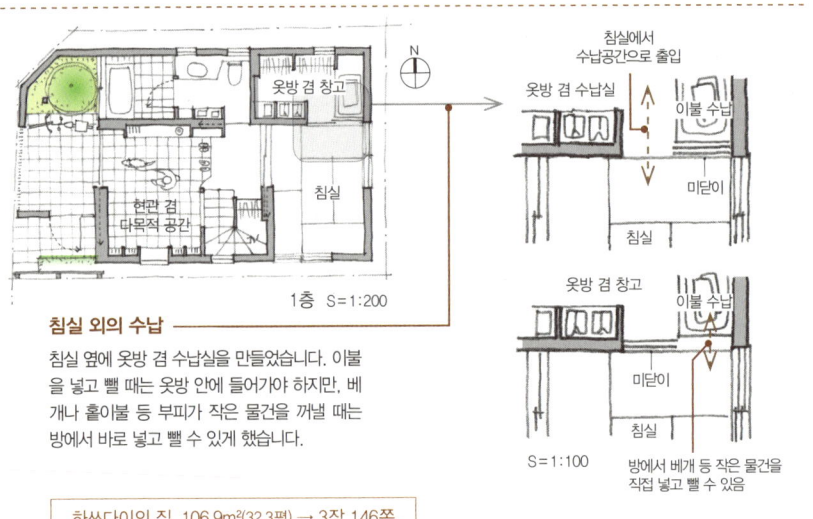

침실 외의 수납
침실 옆에 옷방 겸 수납실을 만들었습니다. 이불을 넣고 뺄 때는 옷방 안에 들어가야 하지만, 베개나 홑이불 등 부피가 작은 물건을 꺼낼 때는 방에서 바로 넣고 뺄 수 있게 했습니다.

하쓰다이의 집, 106.9m²(32.3평) → 3장 146쪽

기타 사례: 가미소시가야의 집(3장 116쪽), 시로카네다이의 집(3장 156쪽), 모모이의 집(3장 124쪽), 가마쿠라의 집(3장 130쪽), 구니타치의 집(3장 126쪽), 아카쓰쓰미도리의 집(3장 180쪽)

06 작은 집의 현관 수납장

신발, 우산뿐만 아니라 코트와 야외 용품까지 수납하려면 현관 수납장이 필요합니다. 작은 집에서는 불가능해 보이지만 생활 동선을 수납공간으로 잘 활용하는 등 수납법과 사용법을 궁리하면 알차고 편리한 공간을 만들 수 있습니다.

어느 쪽에서나 사용할 수 있는 수납공간

현관과 현관 수납실 사이에 신발장이 있습니다. 미닫이를 활용해 어느 쪽에서나 사용할 수 있습니다.

미야사키의 집, 99.2m²(30평) → 3장 112쪽

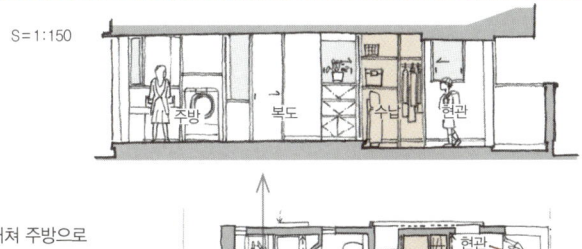

두 가지 역할

현관에서 현관 수납실을 거쳐 주방으로 갈 수 있습니다. 즉 현관 수납실이 복도의 일부인데 그 복도에 수납공간을 만든 셈입니다. 생활 동선의 일부를 현관 수납에 할애해 현관 수납실이 복도와 수납이라는 두 가지 역할을 합니다.

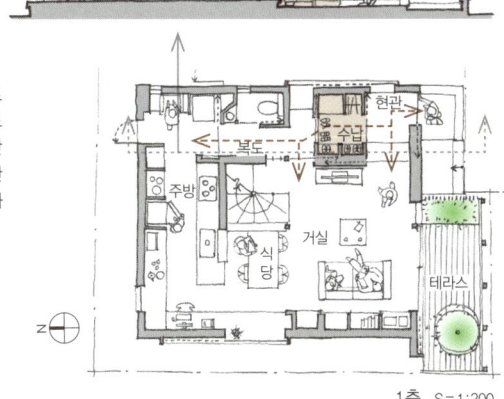

히가시쿠루메의 집, 94.7m²(28.6평) → 3장 108쪽

기타 사례 : 오쿠라야마의 집(3장 104쪽), 교토의 집(3장 138쪽), 시미즈가오카의 집(3장 106쪽)
사쿠라가오카의 집3장 168쪽), 구니타치의 집(3장 126쪽)

원칙 7 / 빛은 끌어들이고 바람은 통과시킨다

부지 면적이 제한된 작은 집은 이웃집이 붙어 있을 때가 많아 채광과 통풍, 사생활 보호 문제를 잘 해결해야 쾌적한 집을 만들 수 있습니다.

특히 빛과 바람을 끌어들일 장치를 마련해야 합니다. 장치라 하면 특별한 무언가를 생각할지 모르지만 어렵게 생각하지 않아도 됩니다. 전통적인 원칙을 지키면 채광과 통풍이 좋은 집을 만들 수 있습니다. 예를 들어 이웃집이 붙어 있어서 창을 크게 내지 못하면 창의 위치와 벽의 높이를 조정해 채광과 통풍을 개선할 수 있습니다. 그런 작은 배려를 쌓아나가면 쾌적한 실내 공간이 완성될 것입니다.

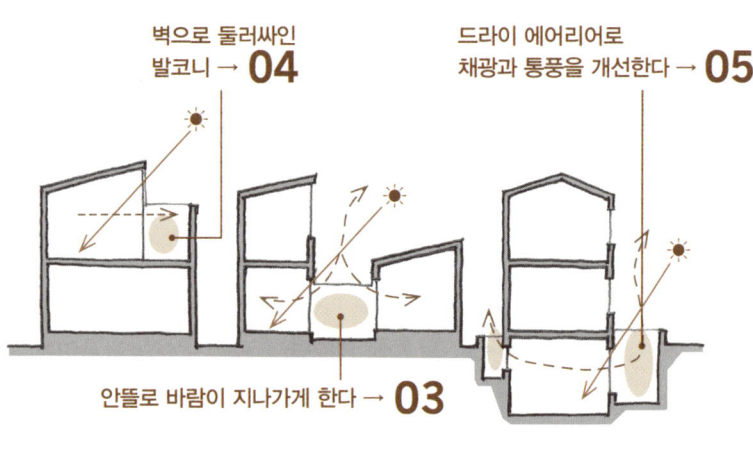

벽으로 둘러싸인 발코니 → 04
드라이 에어리어로 채광과 통풍을 개선한다 → 05
안뜰로 바람이 지나가게 한다 → 03

천창은 계단실 위에 → 01
복도와 계단을 바람의 통로로 삼는다 → 06
이웃집은 가리고 빛은 받아들인다 → 02

01 천창은 계단실 위에

집 한가운데에 계단실을 두고 그 위에 천창을 달면 계단실의 뚫린 공간을 통해 들어온 햇빛이 1, 2층 모두를 밝힙니다. 위치가 한가운데가 아니어도 계단실에서 들어온 햇빛이 실내 전체를 풍요롭게 만들어준다면 천창 역할을 다하는 셈입니다.

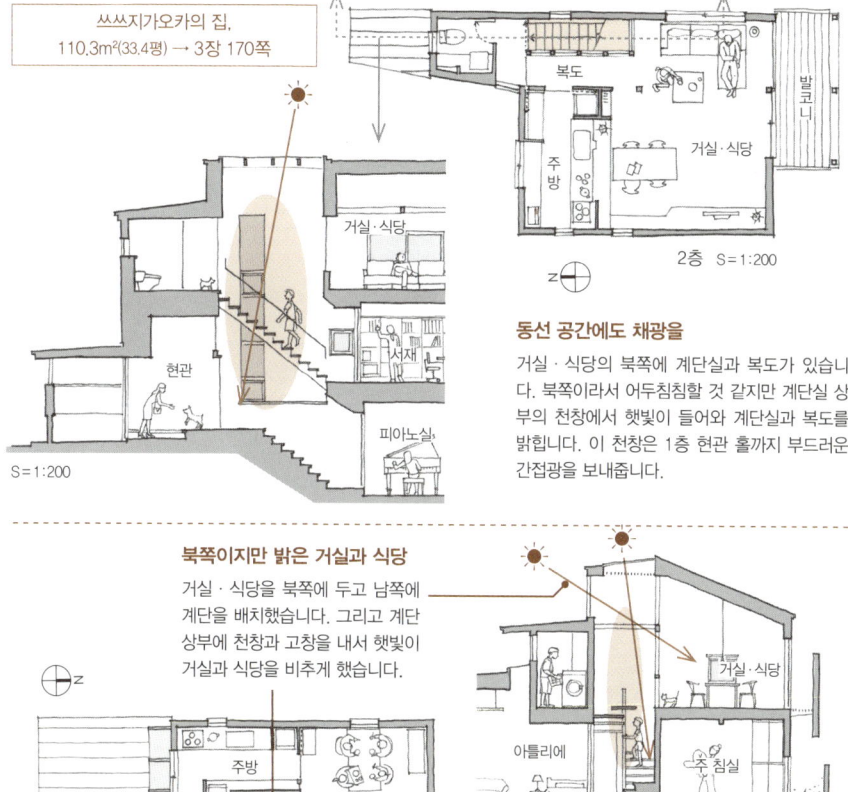

쓰쓰지가오카의 집, 110.3m²(33.4평) → 3장 170쪽

동선 공간에도 채광을

거실 · 식당의 북쪽에 계단실과 복도가 있습니다. 북쪽이라서 어두침침할 것 같지만 계단실 상부의 천창에서 햇빛이 들어와 계단실과 복도를 밝힙니다. 이 천창은 1층 현관 홀까지 부드러운 간접광을 보내줍니다.

북쪽이지만 밝은 거실과 식당

거실 · 식당을 북쪽에 두고 남쪽에 계단을 배치했습니다. 그리고 계단 상부에 천창과 고창을 내서 햇빛이 거실과 식당을 비추게 했습니다.

가미소시가야의 집, 83.7m²(25.3평) → 3장 116쪽

기타 사례 : 오쿠라야마의 집(3장 104쪽), 오미야의 집(3장 120쪽), 혼모쿠의 집(3장 98쪽), 시미즈가오카의 집(3장 106쪽)
히가시쿠루메의 집(3장 108쪽), 하네기의 집(3장 102쪽), 우메가오카의 집(3장 134쪽)
아카쓰쓰미 2번지의 집(3장 152쪽)

02 이웃집은 가리고 빛은 받아들인다

남쪽의 부지 경계선에 닿을 듯 말 듯하게 집을 지어야 할 때가 있습니다. 정석대로 남쪽에 큰 창을 내면 종일 이웃집만 보고 살아야 할지도 모릅니다. 남쪽의 햇빛을 충분히 끌어들이면서 그런 사태를 피하려면 천장 높이를 3m 전후로 높이고 고창을 만드는 방법이 있습니다.

채광을 위한 고창과 시야를 넓히기 위한 눈높이의 창

거실에서 남쪽 이웃집을 신경 쓰지 않고 지내기 위해 남쪽의 천장을 높이고 고창을 냈습니다. 고창에서 들어오는 햇빛이 겨울에는 안쪽의 예비실까지 비춥니다. 고창만 있으면 답답한 느낌이 들어 동쪽과 서쪽의 눈높이에도 창을 달아 시선이 밖으로 빠져나가도록 했습니다.

고창을 활용한 채광

고창으로 들어온 빛은 거실에도 들어오지만 거실과 계단실 사이의 벽에 반사되어 1층까지 도달합니다.

기타 사례 : 작은 집(3장 114쪽), 오쿠자와의 집(3장 132쪽), 우에하라의 집(3장 172쪽), 고토쿠지의 집(3장 122쪽)
모모이의 집(3장 124쪽)

03 안뜰로 바람이 지나가게 한다

안뜰은 주로 채광을 위해 만든다는 뜻에서 '광정(光庭)'이라고도 하지만, 빛뿐만 아니라 바람도 실내에 끌어들일 수 있습니다. 작은 집은 안뜰도 작아 기대만큼의 채광 효과를 얻지 못하기도 하지만 바람은 좁은 길만 있어도 잘 들어옵니다. 오히려 작은 정원이 실내에 부드러운 바람을 끌어들이는 데 유리합니다.

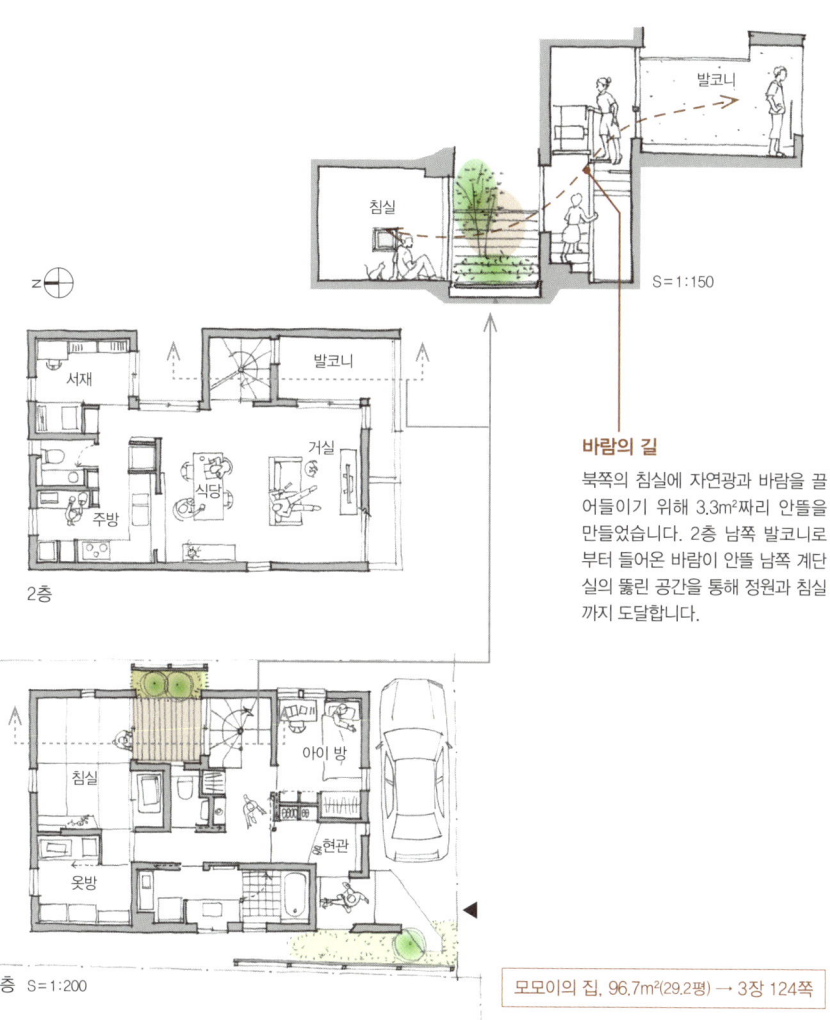

바람의 길

북쪽의 침실에 자연광과 바람을 끌어들이기 위해 3.3m²짜리 안뜰을 만들었습니다. 2층 남쪽 발코니로부터 들어온 바람이 안뜰 남쪽 계단실의 뚫린 공간을 통해 정원과 침실까지 도달합니다.

모모이의 집, 96.7m²(29.2평) → 3장 124쪽

기타 사례 : 오쿠자와의 집(3장 132쪽), 오미야의 집(3장 120쪽), 시모이구사의 집(3장 110쪽)
고마에의 집(3장 100쪽), 고가네이의 집(3장 148쪽)

04 벽으로 둘러싸인 발코니

부지가 작으면 정원을 꾸밀 땅을 확보하기가 쉽지 않습니다. 그렇다면 2층 거실이나 식당 앞에 발코니를 만들어 정원 대신 활용하는 것도 좋은 방법입니다. 발코니에 벽을 둘러 세워 이웃집의 시선을 차단하면 더욱 활용도가 높아집니다.

시모이구사의 집, 96.3m²(29.1평) → 3장 110쪽

아늑하고 차분한 발코니
LDK가 2층에 있으므로 거실 앞에 정원 대신 발코니를 만들었습니다. 이웃집의 시선을 차단하기 위해 남쪽과 서쪽에 1.7m 높이의 벽을 세웠더니 차분하고 편안한 야외 공간이 되었습니다.

발코니와의 일체감
2층은 건물을 남쪽으로 조금 물러서 깊이 1.5m, 높이 1.7m의 벽으로 둘러싸인 발코니를 추가했습니다. 발코니가 벽으로 둘러싸여 있어 거실과 발코니가 한 공간처럼 느껴지니 실내가 더 넓어 보입니다.

시모타카이도의 집, 69.2m²(20.9평) → 3장 140쪽

기타 사례 : 니시키의 집(3장 118쪽), 시로카네다이의 집(3장 156쪽), 교도의 집(3장 138쪽), 모모이의 집(3장 124쪽)

05 드라이 에어리어로 채광과 통풍을 개선한다

지상 건물로는 필요한 공간을 다 확보할 수 없을 경우 지하실을 추가합니다. 지하실에는 자연광과 바람을 위한 드라이 에어리어가 꼭 필요하지만 규모는 작아도 괜찮습니다. 부드러운 간접광을 느낄 수 있을 정도의 면적이면 충분합니다. 드라이 에어리어로 지하실 특유의 답답함을 없애는 것이 중요합니다.

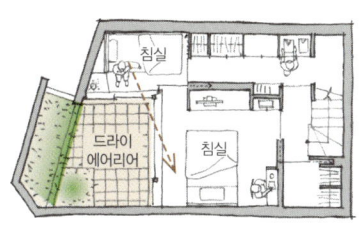

지하 S=1:200

하나의 공간으로

2개의 침실이 드라이 에어리어를 L자 모양으로 둘러싸고 있습니다. 방과 드라이 에어리어가 한 공간으로 이어진 덕분에 지하실이지만 답답하지 않습니다.

세타 2의 집, 90m²(27.2평) → 3장 162쪽

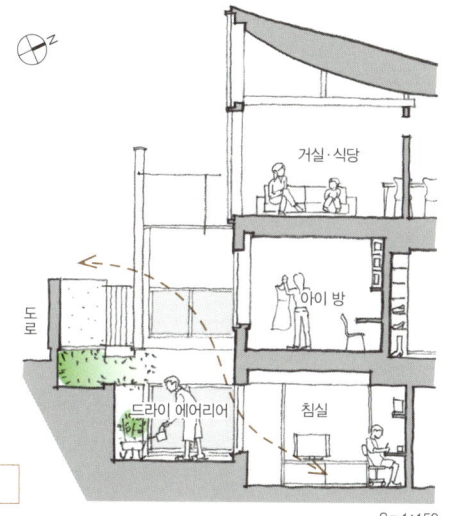

S=1:150

2개의 드라이 에어리어

드라이 에어리어를 지하의 모서리에 두어 침실과 복도에 빛과 바람이 들어오게 했습니다. 또한 작은 드라이 에어리어를 하나 더 만들어 안쪽의 예비실까지 빛과 바람을 끌어들이니 지하실의 답답함이 전혀 느껴지지 않는 공간이 되었습니다.

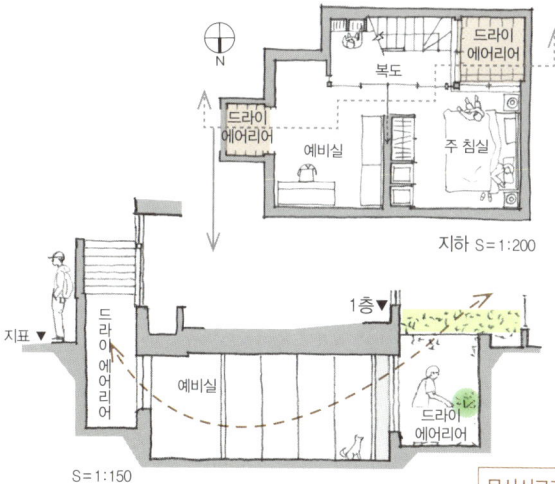

무사시코가네이의 집, 98.5m²(29.8평) → 3장 166쪽

기타 사례 : 이노카시라의 집(3장 164쪽), 우에하라의 집(3장 172쪽), 센다기 2의 집(3장 176쪽)

06 복도와 계단을 바람의 통로로 삼는다

방의 통풍은 물론 집 전체의 통풍이 중요합니다. 집 전체에 바람이 통하면 사람 뿐만 아니라 집에도 좋습니다. 집 안의 동선 공간을 바람의 통로로 삼으면 집 전체의 통풍을 원활하게 할 수 있습니다.

2층 / 1층 S=1:200

층을 꿰뚫는 동선
각 층의 한가운데에 남북으로 뚫린 복도와 계단을 배치했습니다. 현관과 계단이 멀어졌지만, 복도를 지나가는 바람이 복도 좌우의 공간까지 흘러들어 1층 전체를 바람이 잘 통하는 공간으로 만들었습니다.

계단실을 활용한 채광
뚫린 공간인 계단실의 천창과 측면의 고창에서 햇빛이 들어와 집 안 구석 구석을 밝혀줍니다.

S=1:150

구니타치의 집, 101.8m²(30.8평) → 3장 126쪽

원칙 8 / 세로 방향의 뚫린 공간을 효과적으로 활용한다

부지가 작을 경우, 각 층의 면적이 좁아 실내에 가로 방향의 널찍함을 보여주기가 어렵습니다. 그럴 때 건물을 3층까지 올리거나 지하실을 만들어 건물을 세로 방향으로 확장한 다음 상하층의 연계를 잘 활용하면 한결 널찍한 느낌을 낼 수 있습니다.

세로 방향의 연계는 가로 방향의 연계와 달리 공간에 의외성을 부여하며, 부지가 작아서 생기는 실내의 답답함을 해소합니다. 무엇보다 다른 방(층)에 있는 가족과 원활하게 소통할 수 있게 하는 것이 세로 방향 연계의 가장 큰 장점입니다.

계단실의 뚫린 공간을 활용한다 → **01**

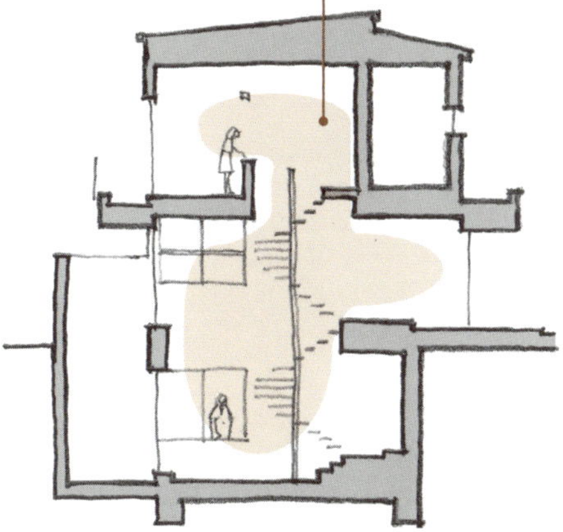

작은 구멍으로 의사소통을 돕는다 → **02**

뚫린 공간을 여러 개 만든다 → **03**

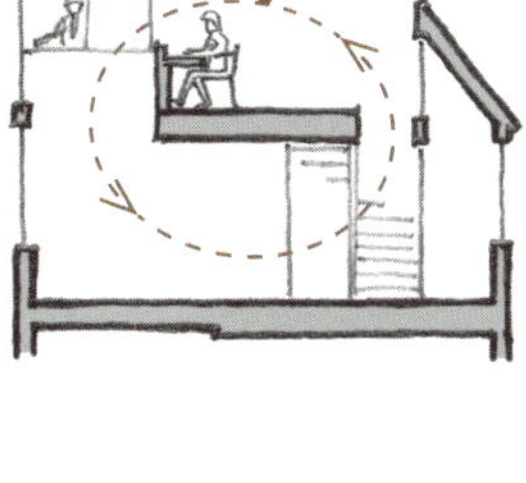

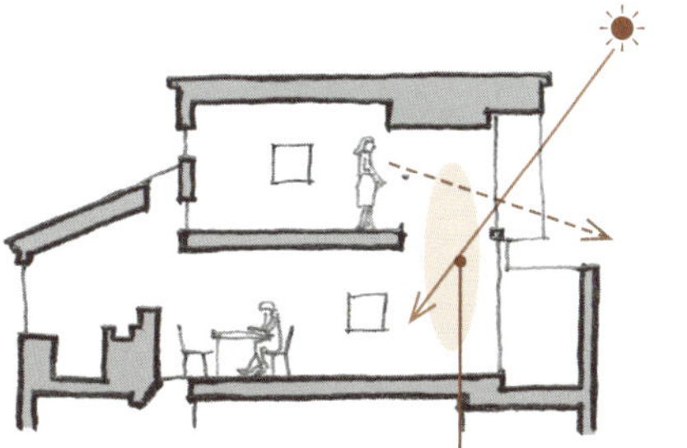

뚫린 공간을 크게 만든다 → **04**

01 계단실의 뚫린 공간을 활용한다

계단실은 그 자체가 뚫린 공간이지만, 계단이 무조건 상하층을 유기적으로 연계하는 것은 아닙니다. 그러나 계단실의 뚫린 공간을 확장하면 전혀 다른 공간이었던 상하층이 일체가 되어 가족끼리의 소통이 활발해질 수 있습니다. 빈 공간을 늘리는 만큼 층별 바닥면적은 줄어들겠지만 가로세로로 얽힌 공간들 사이의 연계가 생활을 풍성하게 해줍니다.

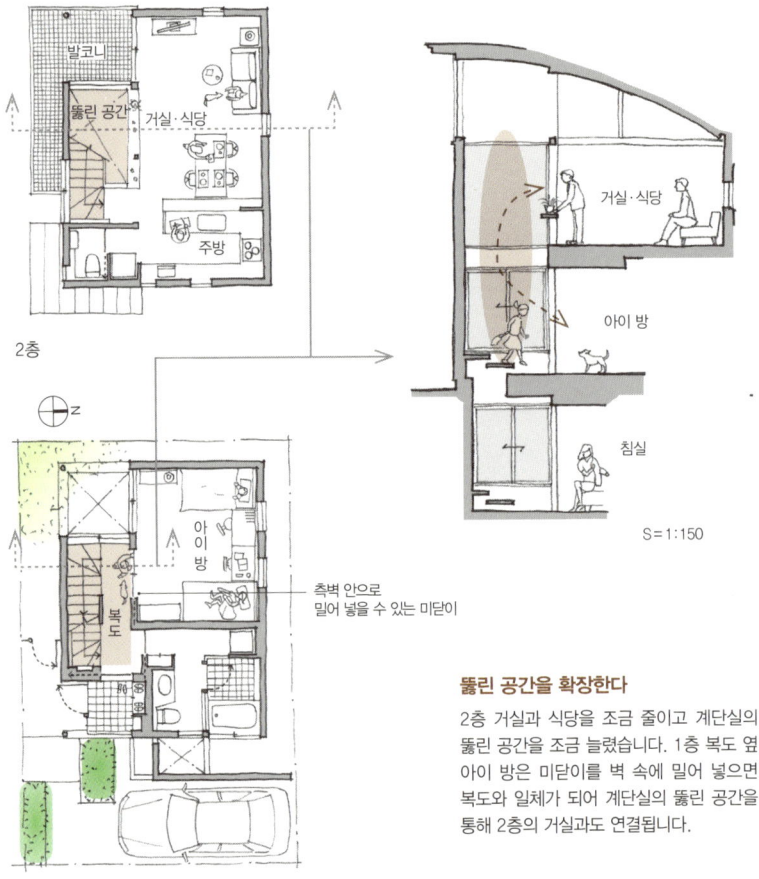

뚫린 공간을 확장한다

2층 거실과 식당을 조금 줄이고 계단실의 뚫린 공간을 조금 늘렸습니다. 1층 복도 옆 아이 방은 미닫이를 벽 속에 밀어 넣으면 복도와 일체가 되어 계단실의 뚫린 공간을 통해 2층의 거실과도 연결됩니다.

무사시코가네이의 집, 98.5m²(29.8평) → 3장 166쪽

기타 사례 : 이노카시라의 집(3장 164쪽), 구니타치의 집(3장 126쪽)

02 작은 구멍으로 의사소통을 돕는다

'뚫린 공간'이라고 하면 대개 상하로 크게 뻥 뚫린 공간을 떠올리지만 일상의 사소한 소통에는 그리 큰 공간이 필요하지 않습니다. 벽의 작은 구멍만으로도 상하층의 분위기와 가족의 기척이 전해지기 때문입니다. 그 작은 구멍 하나만으로 위층과 아래층 사이의 거리감을 크게 줄일 수 있습니다.

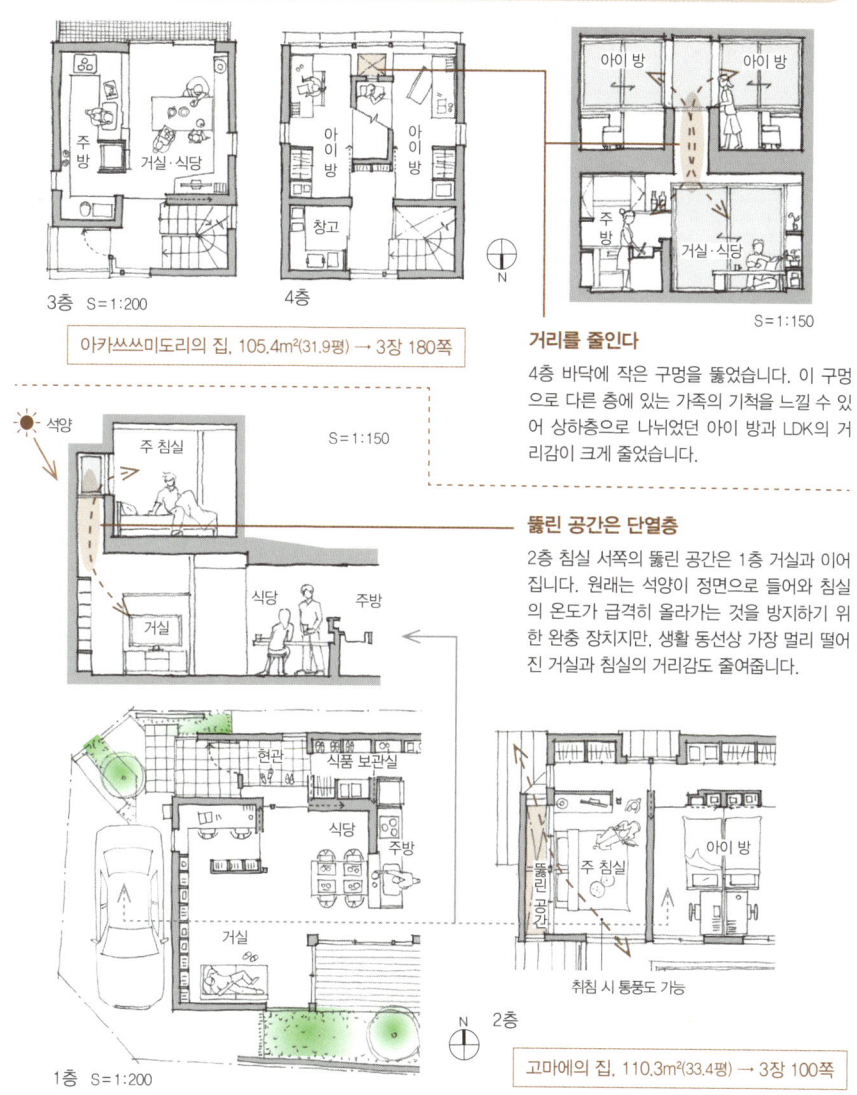

3층 S=1:200
4층
S=1:150

아카쓰쓰미도리의 집, 105.4m²(31.9평) → 3장 180쪽

거리를 줄인다
4층 바닥에 작은 구멍을 뚫었습니다. 이 구멍으로 다른 층에 있는 가족의 기척을 느낄 수 있어 상하층으로 나뉘었던 아이 방과 LDK의 거리감이 크게 줄었습니다.

뚫린 공간은 단열층
2층 침실 서쪽의 뚫린 공간은 1층 거실과 이어집니다. 원래는 석양이 정면으로 들어와 침실의 온도가 급격히 올라가는 것을 방지하기 위한 완충 장치지만, 생활 동선상 가장 멀리 떨어진 거실과 침실의 거리감도 줄여줍니다.

취침 시 통풍도 가능

1층 S=1:200
2층

고마에의 집, 110.3m²(33.4평) → 3장 100쪽

기타 사례 : 시모타카이도의 집(3장 140쪽), 유텐지의 집(3장 142쪽), 혼모쿠의 집(3장 98쪽)

03 뚫린 공간을 여러 개 만든다

큰 공간에만 뚫린 공간을 만들지 않고, 작은 뚫린 공간을 추가로 만들어 공기를 상하층으로 회전시키는 방법도 있습니다. 큰 것과 작은 것을 조합하지 않고 작은 것 2개를 조합해도 괜찮습니다. 뚫린 공간이 여러 개 있으면 상하층의 심리적 거리도 더욱 가까워집니다.

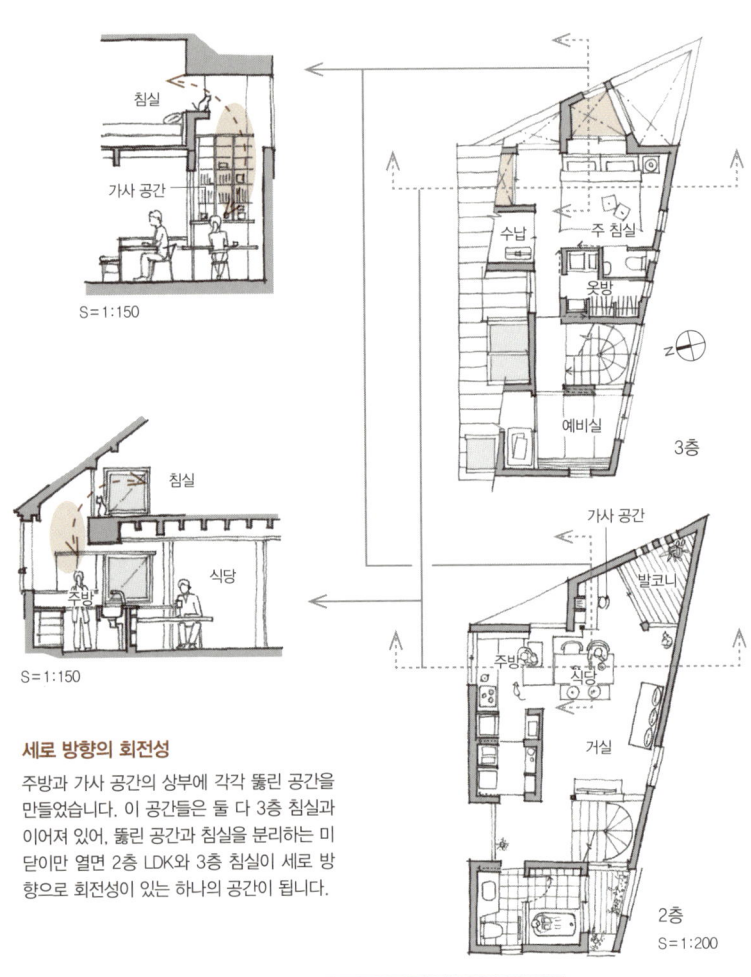

세로 방향의 회전성

주방과 가사 공간의 상부에 각각 뚫린 공간을 만들었습니다. 이 공간들은 둘 다 3층 침실과 이어져 있어, 뚫린 공간과 침실을 분리하는 미닫이만 열면 2층 LDK와 3층 침실이 세로 방향으로 회전성이 있는 하나의 공간이 됩니다.

교도의 집, 110.7m²(33.5평) → 3장 138쪽

기타 사례 : 시모타카이도의 집(3장 140쪽), 다카사고의 집(3장 144쪽), 하쓰다이의 집(3장 146쪽)

04 뚫린 공간을 크게 만든다

집이 작으면 뚫린 공간이 클수록 생활이 풍성해집니다. 뚫린 공간이 커지면 그 층의 용적이 커져 공간이 넓게 느껴지기 때문입니다. 뚫린 공간 상부에 고창을 만들면 일조량도 많아집니다. 또한 뚫린 공간과 접하는 층에서는 고창을 통해 시선이 외부로 빠져나가 탁 트인 시야를 누릴 수 있습니다.

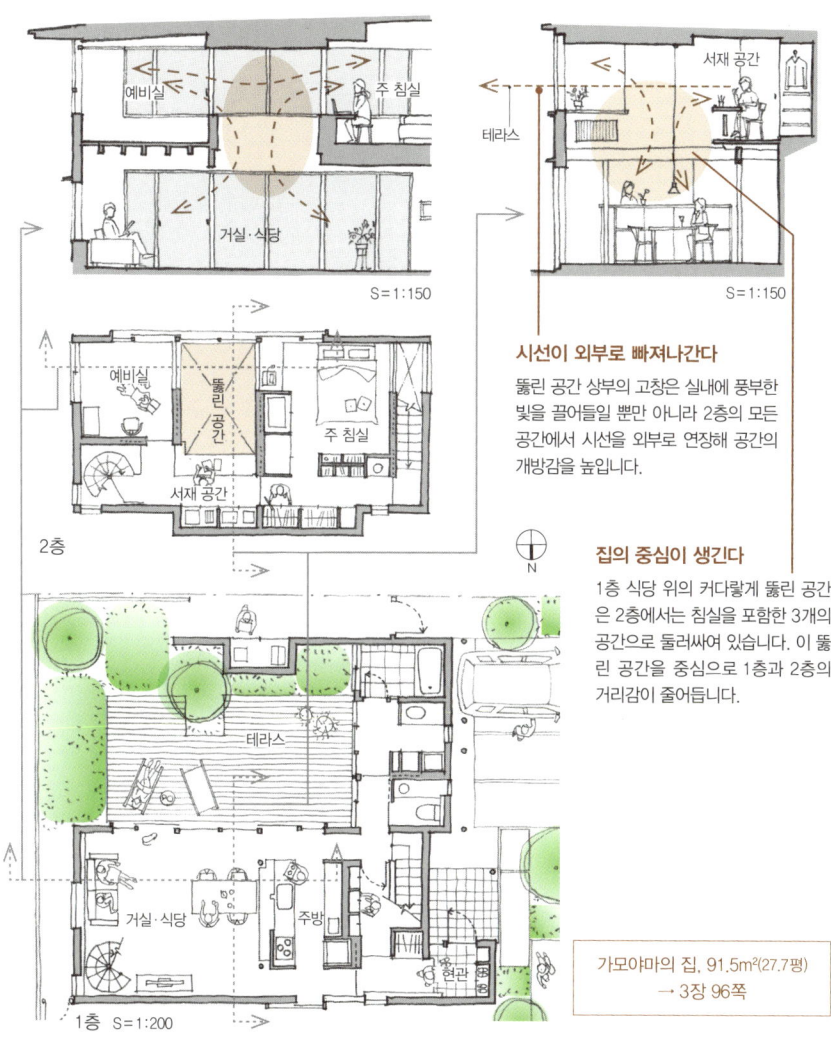

시선이 외부로 빠져나간다

뚫린 공간 상부의 고창은 실내에 풍부한 빛을 끌어들일 뿐만 아니라 2층의 모든 공간에서 시선을 외부로 연장해 공간의 개방감을 높입니다.

집의 중심이 생긴다

1층 식당 위의 커다랗게 뚫린 공간은 2층에서는 침실을 포함한 3개의 공간으로 둘러싸여 있습니다. 이 뚫린 공간을 중심으로 1층과 2층의 거리감이 줄어듭니다.

가모야마의 집, 91.5m²(27.7평)
→ 3장 96쪽

기타 사례 : 시모타카이도의 집,(3장 140쪽), 히노의 집(3장 178쪽), 미야사카 2번지의 집(3장 150쪽)

원칙 9 / 위로 늘리거나 아래로 늘리거나

작은 부지에 집을 지을 때 2층 건물로는 필요한 바닥면적을 확보하지 못할 때가 많습니다. 이때 보통 3층으로 짓는 방법을 선택합니다. 높이 제한이 엄격하지 않은 지역이라면 4층까지도 올릴 수 있습니다.

그러나 용적률 규제 등으로 3~4층 건물을 지을 수 없으면 아래로 늘리는 방법을 생각해야 합니다. 즉 지하실이나 반지하실을 만드는 것입니다. 지상 3층이든 지하와 지상 2층이든, 건물이 세로로 길어질수록 층별로 공간이 분리되기 쉽습니다. 이처럼 층과 층이 단절되어 생겨나는 고립감을 줄일 장치가 필요합니다.

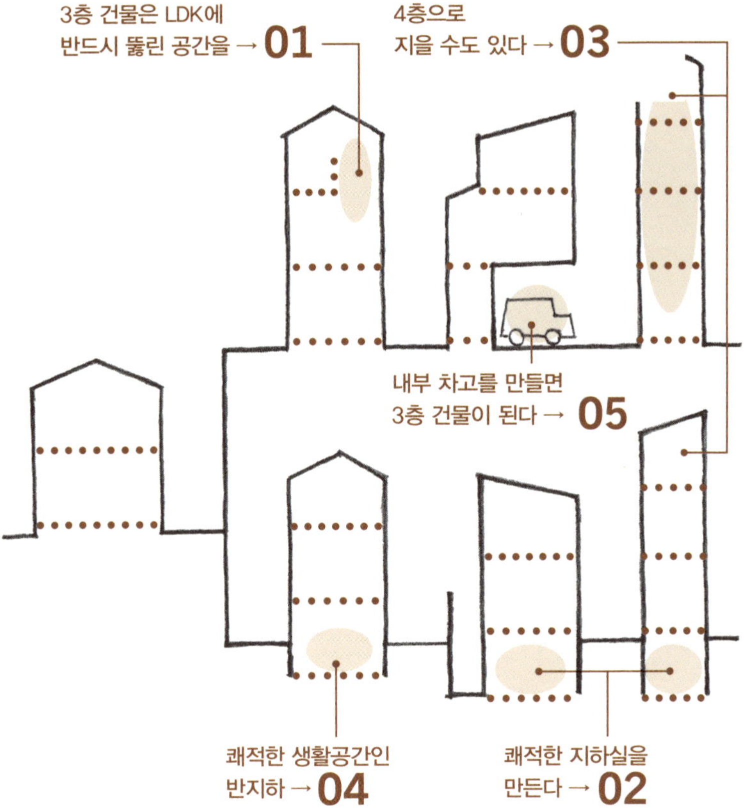

- 3층 건물은 LDK에 반드시 뚫린 공간을 → **01**
- 4층으로 지을 수도 있다 → **03**
- 내부 차고를 만들면 3층 건물이 된다 → **05**
- 쾌적한 생활공간인 반지하 → **04**
- 쾌적한 지하실을 만든다 → **02**

01 3층 건물은 LDK에 반드시 뚫린 공간을

3층집에서는 대부분 LDK를 2층에 배치하고, 침실과 아이 방은 1층과 3층에 분산 배치합니다. 그 결과 2층집보다 각각의 공간이 단절되기 쉽습니다. 그러므로 뚫린 공간을 만들어 2층 LDK와 3층 방을 연결하여 고립감을 줄여야 합니다.

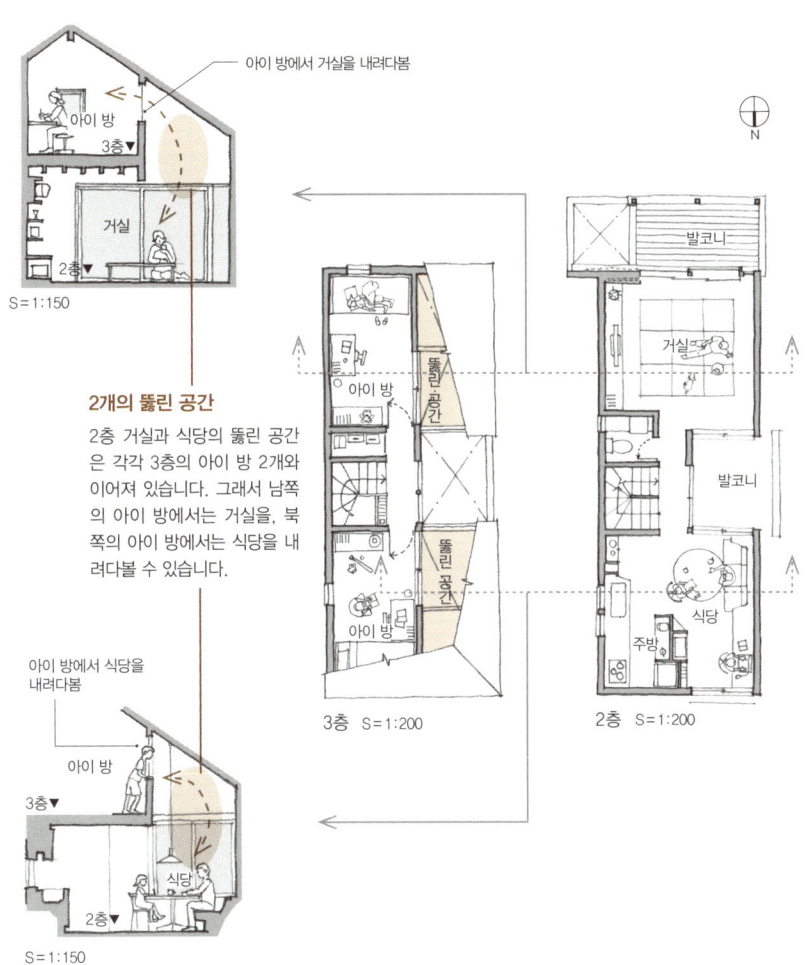

2개의 뚫린 공간

2층 거실과 식당의 뚫린 공간은 각각 3층의 아이 방 2개와 이어져 있습니다. 그래서 남쪽의 아이 방에서는 거실을, 북쪽의 아이 방에서는 식당을 내려다볼 수 있습니다.

고가네이의 집, 114.6m²(34.7평) → 3장 148쪽

기타 사례 : 시모타카이도의 집(3장 140쪽), 미야사카 2번지의 집(3장 150쪽), 다카사고의 집(3장 144쪽)

02 쾌적한 지하실을 만든다

지하실이라고 하면 어둡고 습기 찬 공간을 떠올리기 쉽습니다. 그래서 지하실에서도 쾌적함을 누릴 수 있을지 걱정하는 사람이 많습니다. 지하실을 만들 때는 공법을 충분히 검토하고, 방이나 공간의 배치와 연결을 면밀히 검토해야 합니다. 그래야 지하의 생활공간을 쾌적하게 만들 수 있습니다.

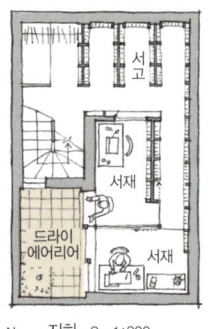

지하에 서재를 배치한다
지하에 2개의 서재가 있습니다. 각각의 방에 드라이 에어리어로 출입할 수 있는 유리문을 설치해 지하의 작은 방 안에서도 답답하지 않도록 했습니다.

히노의 집, 106.3m²(32.2평) → 3장 178쪽

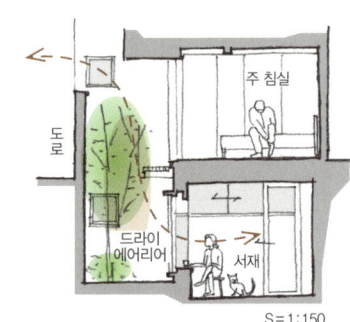

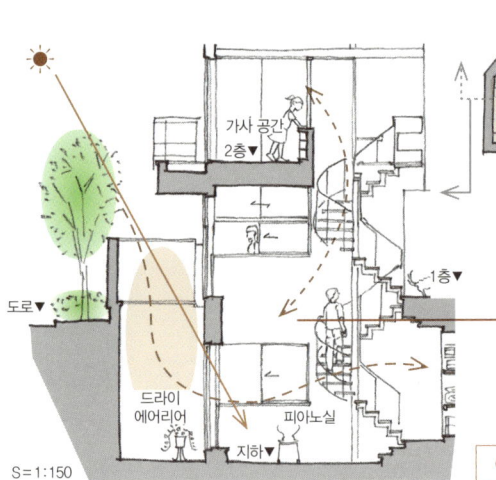

가로세로의 연결
드라이 에어리어를 2개 만들어 양쪽의 아이 방과 피아노실의 채광과 통풍 문제를 해결했습니다. 피아노실은 계단실 밑의 뚫린 공간을 통해 위층과 연결됩니다.

이노카시라의 집, 85.5m²(25.9평) → 3장 164쪽

기타 사례 : 세타 2의 집(3장 162쪽), 우에하라의 집(3장 172쪽), 무사시코가네이의 집(3장 166쪽)

03 4층으로 지을 수도 있다

주택을 4층으로 지을 때는 안전한 생활을 보장하기 위해 법률(건축 기준법)이 정한 다양한 조건을 충족해야 합니다. 층당 바닥면적도 더 줄어드니 구조 설계를 할 때 하나의 층에 하나의 기능만 부여하는 것을 원칙으로 삼아야 합니다.

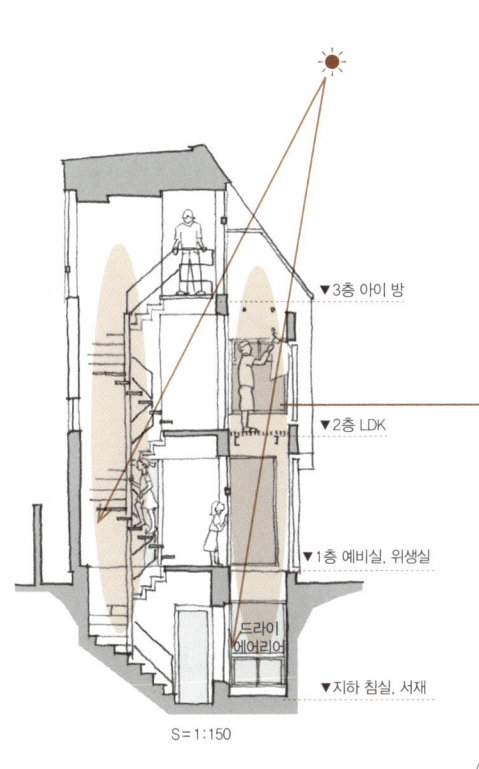

S=1:150

▼3층 아이 방
▼2층 LDK
▼1층 예비실, 위생실
▼지하 침실, 서재

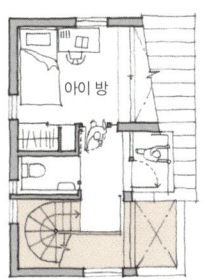

3층 S=1:200

세로로 뚫린 공간

높이 제한 때문에 지하 1층, 지상 3층, 총 4층이 되었습니다. 계단실은 뚫린 공간이 효과를 내므로 계단실을 남쪽에 두었으며, 그 바로 옆에 지하의 드라이 에어리어와 연결된 공간을 만들었습니다. 덕분에 빛이 풍부해졌고, 모든 층에서 널찍한 공간감을 느낄 수 있습니다.

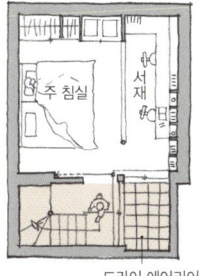

지하 S=1:200

센다기 2의 집, 100.4m²(30.4평) → 3장 176쪽

기타 사례 : 아카쓰미도리의 집(3장 180쪽)

04 쾌적한 생활공간인 반지하

지하실을 만들려면 방습, 방수, 채광 등 다양한 과제를 해결해야 합니다. 또 지상 건물을 지을 때보다 건축비도 많이 듭니다. 그러므로 가능하다면 반지하를 검토해보기 바랍니다. 반지하는 해결해야 할 과제가 상대적으로 적고 비용도 절감할 수 있습니다.

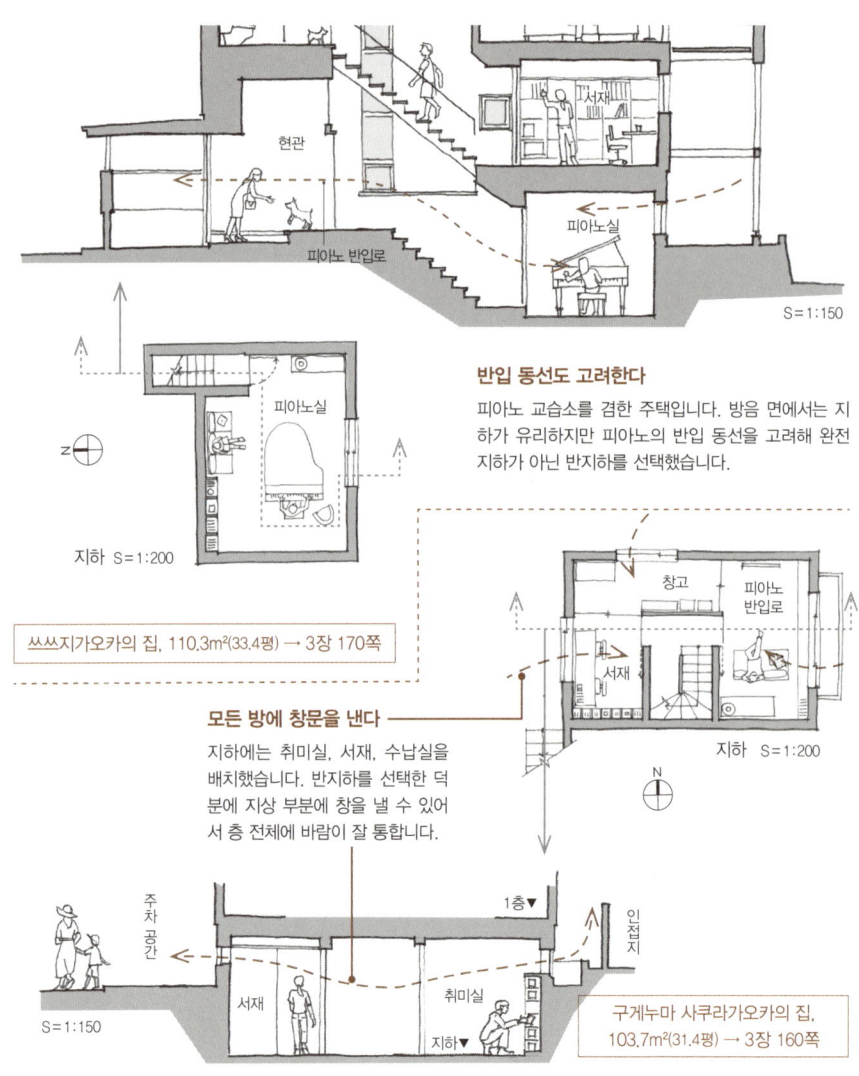

반입 동선도 고려한다
피아노 교습소를 겸한 주택입니다. 방음 면에서는 지하가 유리하지만 피아노의 반입 동선을 고려해 완전 지하가 아닌 반지하를 선택했습니다.

쓰쓰지가오카의 집, 110.3m²(33.4평) → 3장 170쪽

모든 방에 창문을 낸다
지하에는 취미실, 서재, 수납실을 배치했습니다. 반지하를 선택한 덕분에 지상 부분에 창을 낼 수 있어서 층 전체에 바람이 잘 통합니다.

구게누마 사쿠라가오카의 집, 103.7m²(31.4평) → 3장 160쪽

기타 사례 : 사쿠라가오카의 집(3장 168쪽)

05 내부 차고를 만들면 3층 건물이 된다

건물 외부에 주차 공간을 확보하지 못하면 1층의 건물 일부를 주차에 할애하는 내부 차고를 설계해야 합니다. 차가 지붕 밑으로 완전히 들어가면 차고가 13.2~16.5m²를 차지하니 그만큼 방으로 쓸 면적이 줄어듭니다. 줄어든 면적을 보충하기 위해 위나 아래로 층을 늘려야 하는데, 높이 제한이 없는 지역에서는 비용이나 공사 기간을 고려하여 대부분 3층 건물을 선택합니다.

3층에 LDK를 둔다
바닥면적을 31.4m²까지 확보할 수 있는 3층에 LDK를 배치했습니다. 3층은 채광에도 유리합니다.

차고 때문에 3층 건물로
부지 면적이 59.1m²라서 자연스럽게 내부 차고를 선택했습니다. 다행히 3층까지 건물을 올릴 수 있는 지역이라 3층을 추가해 차고가 차지한 면적을 보충할 수 있었습니다.

시로카네다이의 집, 101.6m²(30.7평) → 3장 156쪽

기타 사례 : 교도의 집(3장 138쪽), 가미마치의 집(3장 154쪽), 미야사카 2번지의 집(3장 150쪽), 고가네이의 집(3장 148쪽)
아카쓰쓰미 2번지의 집(3장 152쪽)

 **원칙 10** / 생활 동선은 최대한 원활하게

집은 쾌적한 생활을 담는 그릇과도 같습니다. 집 안의 생활은 작업의 연속이기도 하므로, 그 작업을 원활하게 만들어야 쾌적한 생활을 실현할 수 있습니다. 일상적인 작업이 원활해지는 구조를 설계하려면 생활 동선을 효율적으로 만드는 것이 무엇보다 중요합니다. 집이 작으면 생활 동선을 설계하기도 쉽다고 생각하기 쉽지만 그것은 큰 착각입니다. 쓸데없는 공간을 없애 생활공간에 여유를 주고, 편의성을 높이려면 조리와 세탁, 수납에 관련된 다양한 생활 동선을 꼼꼼하고도 신중히 검토해야 합니다.

주방에서 출발하는 두 갈래 동선 → **01**

주방과 다용도실을 나란히 → **02**

현관의 보조 동선 → **03**

주방 옆에 위생실을 → **04**

식품 보관실을 보조 동선으로 → **05**

개인 영역과 위생실 → **06**

2층 주방의 뒷문 → **07**

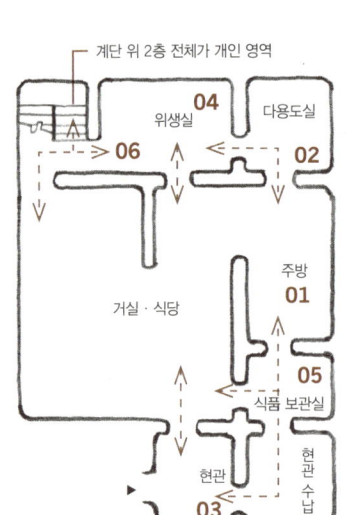

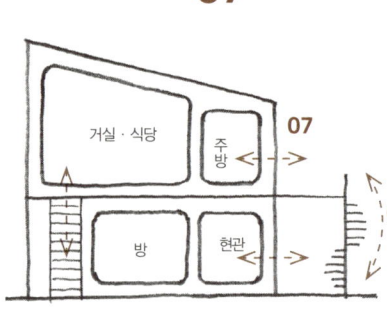

01 주방에서 출발하는 두 갈래 동선

주방은 조리하는 사람이 가장 자주 오가는 곳인 동시에 장을 본 후 가장 먼저 들르는 곳입니다. 매일 나오는 음식물 쓰레기를 모아 바깥으로 내놓는 곳이기도 합니다. 그래서 주방을 막다른 곳이 아닌 두 방향으로 다닐 수 있는 위치에 두면 매우 편리합니다. 특히 거실과 식당이 떨어져 있을 경우, 주방에서 식당과 거실 양쪽으로 바로 출입하는 생활 동선을 만들면 가사의 효율이 올라갑니다.

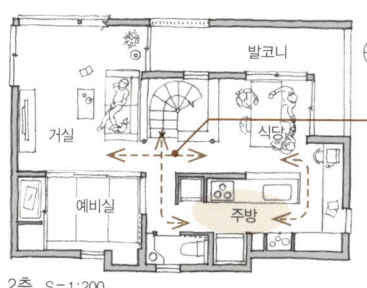

2층 S=1:200

2층 주방의 가사 동선

주방은 거실과 식당을 직접 오가는 회전 동선에 포함됩니다. 덕분에 계단에서 주방으로 직접 출입할 수 있어 집안일을 할 때 쓸데없는 이동을 방지할 수 있습니다.

니시키의 집, 88.4m²(26.7평) → 3장 118쪽

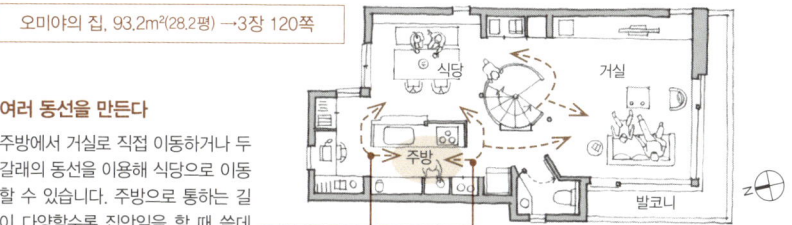

오미야의 집, 93.2m²(28.2평) → 3장 120쪽

여러 동선을 만든다

주방에서 거실로 직접 이동하거나 두 갈래의 동선을 이용해 식당으로 이동할 수 있습니다. 주방으로 통하는 길이 다양할수록 집안일을 할 때 쓸데없는 이동이 줄어듭니다.

2층 S=1:200

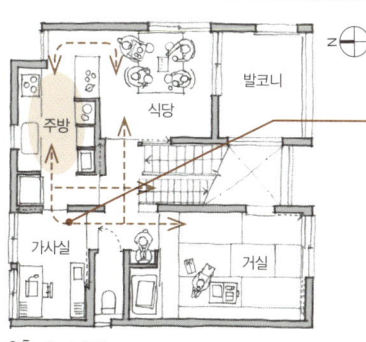

2층 S=1:200

두 갈래의 동선

주방과 거실이 떨어져 있어, 주방에서 계단 홀(복도)을 거쳐 거실로 가는 동선 외에 가사실을 거쳐 거실로 가는 보조 동선을 추가해 생활 동선의 폭을 넓혔습니다.

구니타치의 집, 101.8m²(30.8평) → 3장 126쪽

기타 사례 : 작은 집(3장 114쪽), 하쓰다이의 집(3장 146쪽)

02 주방과 다용도실을 나란히

다용도실은 빨래를 해서 너는 곳이고 경우에 따라서는 다림질도 하는 곳입니다. 가사와 관련된 다양한 물건을 수납하는 곳이기도 합니다. 다용도실과 주방을 나란히 배치하면 조리하는 짬짬이 빨래를 챙기는 등 동시에 여러 일을 할 수 있어서 가사 효율이 높아집니다.

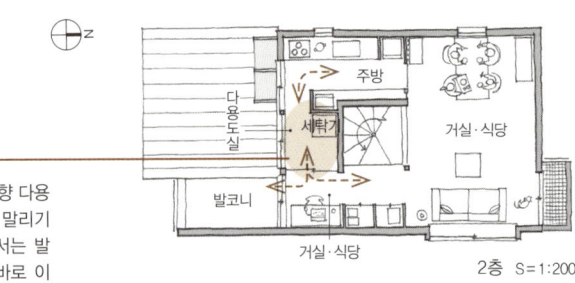

실내 건조실도 겸한다
주방과 몇 걸음 떨어진 남향 다용도실은 실내에서 빨래를 말리기 적합합니다. 다용도실에서는 발코니나 거실·식당으로 바로 이동할 수 있습니다.

가미소시가야의 집, 83.7m²(25.3평) → 3장 116쪽

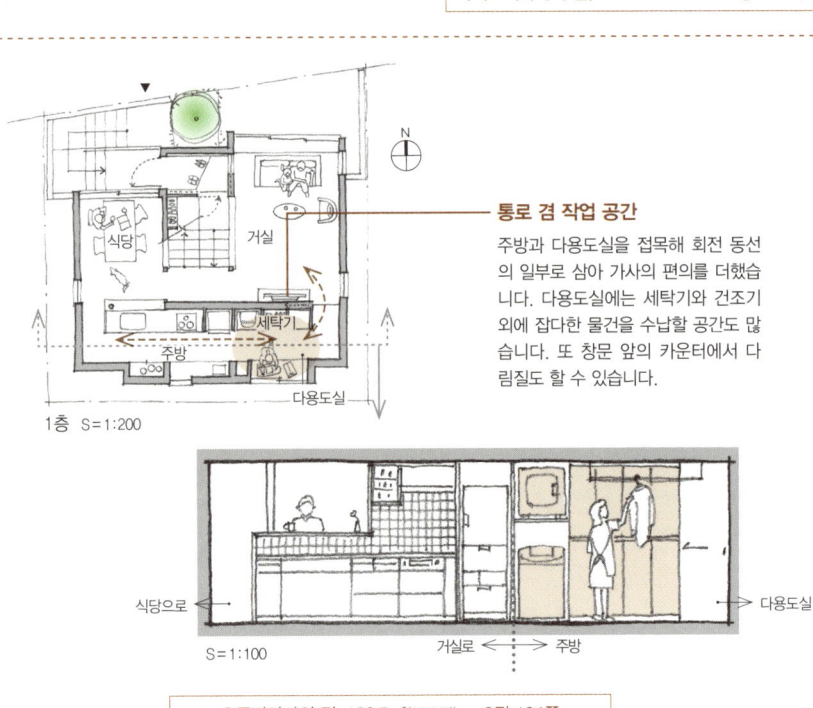

통로 겸 작업 공간
주방과 다용도실을 접목해 회전 동선의 일부로 삼아 가사의 편의를 더했습니다. 다용도실에는 세탁기와 건조기 외에 잡다한 물건을 수납할 공간도 많습니다. 또 창문 앞의 카운터에서 다림질도 할 수 있습니다.

오쿠라야마의 집, 106.5m²(32.2평) → 3장 104쪽

03 현관의 보조 동선

살림을 하면 장을 보고 쓰레기를 버리느라 주방에서 밖으로 나올 일이 많습니다. 그러므로 주방에 뒷문을 만들어도 괜찮지만, 주방과 현관을 직접 연결해 생활 동선을 줄이는 방법도 있습니다. 현관 홀에서 거실로 가는 주 동선 외에 주방으로 가는 보조 동선을 추가하면 가사가 한결 수월해집니다.

심리적 거리를 줄이는 보조 동선

현관 홀에서 주방으로 가는 보조 동선은 가족이 함께 쓰는 가족 코너도 포함합니다. 따라서 가족 공간과 다른 공간의 거리도 자연스럽게 줄어듭니다.

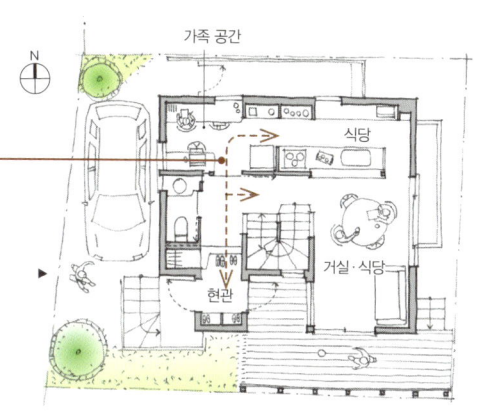

구게누마 사쿠라가오카의 집, 103.7m²(31.4평) → 3장 160쪽

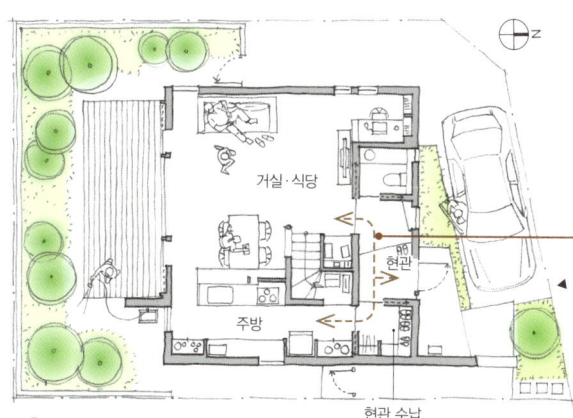

현관 수납실을 경유하는 동선

현관에서 직접 거실로 가는 동선 외에, 신발을 신은 채 출입하는 현관 수납실을 통해 주방으로 가는 동선이 있습니다. 현관 수납실이 주방 바로 옆에 있어 여기에 조리 도구를 수납하거나 쓰레기 등을 잠시 보관할 수도 있습니다.

시미즈가오카의 집, 93.7m²(28.4평) → 3장 106쪽

기타 사례 : 혼모쿠의 집(3장 98쪽), 히가시쿠루메의 집(3장 108쪽), 고마에의 집(3장 100쪽)

04 주방 옆에 위생실을

세면대와 욕실이 있는 위생실은 대부분 침실이나 아이 방 등 개인 생활 영역 가까이 있습니다. 그러나 탈의실을 겸한 위생실에 세탁기나 손빨래용 개수대를 두는 경우가 많으므로, 가사 효율을 고려해 주방 근처에 위생실을 배치하는 방안도 생각해볼 수 있습니다.

세탁에 관련된 가사 동선

집 전체의 면적을 배분할 때 위생실을 2층 주방 옆에 두기로 했습니다. 빨래 건조도 2층 발코니에서 하니, 모든 가사가 2층에 집중되어 전체적인 가사 효율이 높아졌습니다.

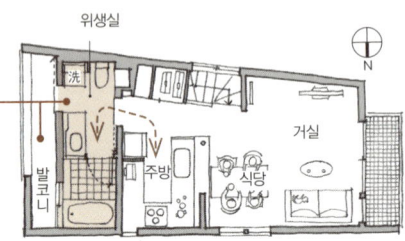

우에하라의 집, 103.2m²(31.2평) → 3장 172쪽

세면실이 보조 동선으로

주방뿐 아니라 2층에서도 계단만 내려오면 위생실에 바로 들어갈 수 있습니다. 위생실은 출입구가 양 방향에 있어 통과하여 지나갈 수 있으므로 현관과 계단에서 주방으로 출입하는 보조 동선으로도 쓰입니다.

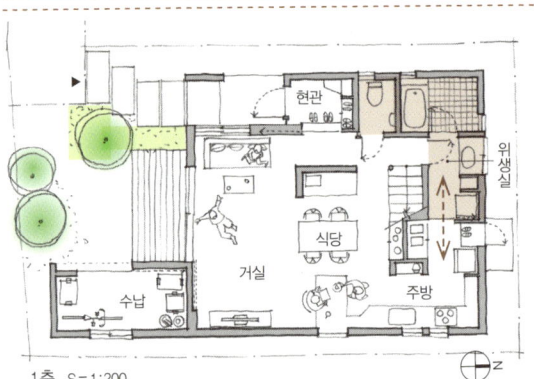

하네기의 집, 113.3m²(34.3평) → 3장 102쪽

세 공간으로 출입하는 길목

식당 뒤쪽의 길목에서 오른쪽으로 꺾으면 주방, 왼쪽으로 꺾으면 위생실입니다. 이곳을 통해 세 공간이 부드럽게 이어집니다.

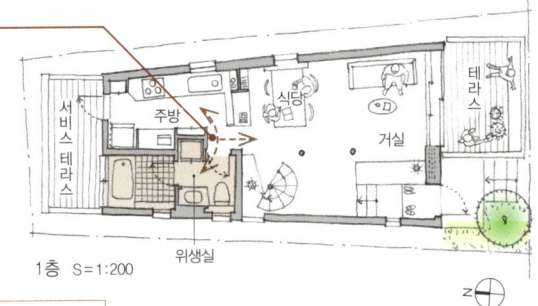

사쿠라조스이의 집, 74.3m²(22.5평) → 3장 94쪽

기타 사례 : 미야사카의 집(3장 112쪽)

05 식품 보관실을 보조 동선으로

식품 보관실은 주방에서 쓰는 물건을 수납하는 공간입니다. 이 집은 식품 보관실을 벽으로 막지 않고 양쪽으로 다닐 수 있는 통로로 만들었습니다. 그 결과 위생실에서 식품 보관실을 거쳐 주방으로 가는 보조 동선이 생겼습니다. 이런 형식은 작은 집의 생활 동선을 효율화하기 위한 효과적인 장치입니다.

세탁 동선도 고려한다

계단 홀 양쪽에 주방, 식품 보관실과 위생실이 나란히 있습니다. 세면 탈의실에서 나온 빨래를 바로 옆 식품 보관실의 세탁기에서 빨고 다시 욕실로 돌아와 욕실에 붙어 있는 실내 발코니에 널도록 동선을 설계했습니다. 주방에서 일하며 세탁도 할 수 있는 매우 효율적인 동선입니다.

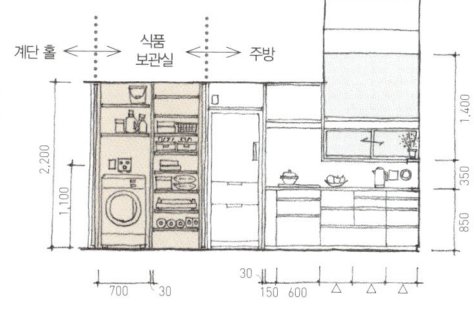

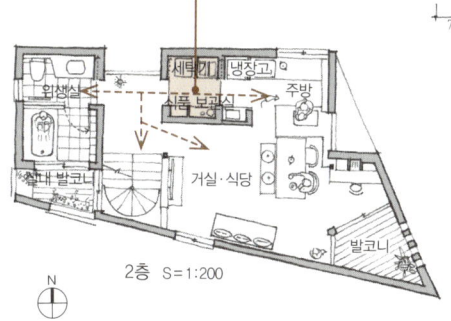

교도의 집, 110.7m²(33.5평) → 3장 138쪽

복도가 식품 보관실로

계단을 올라가 왼쪽으로 꺾으면 거실·식당이지만 계단을 올라가자마자 좁은 통로로 직진하면 주방으로 바로 갈 수 있습니다. 통로의 벽면 수납 선반에는 주방에서 쓰는 물건을 수납합니다. 이 보조 동선 덕분에 2층의 생활 동선이 훨씬 원활해졌습니다.

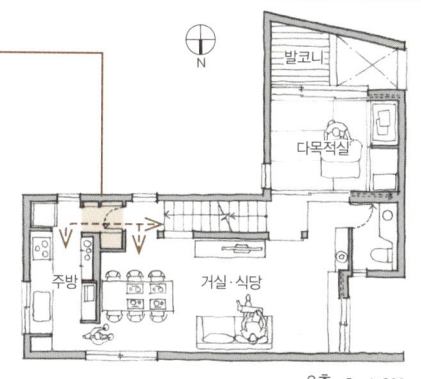

미야사카 2번지의 집, 116.4m²(46.3평) → 3장 150쪽

06 개인 영역과 위생실

가사 동선을 우선하여 주방 가까이에 위생실을 두면 침실이나 아이 방이 있는 개인 영역과 위생실이 멀어집니다. 이때 주 동선 외에 보조 동선을 만들면 개인 영역과 위생실의 거리가 줄어듭니다.

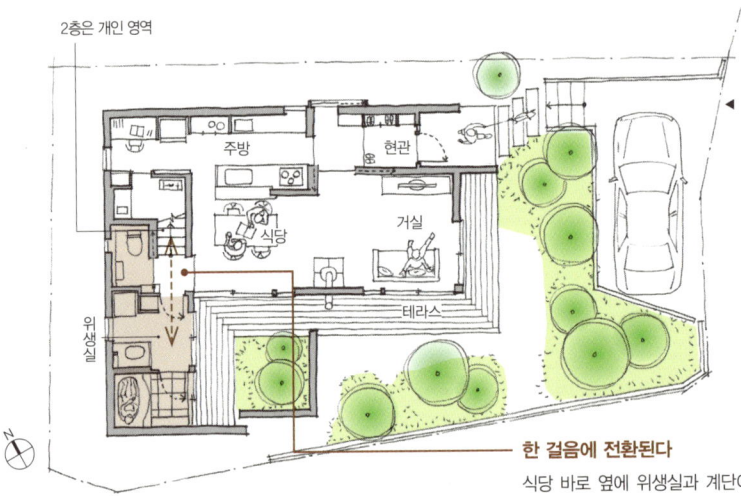

한 걸음에 전환된다

식당 바로 옆에 위생실과 계단이 있습니다. 2층의 침실과 아이 방에서 LDK를 거치지 않고 위생실로 직접 갈 수 있습니다.

혼모쿠의 집, 93.3m²(28.2평) → 3장 98쪽

개인 영역에서 위생실로 바로 진입하는 동선

개인 영역인 2층에서 내려오자마자 위생실이 있습니다. 또 1층 예비실에 머무는 손님도 위생실로 바로 갈 수 있습니다.

고마에의 집, 113.8m²(34.4평) → 3장 100쪽

기타 사례 : 가모야마의 집(3장 96쪽), 우메가오카의 집(3장 134쪽)

07 2층 주방의 뒷문

주방이 2층에 있더라도 쓰레기를 버리러 나가기 편하도록 주방 뒷문을 설치하는 것이 좋습니다. 뒷문 앞에 1층으로 내려가는 외부 계단을 만들고 배달 온 물건, 바깥에 내놓을 것, 쓰레기 등을 잠시 둘 곳을 마련하면 2층 주방의 뒷문도 1층만큼 편리하게 활용될 것입니다.

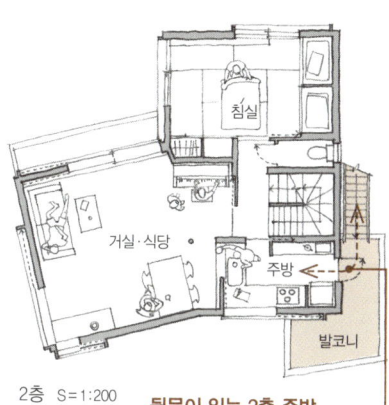

2층 S=1:200

뒷문이 있는 2층 주방
주방 밖의 서비스 발코니에 쓰레기 등을 잠시 보관할 수 있습니다. 그리고 발코니에서 외부 계단을 통해 1층으로 직접 내려가면 됩니다.

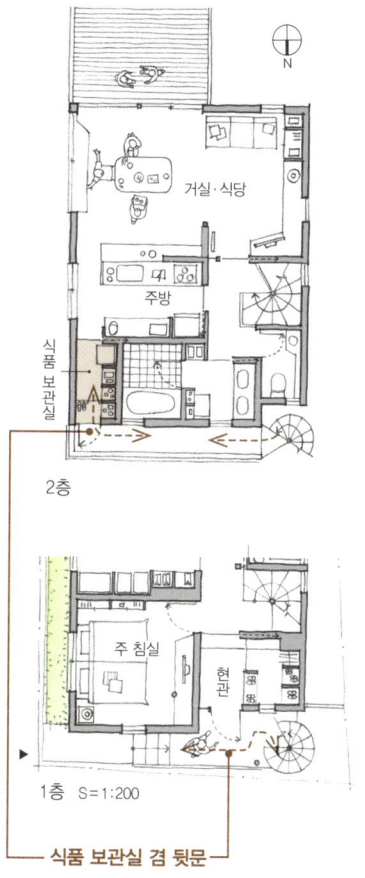

2층

1층 S=1:200

식품 보관실 겸 뒷문
2층 주방 옆에 있는 작은 식품 보관실은 뒷문으로도 씁니다. 이 집을 방문한 손님은 1층 현관에서 인터폰을 눌러 '현관으로 들어오라'거나 '계단을 올라와 뒷문으로 들어오라'는 안내를 받습니다.

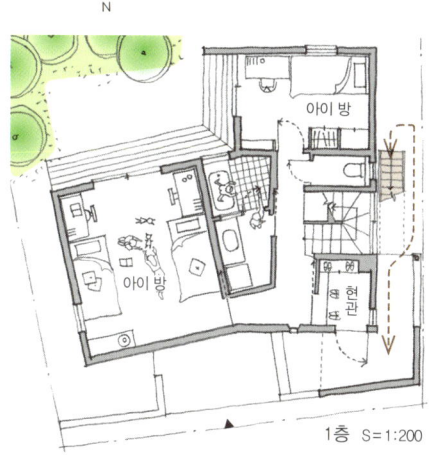

1층 S=1:200

가마쿠라의 집, 116.5m²(35.3평) → 3장 130쪽

미야사카의 집 99.2m²(30평) → 3장 112쪽

작은 집 구조설계의 실제 사례

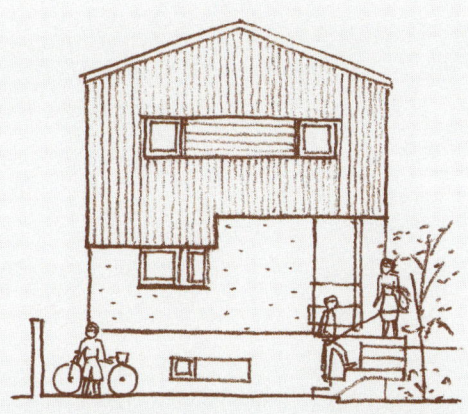

구조설계란 방과 방을 조합하여 생활의 장을 만드는 일입니다. 구조설계를 하려면 먼저 생활의 장을 큰 영역(덩어리)으로 나누어 생각할 필요가 있습니다.
영역은 크게 'LDK 영역', 침실과 아이 방 등의 '개인 영역', 욕실 등의 '위생 영역', 복도나 계단 등의 '동선 영역'으로 나뉩니다. 부지 상황에 맞추어 영역을 정해야겠지만, 특히 99.2m² 전후의 주택은 어느 층에 어떤 영역을 배치하느냐에 따라 생활이 크게 달라집니다.

 # 영역 정하기

일상적인 행위를 고려하여 결정한다

주택의 구조를 구상하는 일은 집 안의 생활을 구상하는 일입니다. 생활을 구상하는 일은 일상적인 행위를 구상하는 일과 같습니다.

사람이 집 안에서 하는 기본적인 행위는 ① 에너지를 얻기 위해 먹는 일 ② 몸을 회복하기 위해 자는 일 ③ 몸을 비롯한 신변의 청결을 유지하기 위해 씻고 닦는 일 ④ 건강을 유지하기 위해 쓸모없는 것을 밖으로 내보내는 일(배설)입니다.

이처럼 먹고 자고 씻고 배설하는 4가지 행위는 반드시 집 안에서 이루어집니다. 혼자 사는 사람이라면 이 행위들을 하나의 공간에서 끝낼 수도 있겠지만, 아무리 가족이라도 여러 명이 함께 살 집을 만들려면 각각의 행위에 알맞은 공간을 확보하고 그 공간 사이의 관계를 적절하게 설정해야 합니다.

행위와 공간을 짝짓는다

주택의 구조설계란 일상적인 행위를 공간과 연결하고 각각의 공간 사이에 생활에 적합한 형태의 관계성을 부여하는 일입니다.

본격적인 구조설계에 앞서, 이처럼 관계성을 설정하는 일을 '영역 설정'이라 합니다. 구조설계의 첫걸음은 기본적인 일상 행위에 기초하여 적절하게 영역을 설정하는 것입니다.

대부분의 집은 면적에 한계가 있어 정해진 범위 안에서 영역을 설정해야 합니다. 오른쪽의 영역 설정표는 단층 주택을 전제하고 있지만, 99.2m² 전후의 주택은 대부분 2층 이상(지상 2~4층 혹은 지하실이 딸린 2~3층 건물)이므로 그 조건에 맞게 영역을 설정해야 합니다.

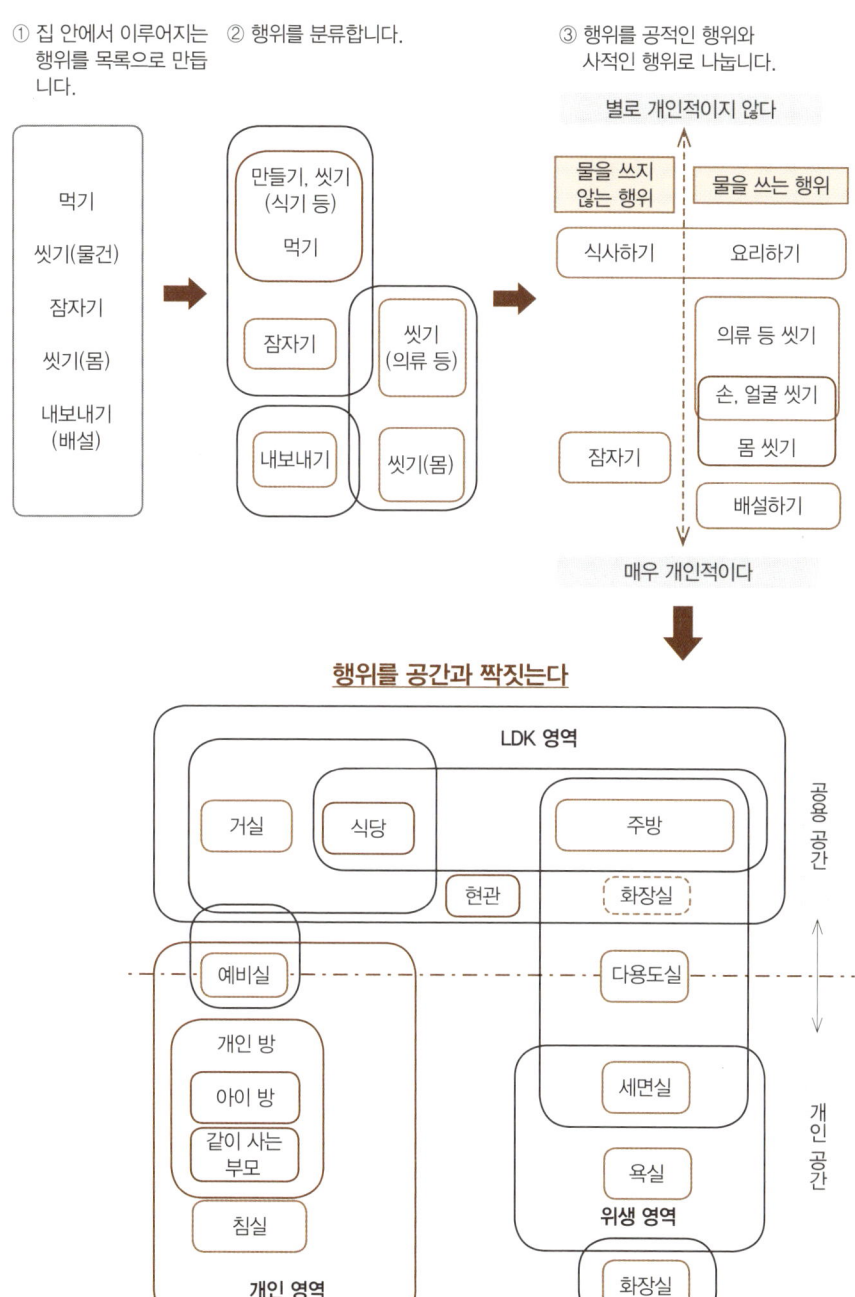

지상 2층 건물의 올바른 영역 설정

가족이 함께 사용하는 LDK를 1층에 배치하느냐 2층에 배치하느냐에 따라 집의 구조가 크게 달라집니다.

1층에 LDK가 있는 경우

낮에 남쪽으로 해가 잘 들고 건물에 정원을 연결할 수 있다면 1층에 LDK를 배치합니다. 그러면 개인 영역은 자연스럽게 2층에 배치되는데, 위생 영역인 세면실과 욕실 등을 어느 층에 둘지는 선택해야 합니다. 구조설계상 다음 두 가지 중 선택할 수 있습니다. 그 결과에 따라 일상생활의 움직임이 크게 달라집니다.

가사 동선을 고려하여 위생실을 1층에 둘 경우(94쪽~)

위생실을 1층에 두면 세면실과 욕실이 2층의 개인 영역에서 멀어집니다. 그래도 주방과의 가사 동선을 우선시하여 1층에 두고 싶다면 2층 침실과 아이 방에서 1층 위생실까지의 생활 동선을 잘 설계해야 합니다. 되도록 거실과 식당을 거치지 않고 위생실로 갈 수 있게 하는 것이 좋습니다.

위생실을 개인 영역인 2층에 둘 경우(104쪽~)

세면실과 욕실 등 위생실은 가족 모두가 사용하는 장소지만 사실 개인적인 측면이 가장 강한 공간입니다. 즉 위생실은 개인 영역에 포함하는 것이 자연스럽습니다. 또 연면적이 99.2m² 전후인데다 부지 면적에 여유가 없을 경우, 2층의 개인 영역에 위생실을 배치하면 상하층의 면적 비율*도 맞추기 수월해집니다. 그뿐만 아니라 내진성도 높아지고 비용 면에서도 유리해집니다.

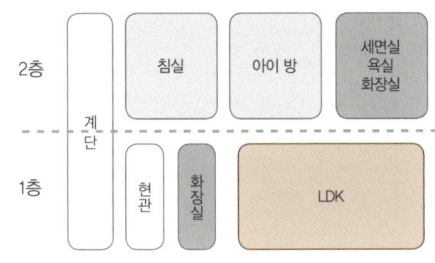

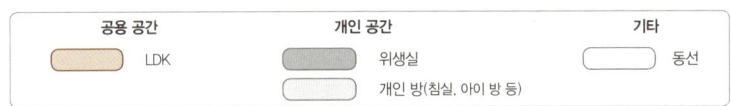

* 일본은 주택을 설계할 때 내진 성능 확보를 위해 상층을 하층보다 일정 비율만큼 좁게 만든다. 상하층의 면적 비율과 함께 내력벽의 성능 등 복합적인 요소를 반영한 계산에 의해 내진 등급이 결정된다.

2층에 LDK가 있는 경우

부지가 도심의 주택 밀집 지역에 있어서 주위가 건물들로 빽빽한 경우, 1층에 LDK를 두면 온종일 실내에 해가 들지 않을 수도 있습니다. 그러므로 LDK를 2층에 배치하고, LDK 면적에 따라 기타 개인 영역과 위생실을 배치합니다.

개인 영역인 침실과 아이 방, 위생실을 어디에 배치하느냐, 그중에서도 특히 위생실을 어디에 배치하느냐에 따라 생활 방식이 크게 달라집니다. 가사 동선과 개인 방의 쾌적성을 고려하는 동시에 상하층 면적 비율을 맞추려면 다음 3가지 중 하나를 선택하게 됩니다.

위생실을 LDK가 있는 2층에 둘 경우 (110쪽~)

LDK가 2층에 있는 집은 이웃집이 딱 붙어 있을 가능성이 커 빨래도 해가 잘 드는 2층에 널게 됩니다. 그렇다면 가사 동선을 고려하여 세탁기도 2층에 두어야 합니다. 주방에 세탁기를 두면 아무 문제가 없겠지만, 세면실에 두고 싶다면 2층 LDK 옆에 위생실을 나란히 배치해야 합니다.

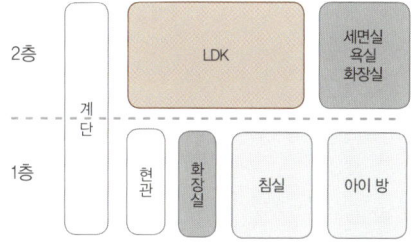

위생실을 개인 영역인 1층에 둘 경우 (114쪽~)

2층에 LDK를 두면 1층은 개인 영역으로 채워집니다. 세면실과 욕실 등 위생실은 방이나 침실보다 개인적인 측면이 더욱 강한 공간이므로 1층의 개인 영역에 배치하는 것이 정석입니다.

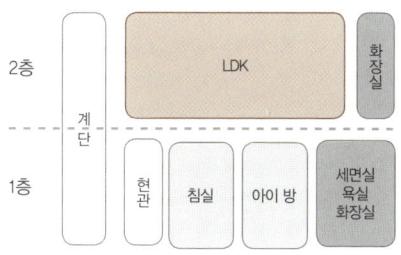

개인 공간 일부를 2층에 남길 경우 (128쪽~)

아이가 3명 이상이거나 손님이 머물 예비실이 추가로 필요하면 방을 4개 이상 만들어야 합니다. 그러면 개인 공간 일부를 LDK가 있는 2층에 나누어 배치할 수 있습니다. 2층의 개인 공간은 그 가족의 생활 방식에 따라 배치합니다. 또는 상하층의 면적 비율에 따라 정하기도 합니다.

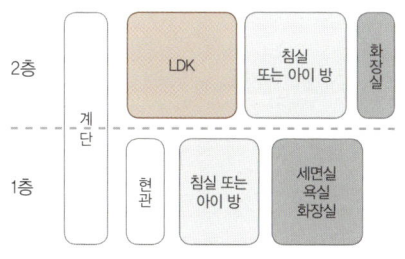

위생실로 접근하기 쉬운 동선을 만든다

세면실, 욕실의 위치가 구조설계의 핵심

이 집은 총 2층 건물이며 층별 바닥면적은 각각 37.7m²입니다. 공용 영역인 LDK와 개인 영역인 침실, 아이 방 등을 상하층으로 나누기로 일찍 결정했지만, 위생실을 어느 층에 포함할지는 좀처럼 결정하지 못했습니다.

필요한 바닥면적을 검토한 끝에 위생실을 1층의 LDK 영역에 배치했습니다. 그 결과 가사 효율이 중요한 주방에서도, 개인 방이 있는 2층에서도 위생실로 쉽게 갈 수 있게 되었습니다. 세면실과 화장실도 하나의 공간에 넣어 위생실을 작고 알차게 만들었습니다. 2층에도 화장실이 있으니 누군가 욕실을 쓰고 있을 때는 2층 화장실을 이용하면 됩니다.

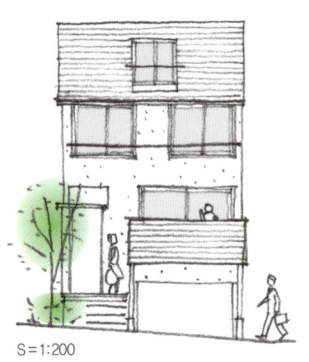

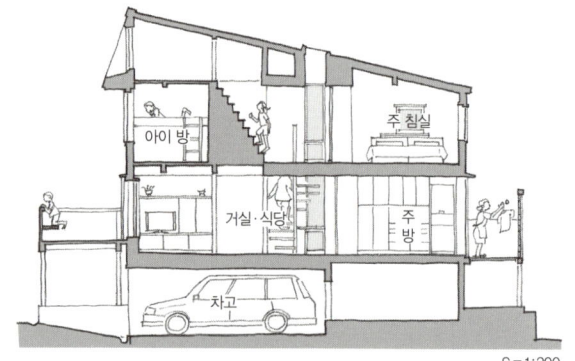

동선 공간을 합리적인 위치에 둔다
2층의 중앙 부분에 동선 공간(계단, 복도)을 배치하여 복도에서 각 방으로 가는 거리를 줄이고 동선 공간을 최소화했습니다.

작은 집에도 화장실을 2개 만들 수 있다
4인 가족이 사는 72.7m² 집이지만 2층 개인 영역에 추가로 화장실을 두었습니다. 생활공간의 면적을 조금 줄여서라도 생활의 쾌적성을 우선시하고 싶었기 때문입니다.

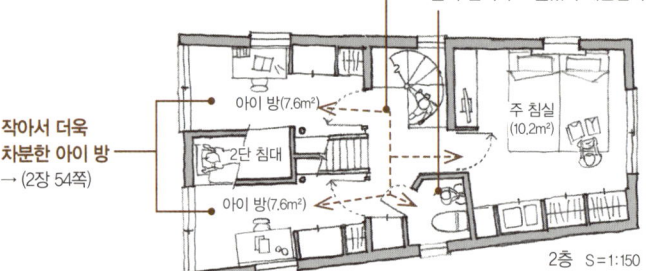

1층에 LDK와 위생실을 둔다

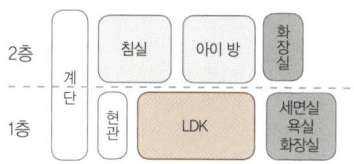

사쿠라조스이의 집

소재지	도쿄 도 세타가야 구
가족 구성	부부(40대) + 자녀 2명
부지 형상	변형(사다리꼴, 남쪽 도로)
부지 면적	74.9m²(22.7평)
연면적	74.3m²(22.5평) + 다락 16.2m²(4.9평) + 차고 13.6m²(4.1평)
구조, 층수	목조 2층 + 다락 수납 + 반지하 차고

기능에 충실한 알찬 현관
→ (2장 53쪽)

거실·식당의 일부인 현관에는 신발을 신고 벗을 수 있는 면적만 있으면 된다고 생각했습니다. 현관 바닥의 높이를 거실·식당보다 80cm 정도 낮추고 수납장을 칸막이 삼아 세워 거실·식당에서는 현관이 보이지 않습니다.

작은 공간에 4가지 기능을
→ (2장 51쪽)

3.3m²도 되지 않는 공간에 세면, 세탁, 탈의, 화장실의 4가지 기능을 담아냈습니다. 구조설계란 한정된 면적 안에서의 땅따먹기 싸움입니다. 그러므로 더욱 쾌적한 생활을 실현하기 위해 합리적으로 생각하는 것이 중요합니다.

서비스 테라스

북쪽에 나무 테라스를 만들고 외부 시선을 차단하기 위해 담을 둘렀습니다. 이 테라스는 빨래를 너는 등 가사를 하는 서비스 테라스이자 욕실과 시각적으로 연결된 외부 공간이기도 합니다.

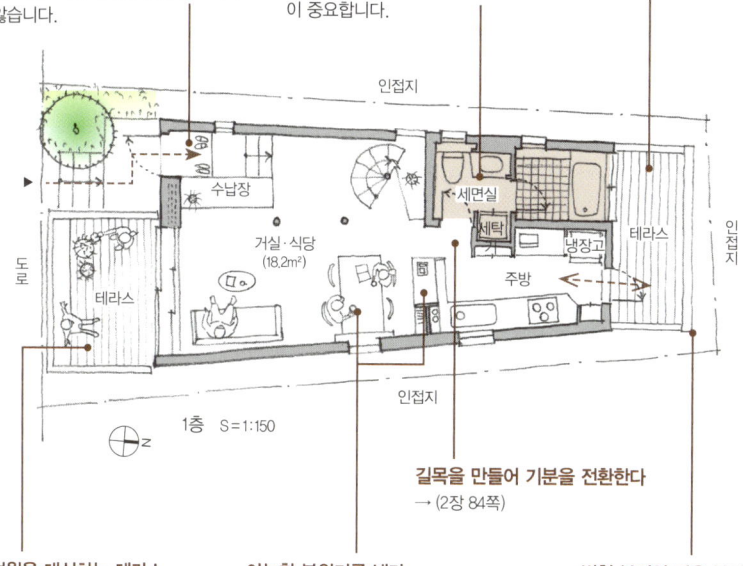

정원을 대신하는 테라스

남쪽 도로에서 사람과 자동차가 들어오므로 1층에 정원을 만들 수 없습니다. 그 대신 반지하 차고로 이어지는 진입로 위에 나무 테라스를 만들어 거실에 연결된 정원처럼 활용하도록 했습니다.

아늑한 분위기를 낸다

칸막이 없이 식당과 주방을 연결할 수도 있었지만 카운터를 만들어 상을 차릴 때 활용하도록 했습니다. 카운터를 1.15m 정도로 높이 세워 식탁 주변 공간을 아늑하고 차분하게 만들었습니다.

길목을 만들어 기분을 전환한다
→ (2장 84쪽)

변형 부지일 경우 부지의 형상에 맞추어 건물을 설계한다
→ (2장 33쪽)

 정원이 넓다면 1층에 LDK를 배치한다

집의 중앙에 뚫린 공간을 만들어 상하층을 연결한다

이 집은 부지 면적이 여유 있어서 도시형 주택처럼 2층 건물을 짓지 않고 생활 방식을 중시한 약간 사치스러운 구조를 선택했습니다. 넓은 정원과 일체가 되도록 1층에 LDK를 배치했으며, 가사 동선을 고려하여 위생실도 1층에 두었습니다.

부부 2명이 사는 집이라 2층은 식당 위 뚫린 공간의 양쪽에 침실과 예비실을 배치하여 침실, 예비실과 1층 LDK의 연계를 강화했습니다. 2개의 계단으로 상하층을 회전하는 생활 동선을 만들어 집이 실제보다 넓어 보이게 했습니다.

S=1:200

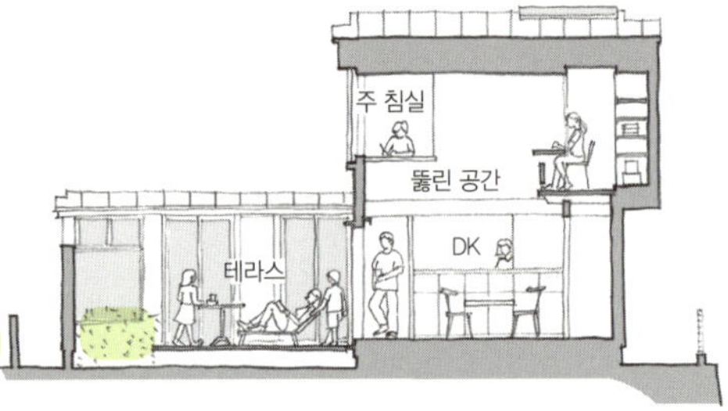

S=1:200

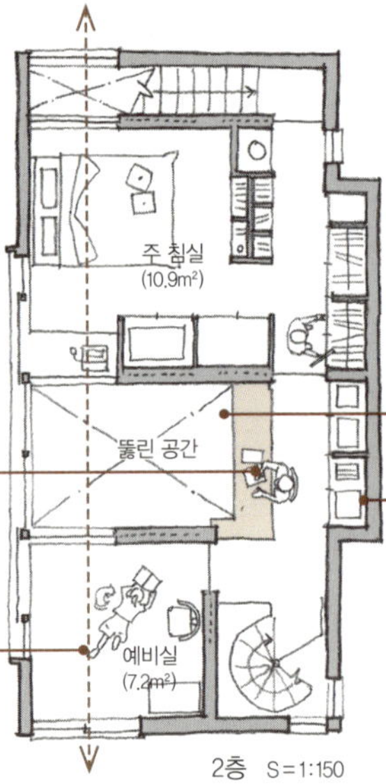

서재도 열린 공간으로

뚫린 공간과 이어진 통로에 난간 대신 붙박이 책상을 설치하여 간단한 서재를 꾸몄습니다. 부부만 사는 집이므로 열린 공간을 늘려 머물 곳을 최대한 많이 만들었습니다.

시선을 길게 연장한다

시선이 외부→계단 위 뚫린 공간→주 침실→식당 위 뚫린 공간→예비실→외부로 길게 이어져 2층에 있으면 집이 실제보다 더 넓게 느껴집니다.

주 침실 (10.9㎡)

뚫린 공간

예비실 (7.2㎡)

2층 S=1:150

뚫린 공간을 확장하면 다양한 효과가 나타난다
→ (2장 73쪽)

통로를 따라 수납공간을 설치한다
→ (2장 56쪽)

1층에 LDK와 위생실을 둔다

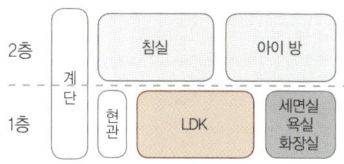

세탁 동선이 중요하다

세면실에 세탁기를 두어 목욕하며 벗은 옷을 빨고, 목욕을 끝낸 뒤 세면실에서 테라스로 나와 빨래를 널 수 있습니다. 가사 동선만 생각하면 욕실보다 세면실에서 테라스로 나가는 것이 편리합니다.

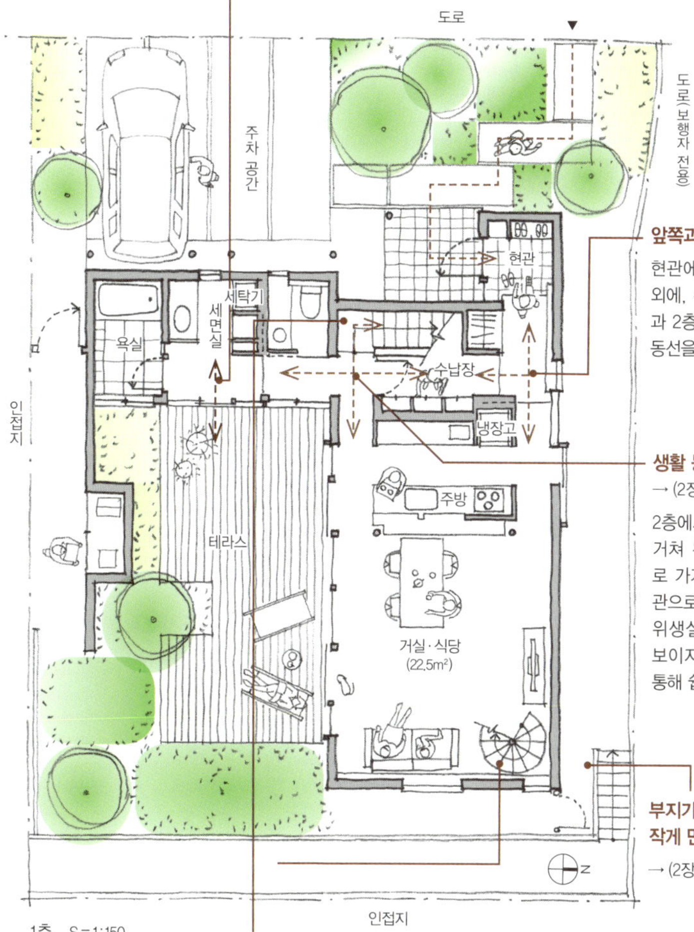

앞쪽과 뒤쪽의 두 갈래 동선

현관에서 LDK로 가는 동선 외에, 수납실을 거쳐 세면실과 2층 주 침실로 직접 가는 동선을 설계했습니다.

생활 동선의 길목
→ (2장 86쪽)

2층에서 내려오면 이 길목을 거쳐 위생실로 가거나 LDK로 가거나 수납실을 거쳐 현관으로 갈 수 있습니다. 1층 위생실과 2층 침실이 멀어 보이지만, 실제로는 이곳을 통해 쉽게 오갈 수 있습니다.

부지가 넓어도 작게 만든다
→ (2장 35쪽)

1층 S=1:150

2개의 계단
→ (2장 42쪽)

계단을 2개 설치해서 상하층을 오가는 큰 회전 동선을 만들었습니다. 그 결과 상하층 사이의 거리가 줄어 부부가 서로를 더욱 배려하며 생활할 수 있습니다.

가모야마의 집

소재지	사이타마 현 히키 군
가족 구성	부부(30대)
부지 형상	정형(직사각형, 북쪽 및 서쪽 도로), 동쪽 인접지가 5m 낮음
부지 면적	238.6m²(72.2평)
연면적	91.5m²(27.7평)
구조, 층수	목조 2층

2개의 정원을 생활공간으로 끌어들인다

세면실과 욕실에서 안뜰의 식물들을 감상한다

부지 남쪽과 서쪽 경계면이 도로에 접해 있어 그쪽 방향의 시계가 열려 있습니다. 이런 특징을 살려 부지 남서쪽에 정원을 꾸미고, 1층 거실의 남서쪽 모서리에 L자형의 코너 창을 설계했습니다. 위생실도 1층에 있어 목욕하며 정원을 바라볼 수 있지만, 위생실 앞에 주 정원과는 별도로 이웃의 시선을 차단하는 담을 세워 안뜰을 만들었습니다. 이 안뜰은 식당에서도 보여 거실과 식당에서 각각 분위기가 다른 정원을 감상할 수 있습니다. 위생실 앞에서 거실 앞까지 이어지는 야외 툇마루는 정원과 실내의 거리감을 줄여줍니다.

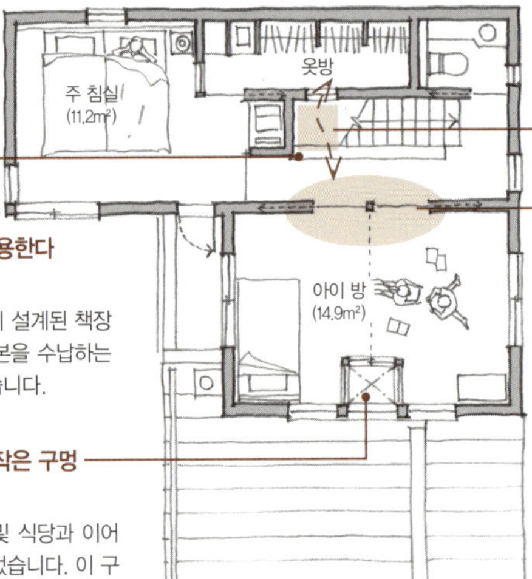

작은 천창의 효과
→ (2장 63쪽)

계단 위에 작은 천창을 만들어 2층 계단을 밝혔습니다. 이 빛은 계단실에 면한 작은 창을 통해 옷방까지 닿습니다.

책장을 난간으로 활용한다
→ (2장 57쪽)

복도와 계단의 경계에 설계된 책장은 약 600권의 문고본을 수납하는 동시에 난간으로도 씁니다.

상하층을 연결하는 작은 구멍
→ (2장 71쪽)

아이 방에 1층 거실 및 식당과 이어지는 작은 구멍을 뚫었습니다. 이 구멍 덕분에 상하층 사이의 소통이 원활해질 뿐만 아니라 계단의 뚫린 공간의 창에서 들어온 오전의 햇빛이 아래층의 식당까지 도달합니다.

복도의 협소함을 해소한다
→ (2장 45쪽)

아이 방의 미닫이문을 열면 주 침실로 가는 복도의 답답함을 해소할 수 있습니다.

1층에 LDK와 위생실을 둔다

2층	계단	침실	아이 방	화장실
1층		현관	LDK	세면실 욕실 화장실

편리한 두 갈래 동선
→ (2장 83쪽)

현관 홀에서 거실로 가는 동선과 주방으로 가는 동선이 있어 상황에 따라 방향을 선택할 수 있습니다.

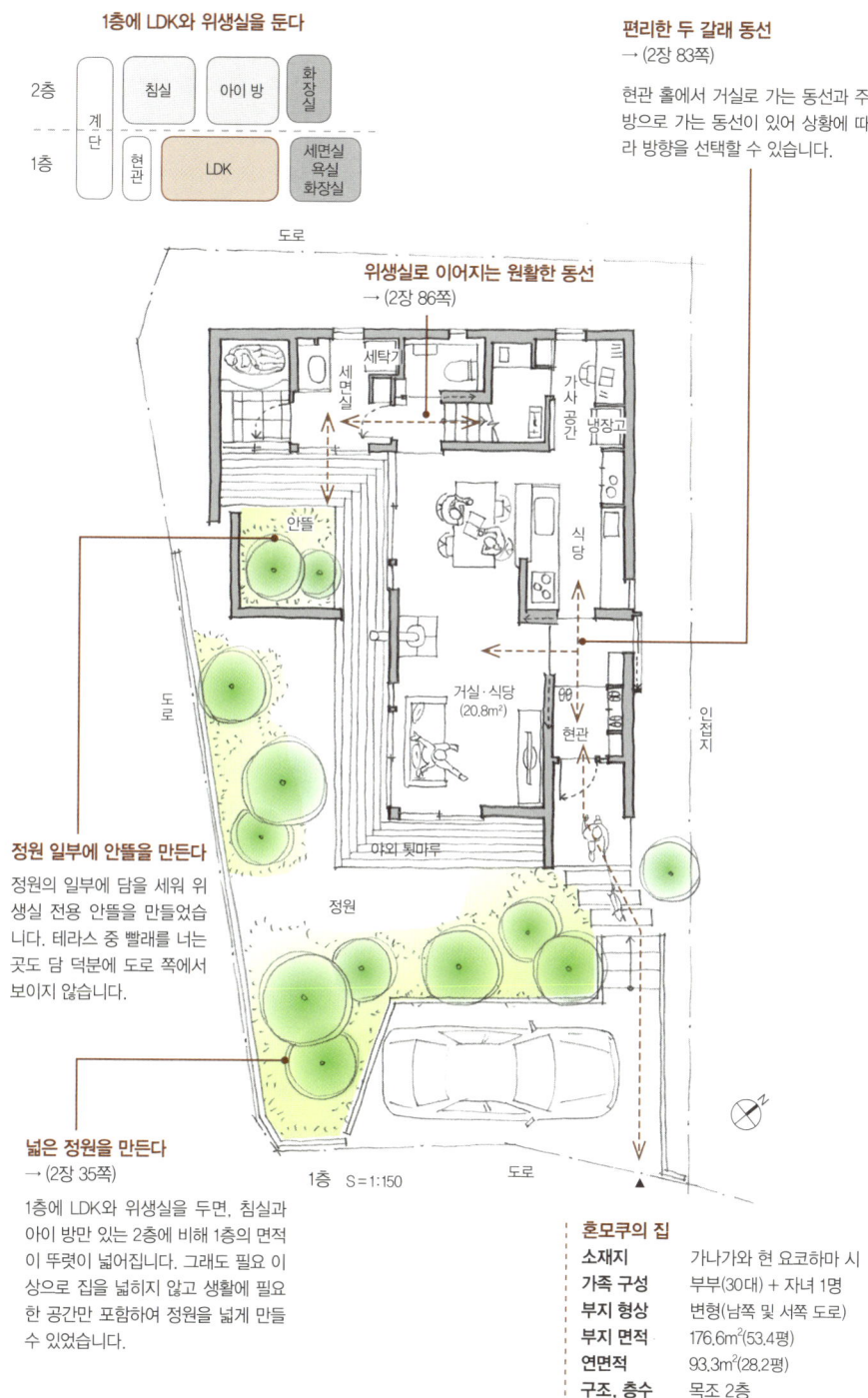

위생실로 이어지는 원활한 동선
→ (2장 86쪽)

정원 일부에 안뜰을 만든다
정원의 일부에 담을 세워 위생실 전용 안뜰을 만들었습니다. 테라스 중 빨래를 너는 곳도 담 덕분에 도로 쪽에서 보이지 않습니다.

넓은 정원을 만든다
→ (2장 35쪽)

1층에 LDK와 위생실을 두면, 침실과 아이 방만 있는 2층에 비해 1층의 면적이 뚜렷이 넓어집니다. 그래도 필요 이상으로 집을 넓히지 않고 생활에 필요한 공간만 포함하여 정원을 넓게 만들 수 있었습니다.

혼모쿠의 집
소재지	가나가와 현 요코하마 시
가족 구성	부부(30대) + 자녀 1명
부지 형상	변형(남쪽 및 서쪽 도로)
부지 면적	176.6m²(53.4평)
연면적	93.3m²(28.2평)
구조, 층수	목조 2층

 # 예비실을 추가한 방 4개짜리 주택

1층에 LDK · 예비실 · 위생실을 둔다

이 집은 부지가 세 방향으로 도로에 면해 있어 해가 잘 들기 때문에 1층에 LDK, 손님이 머물 수 있는 예비실, 손님도 쓰기 편한 위생실을 두었습니다. 나중에 이 예비실을 부부 침실로 바꾸면 일상생활을 1층에서 끝낼 수 있습니다.

예비실도 개인 영역이므로 예비실과 위생실을 1층 중에서도 개인 영역에 배치하는 것이 원칙입니다. 마찬가지 이유로 2층의 개인 영역으로 통하는 계단도 위생실 옆에 배치했습니다. 주방에서도 위생실로 몇 걸음 만에 접근할 수 있는 편리한 구조입니다.

수납의 핵심은 적재적소
→ (2장 56쪽)

미닫이 사용에 따라 달라지는 복도
→ (2장 45쪽)

계단에서 주 침실까지 L자형의 긴 복도가 이어집니다. 이 복도에 접한 아이 방의 구석에 달린 미닫이 2장을 활짝 열면 아이 방과 복도가 하나의 넓은 공간으로 합쳐집니다.

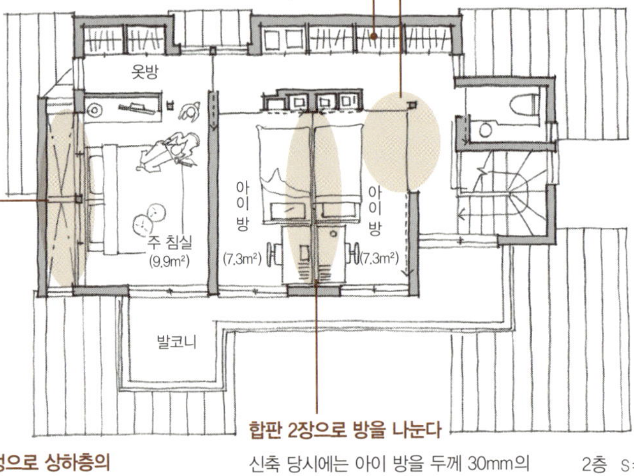

작은 구멍으로 상하층의 소통을 돕는다
→ (2장 71쪽)

합판 2장으로 방을 나눈다
신축 당시에는 아이 방을 두께 30mm의 합판으로 분리했습니다. 나중에 아이가 독립하면 널빤지를 간단히 제거하여 하나의 방으로 만들 수 있습니다.

2층 S=1:150

1층에 LDK와 위생실을 둔다

2층: 계단 / 침실 / 아이 방 / 화장실
1층: 계단 / 현관 / LDK / 예비실 / 세면실·욕실·화장실

완벽한 보조 동선
→ (2장 83쪽)

현관에서 현관 수납실, 식품 보관실을 거쳐 주방으로 가는 보조 동선을 마련했습니다. 이 보조 동선은 위생실 및 2층으로 올라가는 계단으로도 이어집니다.

안뜰을 활용하여 통풍을 촉진한다
→ (2장 65쪽)

욕실, 계단실, 예비실, 그리고 담으로 둘러싸인 작은 안뜰을 만들었습니다. 이웃집과는 거리가 좀 있으므로 안뜰에 면한 창을 평소에 열어두어 통풍을 촉진합니다.

움푹 들어간 형태가 자아내는 아늑한 분위기

세 방향에 도로가 있어서 집 전체가 주위 시선에 노출되어 LDK와 예비실 사이의 건물 벽이 정원을 감싸는 형태로 움푹 들어가게 설계했습니다. 움푹 들어간 부분에는 나무 테라스를 깔아 야외 공간과 실내 공간에 일체감이 생겨나도록 했습니다.

계단을 내려가자마자 출입할 수 있는 위생실
→ (2장 86쪽)

고마에의 집

소재지	도쿄 도 고마에 시
가족 구성	부부(40대) + 자녀 2명
부지 형상	정형(직사각형, 남쪽·서쪽·북쪽 도로)
부지 면적	142.8m²(43.2평)
연면적	110.3m²(33.4평)
구조, 층수	목조 2층 + 다락

위생실을 생활 동선의 핵심으로

가사 공간을 1층에 모은다

해가 잘 드는 2층 발코니에 빨래를 너는 것도 괜찮다고 생각했지만, 이후에 취침 이외의 모든 생활을 한 층에서 끝낼 수 있게끔 세탁을 포함한 모든 가사를 하는 공간을 1층에 모았습니다.

개인 영역과 위생실이 상하층으로 나뉘었지만 2층에서 계단을 내려오자마자 세면실로 들어갈 수 있도록 생활 동선을 구성했습니다. 또 세면실에서 직접 주방으로 접근할 수 있는 보조 동선(회전 동선), 세면실과 주방 사이의 뒷문 등 옥외 공간과의 관계까지 고려한 가사 동선을 면밀히 설계했습니다.

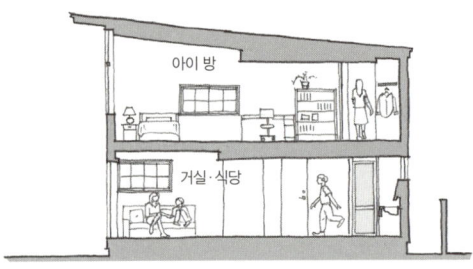

긴 복도의 벽면 수납장
→ (2장 56쪽)

계단을 따라 생긴 긴 복도의 한쪽 벽을 전부 수납공간으로 만들었습니다. 수납장에 문을 달면 답답해 보일 듯해 부드러운 인상을 풍기는 커튼을 문 대신 달았습니다.

집의 중심에 빛을 보낸다
→ (2장 63쪽)

계단 위 작은 천창에서 들어온 햇빛이 1층까지 도달하여 창이 없는 복도 주변을 밝게 비춰줍니다. 2층 아이 방의 계단 쪽 벽에도 유백색 유리를 끼워 천창에서 들어온 부드러운 빛이 퍼지도록 했습니다.

가족끼리 공유하는 옷장

어머니와 딸이 옷을 공유하기도 해서 주 침실과 아이 방에서 동시에 출입할 수 있는 옷방을 만들었습니다.

1층에 LDK와 위생실을 둔다

S=1:200

칸막이벽으로 나아가는 방향성을 만든다

현관 홀 앞에 수납공간을 만들어 현관과 식당을 구분했습니다. 이 수납공간 겸 칸막이벽이 거실·식당, 현관 홀, 복도 등을 각각 구분해줍니다. 현관 홀에 들어오면 어느 방향으로 가야 할지도 확실히 드러납니다.

다양한 장소에서 세면실로

세면실은 아침 기상 후, 저녁 취침 전, 밖에서 귀가한 직후 등 하루에 몇 번이고 들어가는 장소입니다. 그래서 현관과 LDK, 2층의 개인 방 등 다양한 곳에서 쉽게 오갈 수 있도록 동선을 구성했습니다.

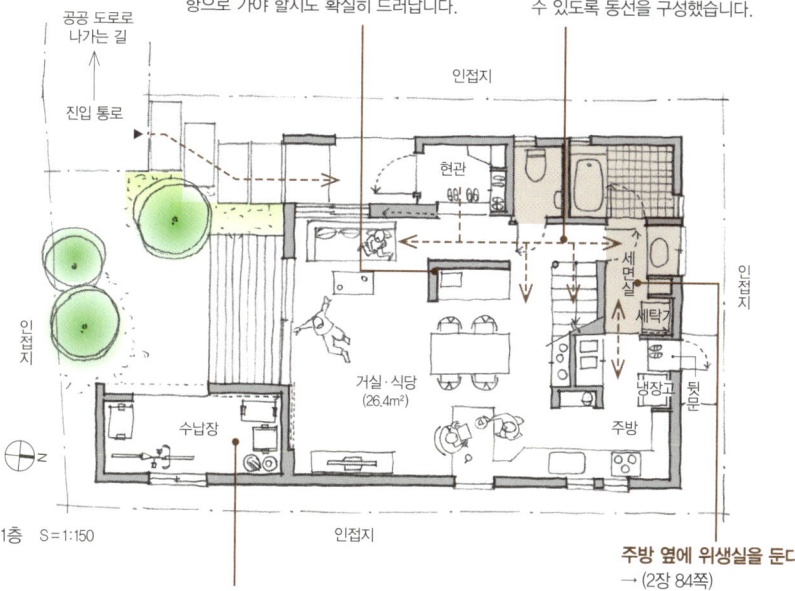

1층 S=1:150

주방 옆에 위생실을 둔다
→ (2장 84쪽)

외부 창고를 집의 일부로 삼다

자전거, 아웃도어 용품 등 집 밖에 수납할 물건이 꽤 많습니다. 그러나 그것들을 보관한답시고 수납용 기성 가구를 정원에 내놓기는 꺼려집니다. 그래서 창고를 집의 일부처럼 만들고 그 위에 2층 발코니를 조성했습니다.

하네기의 집

소재지	도쿄 도 세타가야 구
가족 구성	부부(60대) + 자녀 1명
부지 형상	깃대 모양 부지(깃발 부분은 직사각형, 깃대 부분은 남동쪽 모서리)
부지 면적	134.5m²(40.7평)
연면적	113.3m²(34.3평)
구조, 층수	목조 2층

# 현관과 계단을 적절히 배치해 복도를 없앤다

알차게 채운 공간

1층에 현관, LDK, 다용도실을 배치하고 2층은 위생실을 포함한 개인 영역으로 설정했습니다. 침실과 아이 방 등 개인 방에 필요한 면적만 할애하고, 모든 층에 계단에서 출발하여 다른 공간으로 가는 방사상 동선을 도입했습니다. 복도를 없애 연면적 82.6m² 이하로 집을 마무리했습니다. 그 결과 위생실을 포함한 개인 영역과 그 이외의 공간이 상하층으로 나뉜, 2층에 가까운 집이 완성되었습니다.

이 집 상하층의 다양한 공간을 조합하는 방식과 면적 비율을 맞추는 방식은 협소한 주택을 설계하는 데 좋은 참고가 될 것입니다.

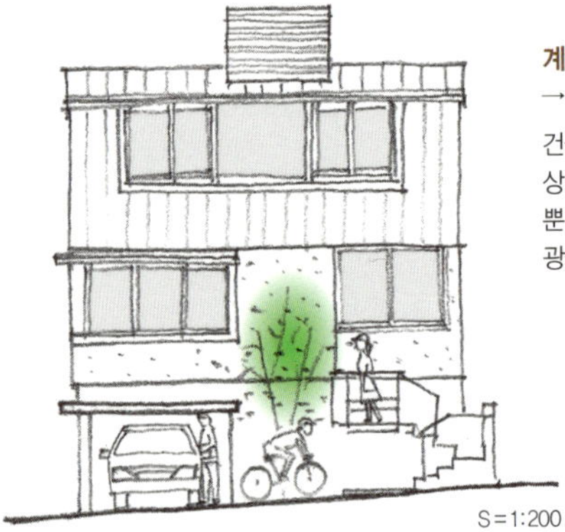

계단 위 천창
→ (2장 63쪽)

건물 중앙에 배치한 계단 상부에 천창을 내면 2층뿐만 아니라 1층까지 자연광을 보낼 수 있습니다.

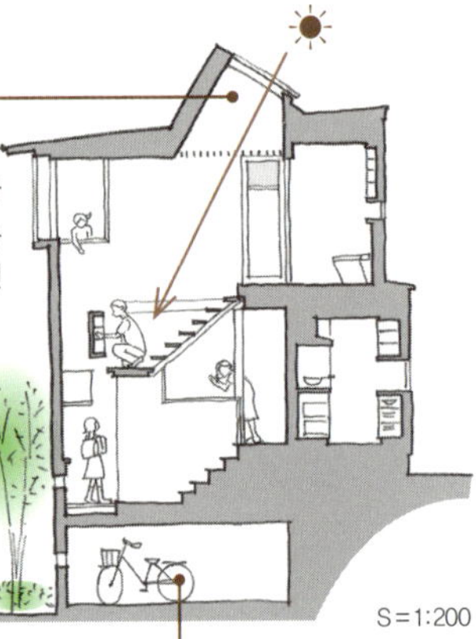

S=1:200

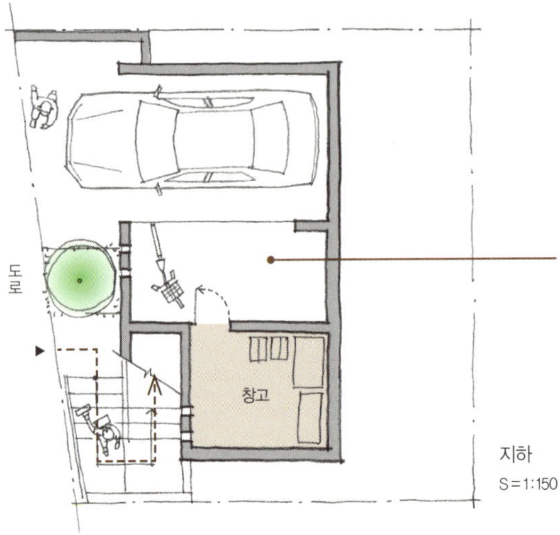

S=1:200

높이 차이를 이용한다
→ (2장 36쪽)

부지가 도로보다 높은 점을 이용하여 차고와 그 차고에 연결된 작은 창고를 만들었습니다. 높이 차이를 이용하면 보통의 지하실을 만들 때보다 적은 비용으로 이런 반지하 공간을 만들 수 있습니다.

도로

창고

지하
S=1:150

위생실은 개인 방이 있는 2층에 둔다

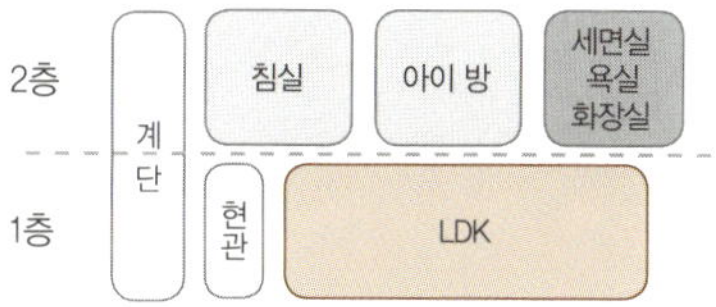

2층	계단	침실	아이 방	세면실 욕실 화장실
1층		현관	LDK	

벽 한 장으로 만든 부부 별실

부부 별실이라 하면 각자 방을 따로 쓰는 것으로 생각하기 쉽지만, 이 방은 높이 1.5m의 칸막이벽이 있을 뿐 상부의 공간은 이어져 있습니다. 즉 한 공간 안에서 잠자는 곳만 둘로 나눈 부부 별실입니다.

세면실과 화장실을 연결한다

세면실과 화장실은 별실이지만 칸막이벽 일부에 간유리를 끼워 넣어 빛이 전달되도록 했습니다. 이 장치 덕분에 위생실 어디서나 널찍함을 느낄 수 있습니다.

계단실로 종횡을 연결한다
→ (2장 46쪽)

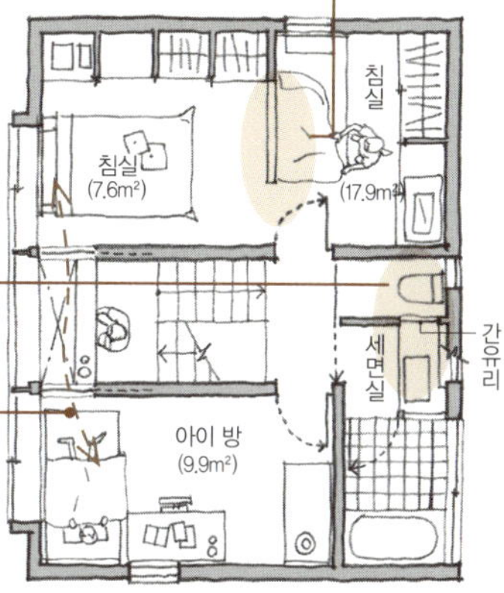

2층 S=1:150

거실과 식당은 멀지도 가깝지도 않게
→ (2장 41쪽)

도면만 보면 거실과 식당이 계단으로 분리된 것처럼 보이지만, 계단실의 개방적 구조 덕분에 한 공간 속에서 멀지도 가깝지도 않은 거리감이 생겼습니다.

작은 현관으로 충분하다
→ (2장 53쪽)

현관 주변을 실내와 실외의 중간 영역으로

현관 포치*를 도로와 1층의 중간 높이에 설계해 실외에서 현관까지 가는 거리와 현관에서 실내에 도달하는 거리를 같게 만들었습니다. 그 결과 실내와 실외(도로) 양쪽에서의 동선이 줄어들었습니다.

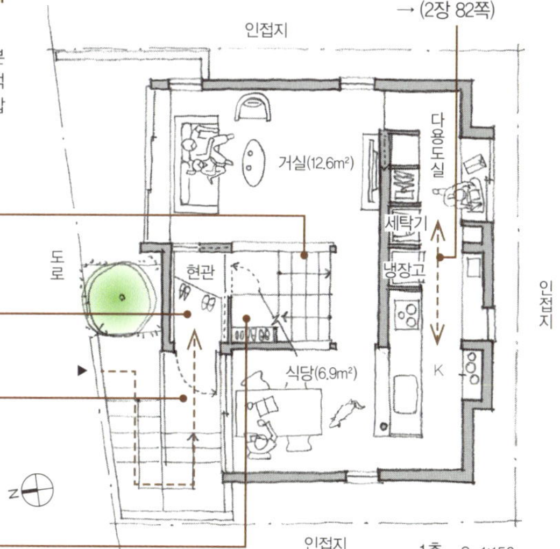

회전 동선의 일부로 삼다
→ (2장 82쪽)

1층 S=1:150

계단 및 현관 수납
→ (2장 61쪽)

계단 밑의 수납실에는 잡다한 물건이 뒤엉켜 있기 쉽지만, 이 집에서는 이곳을 현관 수납장으로 활용했습니다. 신발을 보관할 선반과 코트를 걸 행거 파이프 등을 설치하여 항상 깔끔한 상태를 유지하도록 했습니다.

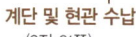

오쿠라야마의 집

소재지	가나가와 시 요코하마 시
가족 구성	부부(30대) + 자녀 1명
부지 형상	정형(직사각형, 북쪽 도로), 도로와의 높이 차이 1.9m
부지 면적	70.9m²(21.4평)
연면적	80.1m²(24.2평) + 차고 26.4m²(8평)
구조, 층수	지하 1층, 지상 2층

* 건물의 입구나 현관에 지붕을 갖추어 잠시 차를 대거나 사람들이 비바람을 피하도록 만든 곳

공적 영역과 사적 영역을 상하층으로 명확히 나눈다

세탁기를 2층 세면실에 둔다

1층에는 현관과 LDK만 두었습니다. 그 결과 계단을 중심으로 회전 동선이 생겨 주방에서의 활동을 비롯한 가사가 수월해졌습니다.

2층은 침실과 아이 방, 위생실이 있는 개인 공간으로 구성했습니다. 목욕할 때는 옷을 벗어 2층 세면실에 있는 세탁기에 넣어 세탁합니다. 목욕이 끝나면 깨끗해진 세탁물을 발코니로 가져가 널고 다 마른 빨래를 걷어 각 방에 보관합니다. 세탁에 관련된 작업들이 2층에서 완결되는 셈입니다. 생활 행위가 상하층 사이에 명확히 나뉜 구조입니다.

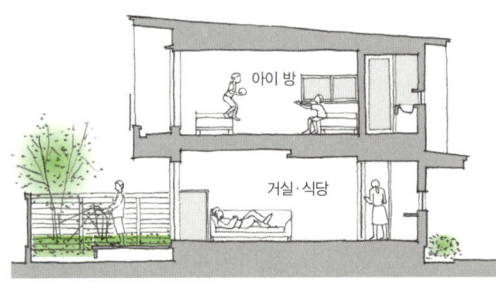

S=1:200

세면실과 화장실의 관계

세면실과 화장실은 복도에서 따로 들어가는 완전 별실 유형과 세면실 안에 화장실이 있는 유형으로 크게 나뉩니다. 이 집은 절충안으로, 세면실 안에 별실 화장실이 있는 유형을 선택했습니다.

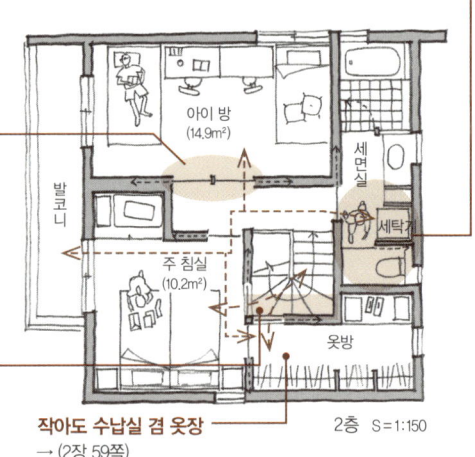

출입구를 2개 만든다

신축 당시는 아이가 하나였지만 나중에 방을 둘로 나눌 수 있게 했습니다. 출입구도 따로 쓸 수 있게 2개를 만들었습니다.

햇빛을 나누어주는 창
→ (2장 63쪽)

계단 상부의 작은 천창으로 들어온 빛이 계단실을 통해 1층과 2층으로 전달됩니다. 2층의 침실과 옷방의 계단실 쪽 벽에도 작은 창을 내서 각각의 공간에 햇빛이 들어오도록 했습니다.

작아도 수납실 겸 옷장
→ (2장 59쪽)

2층 S=1:150

위생실은 개인 방이 있는 2층에 둔다

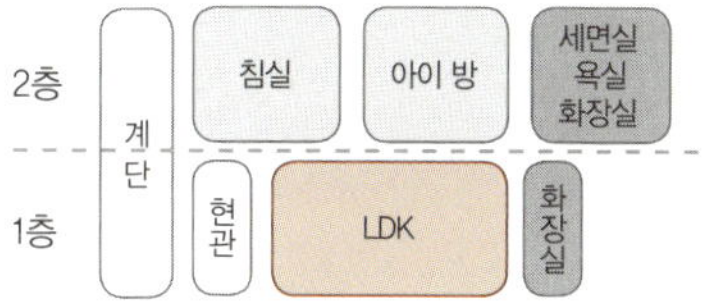
2층
침실
아이 방
세면실
욕실
화장실
계단
1층
현관
LDK
화장실

외부 공간의 여유

부지는 135.5m²이지만 집은 92.6m²로 만들었습니다. 따라서 외부 공간에 여유가 생겨 도로와 옆집에 압박감이 없는 집이 되었습니다.

기본적인 田 모양의 설계

→ (2장 28쪽)

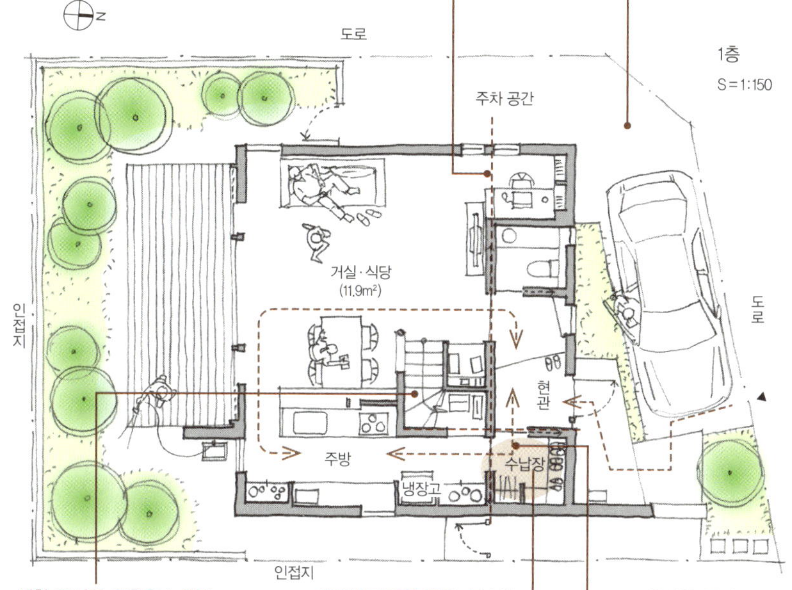
도로
1층
S=1:150
주차 공간
거실·식당
(11.9m²)
인접지
도로
현관
주방
수납장
냉장고
인접지

생활 동선의 효율을 높인다

→ (2장 30쪽, 39쪽)

계단을 중앙 부근에 두면 1층에는 회전 동선이 생기고, 2층에는 계단 출구에서부터 각 방에 방사상으로 출입하는 방사상 동선이 생겨 생활 동선의 효율이 높아집니다.

대단히 편리한 현관 수납실

→ (2장 61쪽)

현관 옆에 작은 수납실을 만들었습니다. 여기에는 신발 외에도 겨울용 코트나 부피 큰 생활 용품을 보관할 수 있습니다.

보조 동선을 통해 주방으로

→ (2장 83쪽)

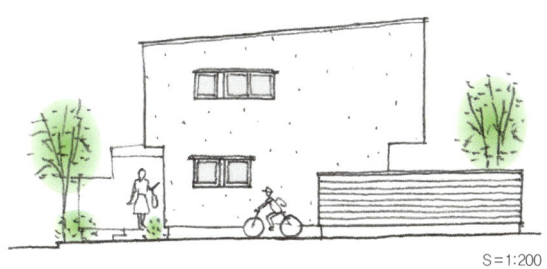

S=1:200

시미즈가오카의 집

소재지	도쿄 도 후추 시
가족 구성	부부(30대) + 자녀 1명
부지 형상	정형(북쪽, 서쪽 도로)
부지 면적	137.1m²(41.5평)
연면적	93.7m²(28.3평)
구조, 층수	목조 2층

1층은 회전 동선, 2층은 방사상 동선

세탁기를 1층 주방에 둔다

1층에는 현관, LDK, 화장실을 두고 2층에는 침실, 아이 방, 위생실을 두었습니다. 단 2층 위생실이 아닌 1층 주방에 세탁기를 두어 가사 동선을 우선했습니다.

이처럼 욕실과 세탁기가 멀리 있으면 목욕할 때 벗어놓은 옷을 세탁기로 옮기는 일이 번거로울 수 있습니다. 그래서 이 집의 경우, 2층 세면·탈의실에 있는 세면대 밑에 구멍(①)을 뚫고 거기에 벗은 옷을 넣으면 1층 세탁기 옆(②)으로 떨어지게 만들었습니다. 이 장치 덕분에 목욕할 때 벗은 옷을 제때 세탁할 수 있습니다.

천창으로 햇빛을 끌어들인다
→ (2장 63쪽)
계단실 위에 천창을 만들어 자연광을 끌어들여 2층 계단 주변과 2층 식당 주변까지 밝아지도록 했습니다.

계단실의 작은 창
→ (2장 46쪽)
계단실 상부에 열고 닫을 수 있는 창문을 달았습니다. 창을 열면 계단 상부와 침실, 세면실이 연결되어 상하층을 통해 집 안에 바람과 함께 온화한 배려가 흐르는 것을 느낄 수 있습니다.

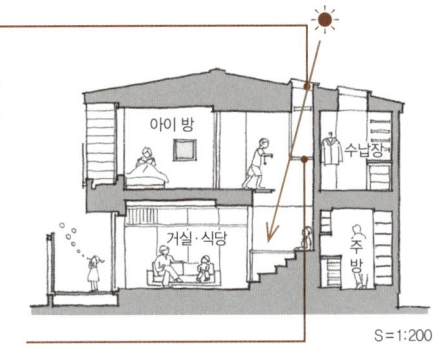

田 안에서 선을 이동한다
→ (2장 28쪽)
평면은 7.4×6.4m의 직사각형입니다. 2층에서는 침실, 아이 방 2개, 위생실이 어긋난 田의 두 선을 따라 배치되어 있습니다.
1층에서는 田 안의 교차점을 북동쪽으로 치우치게 해 현관에서 주방으로 가는 동선과 주방에 필요한 공간을 확보하고, 나머지를 계단실을 포함한 거실·식당 공간에 할애했습니다. 이처럼 직사각형 안의 선과 교차점에 주목하면 효율적인 구조를 만들 수 있습니다.

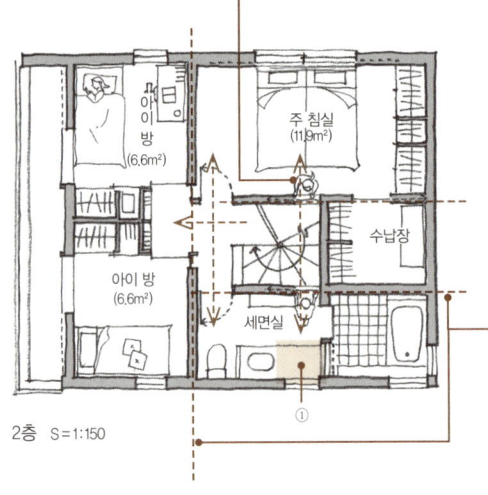

2층   S=1:150

위생실은 개인 방이 있는 2층에 둔다

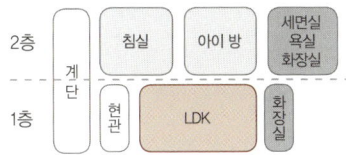

수납공간을 분산한다
→ (2장 58쪽)

거실에 깊이 60cm의 벽면 수납장을 만들었습니다. 문에 여닫이를 달아야 수납장이 벽처럼 보여 깔끔하지만, 문 앞에 소파 등 가구를 둘 경우를 생각해 4장짜리 미닫이를 달아 편의성을 높였습니다.

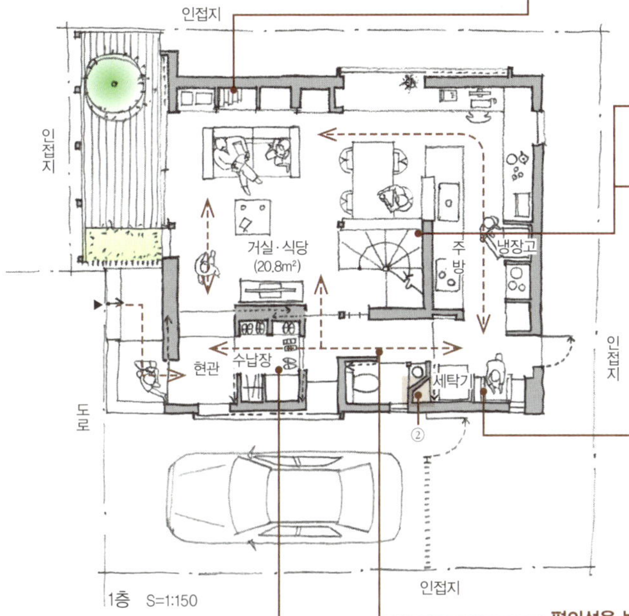

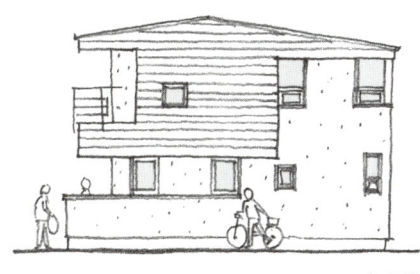

계단이 만들어낸 회전 동선
→ (2장 30쪽)

계단의 위치
→ (2장 39쪽)

중앙의 계단은 1층 회전 동선의 중심이 됩니다. 2층에서 1층으로 내려오자마자 1층의 모든 공간에 최단 거리로 도달할 수 있습니다.

주방 옆 화장실

주방 옆에 세탁기와 작은 세면대를 설치했습니다. 시간에 쫓기는 아침에 여기서 세면을 할 수도 있습니다.

1층 S=1:150

작은 집의 현관 수납
→ (2장 61쪽)

편의성을 높인 보조 동선
→ (2장 83쪽)

현관에서 현관 수납을 거쳐 주방으로 가는 보조 동선은 일상생활에 큰 도움을 주는 요소입니다. 이 보조 동선을 통해 화장실로도 갈 수 있습니다.

S=1:200

히가시쿠루메의 집

소재지	도쿄 도 히가시쿠루메 시
가족 구성	부부(30대) + 자녀 1명
부지 형상	정형(직사각형, 남쪽 도로)
부지 면적	119.5m²(36.1평)
연면적	94.7m²(28.6평)
구조, 층수	목조 2층

 # 길쭉한 부지의 장점을 살린다

안뜰로 빛과 바람을 끌어들인다

막다른 길 안쪽에 위치한 이 집의 부지는 남북으로 길쭉하며 깊이가 18m나 되었습니다. 그래서 도로에 면한 쪽에 작은 주차 공간을 만들고, 그 안쪽의 예비 주차 공간에는 정원을 만들었습니다. 정원에는 도로 쪽의 시선을 차단하는 벽을 세웠습니다. 건물도 부지 형상에 맞춰 남북으로 길게 만들었습니다. 건물의 중간쯤에 안뜰을 만들어 양쪽에 위치한 아이 방의 채광과 통풍을 돕도록 했습니다. 2층에는 나무 발코니가 2개 있습니다. 하나는 거실에서 출입할 수 있는 정원 용도의 발코니, 또 하나는 안뜰에 면한 작은 서비스 발코니입니다.

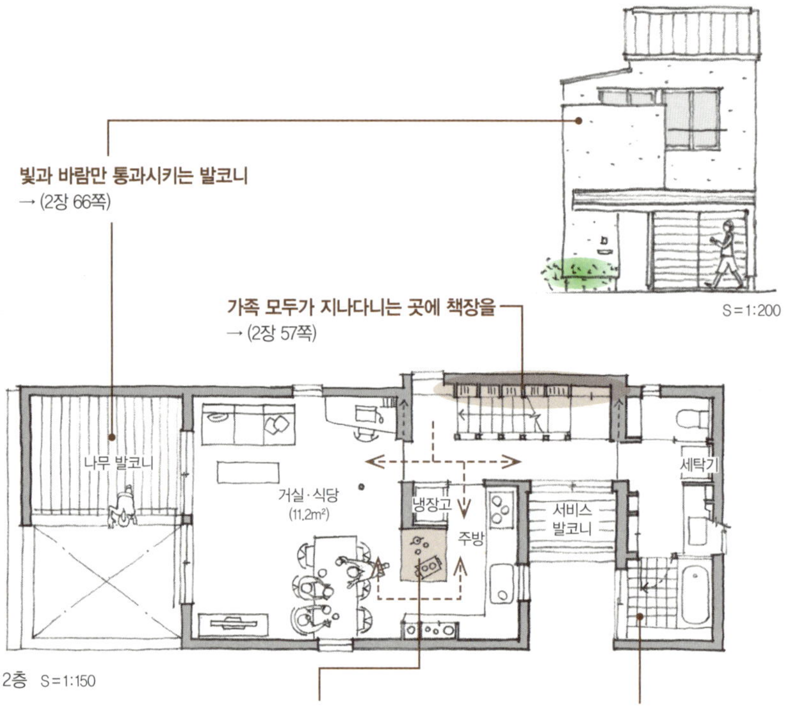

빛과 바람만 통과시키는 발코니
→ (2장 66쪽)

가족 모두가 지나다니는 곳에 책장을
→ (2장 57쪽)

S=1:200

2층 S=1:150

여러 명이 조리를 즐길 수 있는 주방
식당과 주방 양쪽에서 쓸 수 있는 배선 조리대를 설치해 여러 명이 조리를 즐길 수 있게 했습니다.

북쪽 구석의 쾌적한 욕실
부지의 북쪽 구석에 위생실을 두었습니다. 욕실이 아래층 안뜰 상부의 뚫린 공간에 면해 있어 밝고 바람도 잘 통합니다. 이웃집의 시선을 신경 쓰지 않고 목욕할 수 있어 더욱 쾌적합니다.

2층에 LDK와 위생실을 둔다

시모이구사의 집

소재지	도쿄 도 스기나미 구
가족 구성	부부(30대), 자녀 2명
부지 형상	정형(직사각형, 남쪽 도로)
부지 면적	114m²(34.5평)
연면적	96.3m²(29.1평)
구조, 층수	목조 2층

넓은 공간을 만든다
→ (2장 45쪽)

복도를 넓게 설계했습니다. 아이 방의 미닫이문을 열어 벽에 밀어 넣으면 2개의 작은 방과 복도가 하나의 넓은 공간으로 합쳐집니다.

비를 맞지 않는 주차 공간

2층 발코니 밑에는 자전거 세우는 곳과 건물 입구가 있습니다. 지붕이 있어 비를 맞지 않습니다.

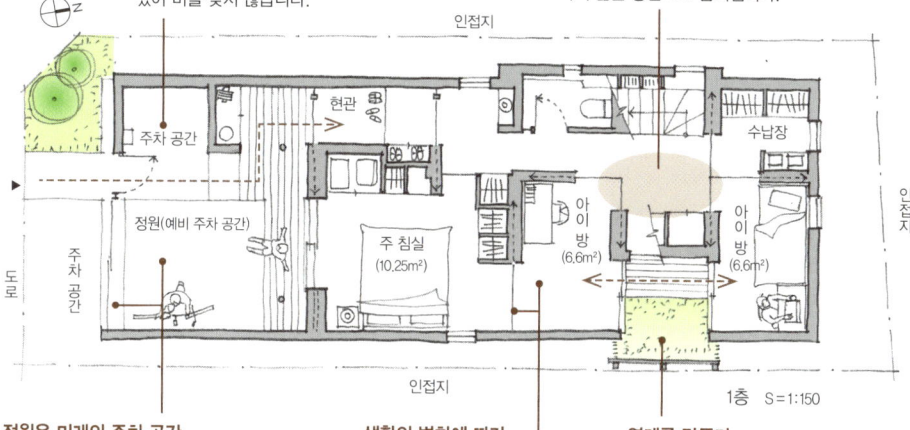

정원은 미래의 주차 공간

신축 당시에는 작은 차를 도로 쪽 주차 공간에 세우도록 했습니다. 평소에 미닫이로 닫혀 있는 안쪽의 정원은 나중에 더 큰 차를 사거나 차를 2대 보유하게 되면 주차 공간으로 바뀔 것입니다.

생활의 변화에 따라 집 구조를 바꾼다

아이가 어릴 때는 주 침실과 아이 방을 연결하여 쓰고, 아이가 자라면 미닫이로 나눠 쓸 수 있습니다. 나중에 아이가 독립하면 아이 방을 침실에 연결된 서재로 바꿀 수도 있습니다.

연계를 만든다
→ (2장 34쪽, 47쪽, 65쪽)

두 방 사이의 안뜰은 양쪽 방에 빛과 바람을 보내주는 동시에 두 방을 하나로 연결합니다.

S=1:200

2층의 나무 발코니가 정원을 대신한다

일부러 주차 공간을 남쪽에 둔다

북쪽과 동쪽에 도로가 있는 모퉁이 땅은 부지의 북쪽에 주차 공간을 두는 것이 일반적입니다. 그렇게 하면 남쪽에 정원을 만들 수 없고 이웃집과의 거리가 너무 가까워져 남쪽으로 창문을 내기도 어렵습니다.

그래서 남쪽에 주차 공간을 만들고, 그 위에 2층 생활공간에서 출입할 수 있는 넓은 나무 발코니를 설치했습니다. 나무 발코니가 이 집의 정원인 셈입니다. 2층에는 LDK를 배치하고 1층을 개인 영역으로 채웠습니다. 공간별로 면적을 배분해 위생실은 2층 주방 옆에 배치했습니다.

세탁 동선을 고려한다
→ (2장 84쪽)

빨래도 나무 발코니에서 건조하니 낮의 취사까지 포함한 모든 가사가 2층에서 끝납니다. 위생실이 1층 개인 영역에서 멀지만 일리가 있는 구조입니다.

2층의 주방에 뒷문을 둔다
→ (2장 87쪽)

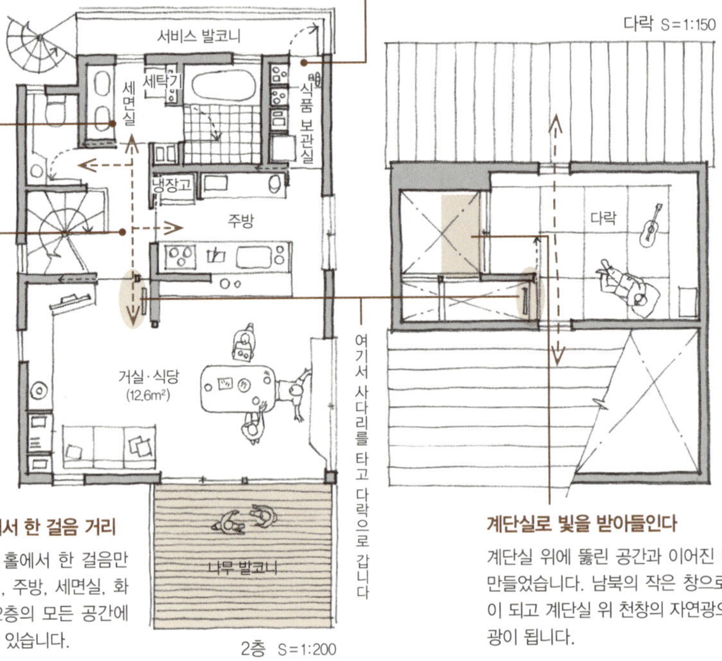

계단 홀에서 한 걸음 거리

2층 계단 홀에서 한 걸음만 떼면 거실, 주방, 세면실, 화장실 등 2층의 모든 공간에 접근할 수 있습니다.

계단실로 빛을 받아들인다

계단실 위에 뚫린 공간과 이어진 다락을 만들었습니다. 남북의 작은 창으로 통풍이 되고 계단실 위 천창의 자연광으로 채광이 됩니다.

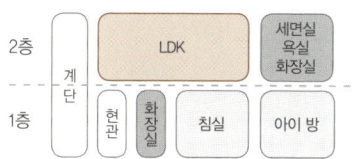

2층에 LDK와 위생실을 둔다

미야사카의 집
- **소재지**: 도쿄 도 세타가야 구
- **가족 구성**: 부부(40대) + 자녀 2명
- **부지 형상**: 정형(직사각형, 동쪽 및 북쪽 도로)
- **부지 면적**: 100.5m²(30.4평)
- **연면적**: 99.2m²(30평) + 다락 12.5m²(3.8평)
- **구조, 층수**: 목조 2층 + 다락

양쪽에서 사용할 수 있는 현관 수납실
→ (2장 61쪽)

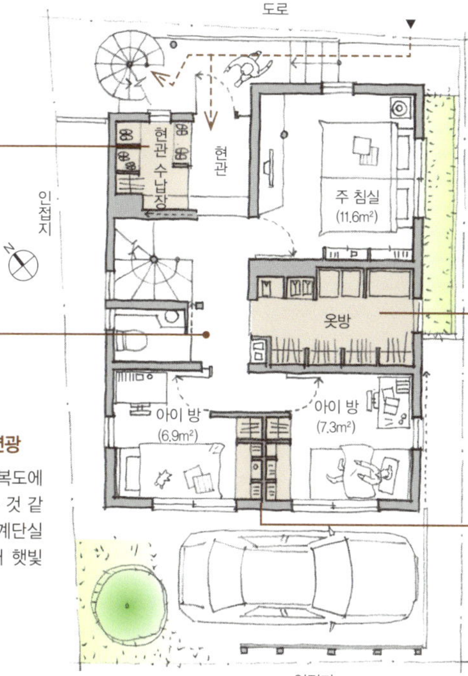

가족이 함께 쓰는 옷장
침실과 아이 방 사이에 옷방을 두어 가족이 수납공간을 공유하도록 했습니다. 의류는 기본적으로 어머니가 관리하지만, 빨래를 개서 넣을 때도 이곳에서 일을 끝낼 수 있어 편리합니다.

안쪽 복도의 자연광
도면만 보면 이 복도에 햇빛이 들지 않을 것 같습니다. 그러나 계단실 위에 천창이 있어 햇빛이 들어옵니다.

미래에는 하나의 방으로
2개의 아이 방은 붙박이 수납 가구로 나뉘어 있습니다. 나중에 두 아이가 독립하면 수납장을 철거하여 하나로 합칠 예정입니다.

1층 S=1:150

S=1:200

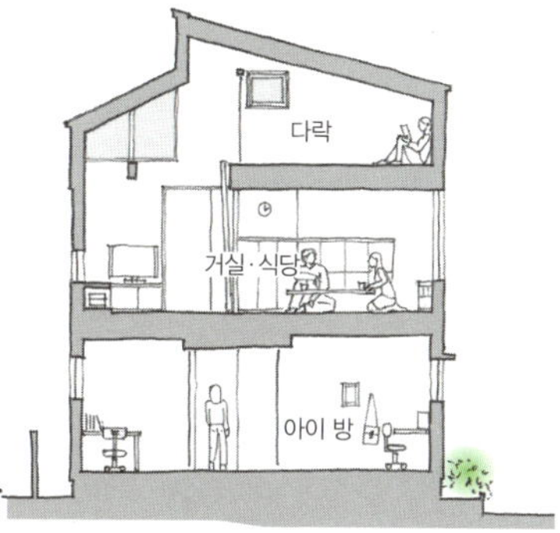

S=1:200

72.8m²로 풍성한 생활을 실현한다

생활 동선을 효율적으로 설계한다

도심의 주택지이고 부지 면적은 72.8m²뿐인 집입니다. 이웃집이 딱 붙어 있는데다 주차 공간도 필요했기 때문에 정원을 만들기가 힘들었습니다. 그래서 해가 잘 드는 2층에 LDK를 두고, 1층에는 침실과 미래의 아이 방 등 개인 영역 및 위생실을 두었습니다.

또 동선 공간인 계단, 현관 홀, 2층 계단 홀을 건물의 중앙 부근에 배치해서 각 방에 방사상으로 출입하는 효율적인 동선을 만들었습니다. 2층 거실과 식당은 계단실로 나뉘어 있지만, 시각적으로는 연결되어 멀지도 가깝지도 않는 관계를 형성합니다.

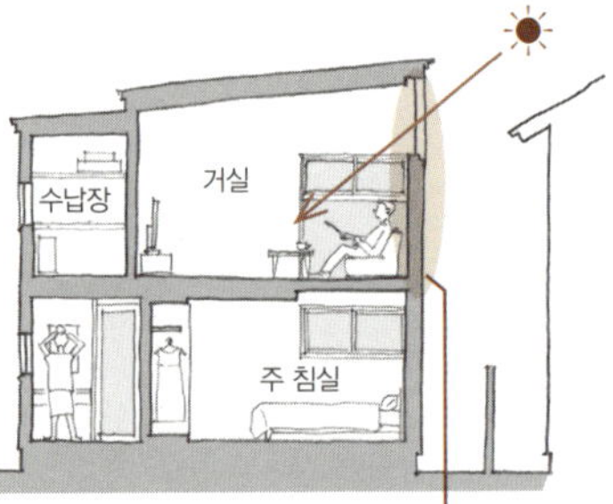

일부러 수납실을 만든다
거실 옆에 수납실을 만드느라 거실의 면적이 13.2m²까지 줄어들었습니다. 그래도 수납장이 여기 있는 덕분에 LDK가 항상 깔끔하게 유지되어 오히려 집 안이 넓게 느껴집니다.

이웃집은 가리고 햇빛만 끌어들인다
→ (2장 64쪽)
거실 천장은 남쪽으로 갈수록 높아져 가장 높은 곳은 높이가 3m에 이릅니다. 그곳 남쪽 벽 상부에 고창을 만들어 남쪽의 자연광을 실내로 끌어들였습니다.

두 방향 동선
→ (2장 81쪽)
주방의 개수대를 중심으로 회전 동선을 만들었습니다. 주방에서 거실과 식당으로 곧바로 갈 수 있습니다.

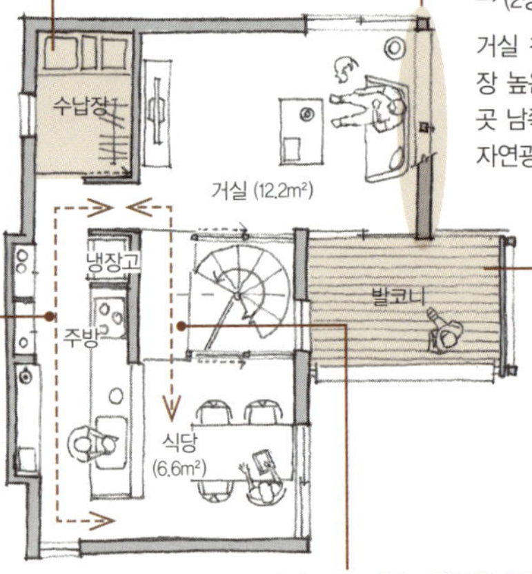

발코니가 정원을 대신한다
정원을 대신하는 외부 공간으로 5m²짜리 나무 발코니를 2층 거실 앞에 배치했습니다. 빨래를 너는 공간으로도 쓸 수 있습니다.

계단으로 거실·식당을 구분한다
→ (2장 41쪽)

위생실을 개인 방이 있는 1층에 둔다

남쪽에 계단을 붙인 현관 홀
→ (2장 40쪽)

현관 홀은 나선 계단과 같은 공간에 있어 계단실 남쪽 창으로 들어온 자연광의 혜택을 충분히 받습니다. 현관 바깥쪽의 미닫이를 닫으면 홀이 차분한 공간이 됩니다. 이 홀을 다른 방이 둘러싸는 구조를 만들어 동선 공간을 최소화했습니다.

3가지 기능을 한데 모은다
→ (2장 51쪽)

세면실 겸 화장실에 세탁기를 배치하여 3.3m² 면적에 3가지 기능을 집약한 알찬 위생실을 설계했습니다.

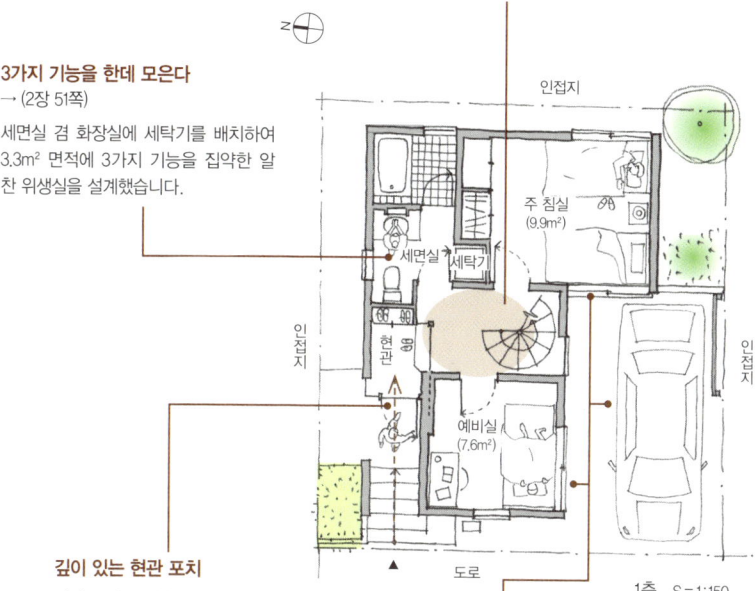

1층 S=1:150

깊이 있는 현관 포치

실내 동선 공간을 건물 중앙에 배치하기 위해 현관을 부지 안쪽으로 당겨 설계했습니다. 그 결과 작은 집인데도 깊이 있고 차분한 현관 포치가 되었습니다.

높이 차이를 이용한다

건물 남쪽에 주차 공간을 만들었지만, 부지가 도로보다 약 1m 높아 건물 남쪽과 서쪽 창으로부터의 시선이 주차한 차 위를 통과하여 멀리까지 뻗어 나갑니다. 이 주차 공간 덕분에 남쪽 이웃 집과의 거리도 확보할 수 있습니다.

S=1:200

작은 집

소재지	도쿄 도 세타가야 구
가족 구성	부부(30대)
부지 형상	정형(직사각형, 서쪽 도로) 높이 차이 있음(도로에서 1m)
부지 면적	72.8m²(22평)
연면적	71.9m²(21.7평)
구조, 층수	목조 2층

외부(햇빛, 식재)와의 관계를 면밀히 설계한다

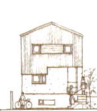

거실과 식당을 북쪽으로 보낸다

동남쪽 모서리의 땅으로 창만 잘 배치하면 채광이 충분하겠지만, 부지가 작으면 외부의 시선도 신경 써야 합니다. 이 집의 경우 외부 시선을 신경 쓰지 않고 편히 지낼 수 있도록 거실과 식당을 일부러 북쪽에 배치하고, 건물 중앙에 있는 계단실 상부의 천창으로 빛이 들어오게 했습니다.

2층 주방은 세탁기가 있는 다용도실과 연결됩니다. 계단을 중심으로 한 회전 동선을 따라 움직이며 주방에서 일하는 짬짬이 빨래도 할 수 있는, 가사 동선을 우선시한 구조입니다. 다용도실에서 발코니로 바로 출입할 수 있어 빨래를 널고 걷기에도 효율적입니다.

고창을 이용한 채광

1, 2층 모두에 고창을 내 남쪽 도로의 시선을 차단하면서 채광 효과를 극대화했습니다.

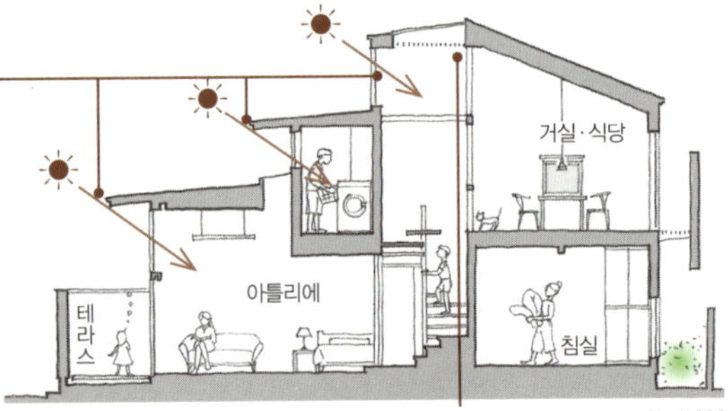
거실·식당
테
라
스
아틀리에
침실
S=1:200

천창은 계단 위에

→ (2장 63쪽)

주방과 다용도실을 연결한다

→ (2장 82쪽)

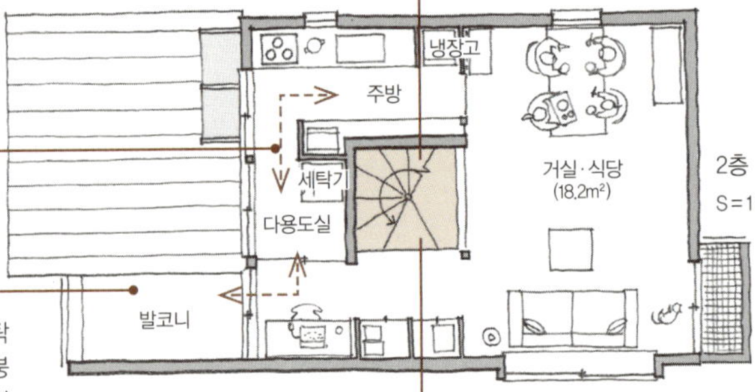
냉장고
주방
세탁기
다용도실
거실·식당
(18.2m²)
발코니
2층
S=1:150

세탁에 관한 가사 동선

2층 주방 옆 다용도실에 세탁기를 두었습니다. 또 1층 지붕의 일부를 5m² 정도의 발코니로 만들어 빨래를 널 수 있게 했습니다. 발코니는 동쪽 도로에 세운 벽 덕분에 도로에서 잘 보이지 않습니다.

층의 중앙에 계단을

→ (2장 39쪽)

1층은 계단을 중심으로 각 공간을 방사상으로 배치했습니다. 2층은 계단을 중심으로 회전하는 회전 동선이 형성되어 있습니다. 작은 집에는 이처럼 효율적인 동선이 반드시 필요합니다.

위생실을 개인 방이 있는 1층에 둔다

가미소시가야의 집

소재지	도쿄 도 세타가야 구
가족 구성	부부(30대)
부지 형상	정형(직사각형, 남쪽 도로)
부지 면적	83.9m²(25.4평)
연면적	83.7m²(25.3평)
구조, 층수	목조 2층

두 곳의 식재 공간

부지의 남쪽과 북쪽에 남은 두 곳의 여백을 이용해 작은 식재 공간을 만들었습니다. 두 공간은 아무 관계가 없어 보이지만 현관 복도, 세면실, 욕실을 관통하는 시선의 양쪽 끝에 위치하며 생활 속의 치유 공간으로 기능합니다.

침실의 수납법
→ (2장 60쪽)

침실을 9.9m²로 설계했습니다. 장롱을 두는 곳 이외에 작은 수납실을 침실 옆에 만들어 옷과 요, 이불을 보관합니다.

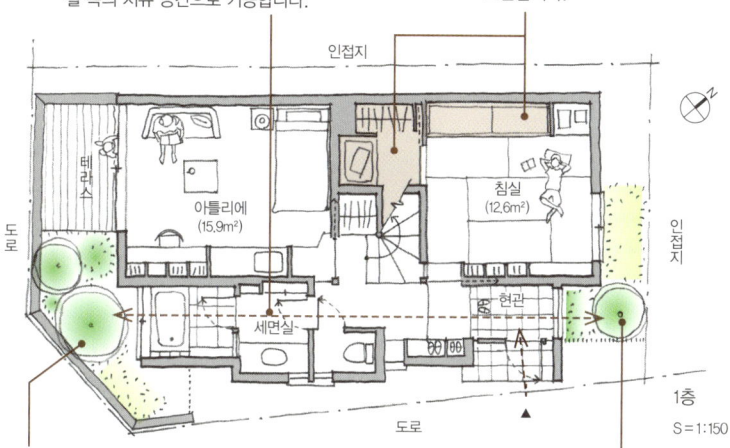

1층
S=1:150

여백을 살린다

건물과 남쪽 도로 사이에 깊이 2m쯤 되는 땅이 남아 거기에 안뜰을 조성하고 도로 쪽에 약간 높은 담을 세워 아늑한 느낌이 들게 했습니다. 안뜰의 식물들은 욕실에서도 보여 목욕하며 자연을 감상할 수 있습니다. 건물과 도로 경계 부분에 남은 땅을 실내 공간과 시각적으로 연계하여 작은 집에도 여유가 느껴지도록 했습니다.

여러 곳에서 자연을 감상한다

현관 홀이나 지창이 달린 침실에서 현관 옆의 작은 식재 공간을 즐기도록 했습니다. 방범을 위해 도로 쪽에서 격자 칸막이를 설치하여 외부에서는 격자 너머에 작은 정원이 있는 것처럼 보입니다.

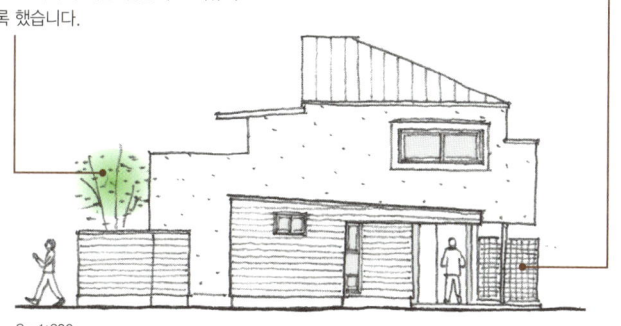

S=1:200

 ## 작지만 기능은 충실하게

세탁기의 위치가 중요하다

침실과 아이 방뿐 아니라 위생실도 1층에 두어 개인 영역을 한 층에 합쳤습니다. 단 빨래는 해가 잘 드는 2층 발코니에 널도록 했습니다.

세탁 후의 동선을 우선시한 결과, 2층 주방 옆에 세탁기를 두고 세탁이 끝난 빨래를 발코니에서 바로 널 수 있게 했습니다. 건은 빨래는 거실과 이어진 5m²의 예비실에 두었다가 천천히 개도 됩니다. 목욕할 때 벗은 옷을 2층으로 가져가야 하지만, 세탁 전과 세탁 후 중 세탁 후에 중점을 둔 결과라 할 수 있습니다. 둘 중 어디에 무게를 싣느냐에 따라 세탁기의 위치가 결정됩니다.

생활의 폭
이 예비실을 없애고 층 전체를 한 공간으로 합쳤다면 약 19.8m²짜리 거실이 생겼을 것입니다. 그러나 장지문이 달린 예비실을 만들고 그 안에 벽장 등 수납공간을 설치해 매일의 생활에서 다양성을 맛보도록 했습니다.

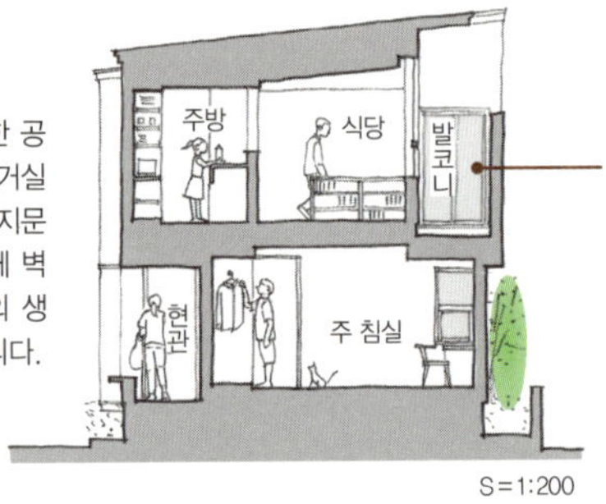

2층의 정원으로 기능한다
→ (2장 66쪽)
식당과 거실에서 출입하는 발코니입니다. 도로에 면한 서쪽은 외부로 열려 있지만 이웃집에 면한 남쪽에는 시선이 닿지 않을 만큼 높은 벽을 세웠습니다. 폭이 1.3m인 이 발코니는 채광과 통풍을 촉진할 뿐만 아니라 2층의 정원으로 쓰기에 충분합니다.

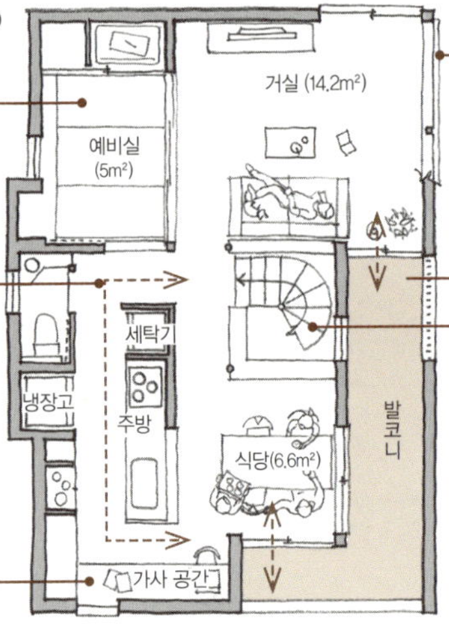

이웃집은 가리고 햇빛만 받아들인다
→ (2장 64쪽)

효율을 높인다
→ (2장 81쪽)

통로를 가사 공간으로
식당에서 주방으로 가는 통로에 가사 공간을 설계했습니다. 가사 공간의 의자는 책상 밑에 밀어 넣을 수 있어 통행에 방해되지 않습니다.

멀지도 가깝지도 않은 관계
→ (2장 40쪽, 41쪽)
2층 한가운데의 계단실 양쪽에 거실과 식당이 있습니다. 덕분에 2층의 모든 공간이 복도 없이 원활하게 연결됩니다. 하나의 공간으로 이어진 거실과 식당은 계단실을 사이에 두고 멀지도 가깝지도 않는 관계를 형성합니다.

위생실을 개인 방이 있는 1층에 둔다

	2층	계단	LDK	예비실	화장실
	1층		현관 / 침실 / 아이 방		세면실 / 욕실 / 화장실

방을 둘로 나눌 것에 대비한다
이웃집이 바싹 들어선 남쪽을 벽으로 막고 이웃집 진입로가 보이는 동쪽으로 창을 2개 냈습니다. 아이가 성장하면 수납을 겸한 칸막이를 방 한가운데에 설치하여 현관 홀에서 바로 접근할 수 있는 아이 방을 둘로 나눌 것입니다.

현관 홀을 중심으로
현관 홀에서 방사상으로 침실, 위생실, 아이 방에 출입할 수 있습니다. 현관 홀과 현관 사이의 미닫이를 닫으면 현관 홀과 계단실의 분위기가 차분해집니다.

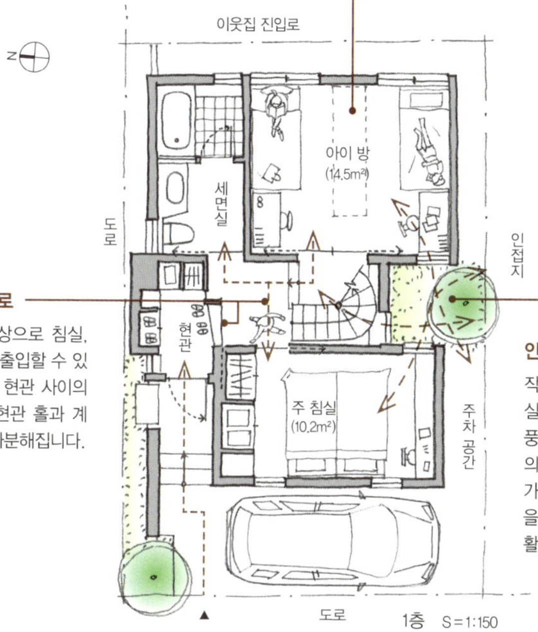

안뜰의 효과
작은 안뜰을 활용하여 침실, 아이 방, 계단실의 통풍을 꾀하는 동시에 각 방의 시선이 밖으로 빠져나가도록 했습니다. 이 안뜰을 통해 각 방의 소통도 원활해집니다.

1층 S=1:150

S=1:200

니시키의 집
- **소재지**: 도쿄 도 네리마 현
- **가족 구성**: 부부(30대) + 자녀 2명
- **부지 형상**: 정형(직사각형, 서북쪽 모퉁이 땅)
- **부지 면적**: 80㎡(24.2평)
- **연면적**: 88.4㎡(26.7평)
- **구조, 층수**: 목조 2층

 # 둥근 계단을 중심으로 회전하는 생활 동선

LDK의 면적을 우선시한다

이 집의 부지는 남쪽 도로에 면하고, 남북으로 길쭉합니다. 폭은 좁지만 도로에 면해 있어 주차 공간과 정원까지 만들 수 있으므로 1층에 LDK를 두어도 괜찮았습니다. 그러나 LDK를 되도록 넓게 쓰고 싶어서 현관이 있는 1층이 아닌 2층에 배치했습니다. 1층에는 침실과 아이 방, 위생실을 배치했습니다.

1층 정원에 해가 아주 잘 들어 빨래를 아이 방 앞 정원에 널기로 정하여 세탁기를 1층 세면실에 두었습니다. 덕분에 세탁해서 말리고 걷어 수납하는 과정까지 1층에서 끝낼 수 있습니다.

계단 위 천창
→ (2장 63쪽)

건물 중앙 계단 상부에 천창을 내서 자연광이 1층과 2층의 구석구석에 들어오도록 했습니다.

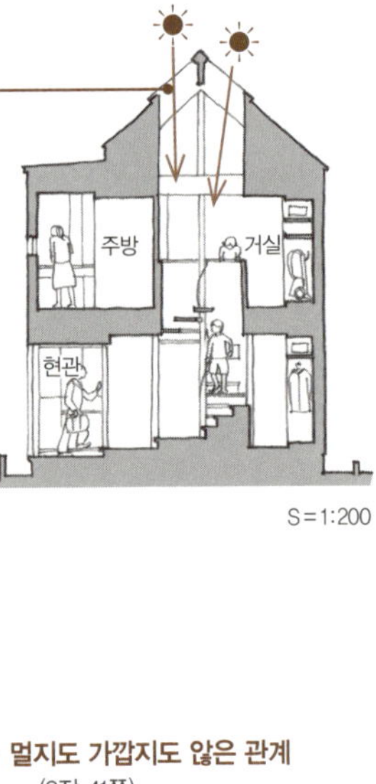

S = 1:200

주방으로 가는 여러 갈래의 동선
→ (2층 81쪽)

접근성은 높이고 노출도는 낮춘다

한 층에 LDK만 있는 경우, 화장실을 어디에 배치하고 출입구를 어디로 내느냐가 문제가 됩니다. 어느 곳에서든 출입하기 쉬운 곳에 배치하되, 어느 곳에서도 잘 보이지 않게 벽을 비스듬히 세우고 그 뒤에 출입구를 달았습니다.

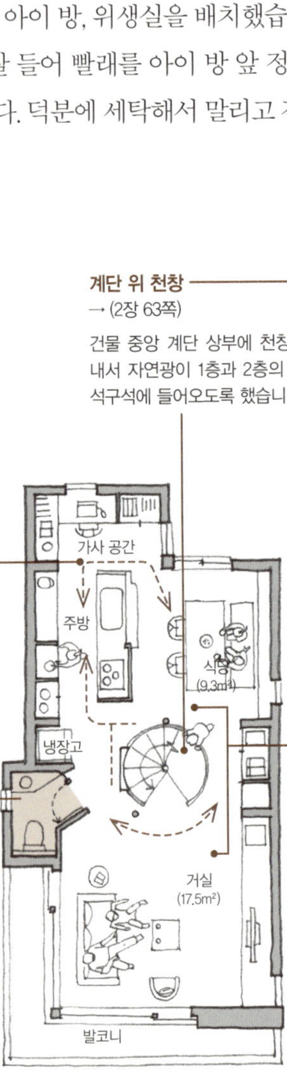

멀지도 가깝지도 않은 관계
→ (2장 41쪽)

2층의 거실과 식당이 하나의 공간으로 이어져 있지만, 둘 사이에 계단을 설계했습니다. 각각의 경계를 명확히 해서 서로 멀지도 가깝지도 않은 관계를 형성했습니다.

2층
S = 1:150

위생실을 개인 방이 있는 1층에 둔다

2층	계단	LDK		화장실
1층		현관 / 침실 / 아이 방		세면실 / 욕실 / 화장실

북쪽에 정원을 만들다
→ (2장 65쪽)

부지 북쪽에 작은 정원을 만들어 침실과 욕실에서 식물들을 감상하도록 했습니다. 북쪽에 남은 부지를 아주 조금만 확장하여 생활에 윤기를 주고자 했습니다.

2개의 출입구

주 침실에는 2개의 출입구가 있는데, 한 쪽은 세면실에 가깝고 한 쪽은 아이 방까지 최단 거리로 오갈 수 있게 설계했습니다.

계단 위치가 핵심
→ (2장 39쪽)

2층과 이어진다
→ (2장 45쪽)

1층 계단 주변은 현관 홀을 포함한 동선 공간입니다. 그러나 아이 방 출입구의 미닫이를 열어 벽에 밀어 넣으면 계단 앞 공간까지 아이 방의 일부가 되므로 시선이 계단을 통과하여 2층 식당으로 이어집니다.

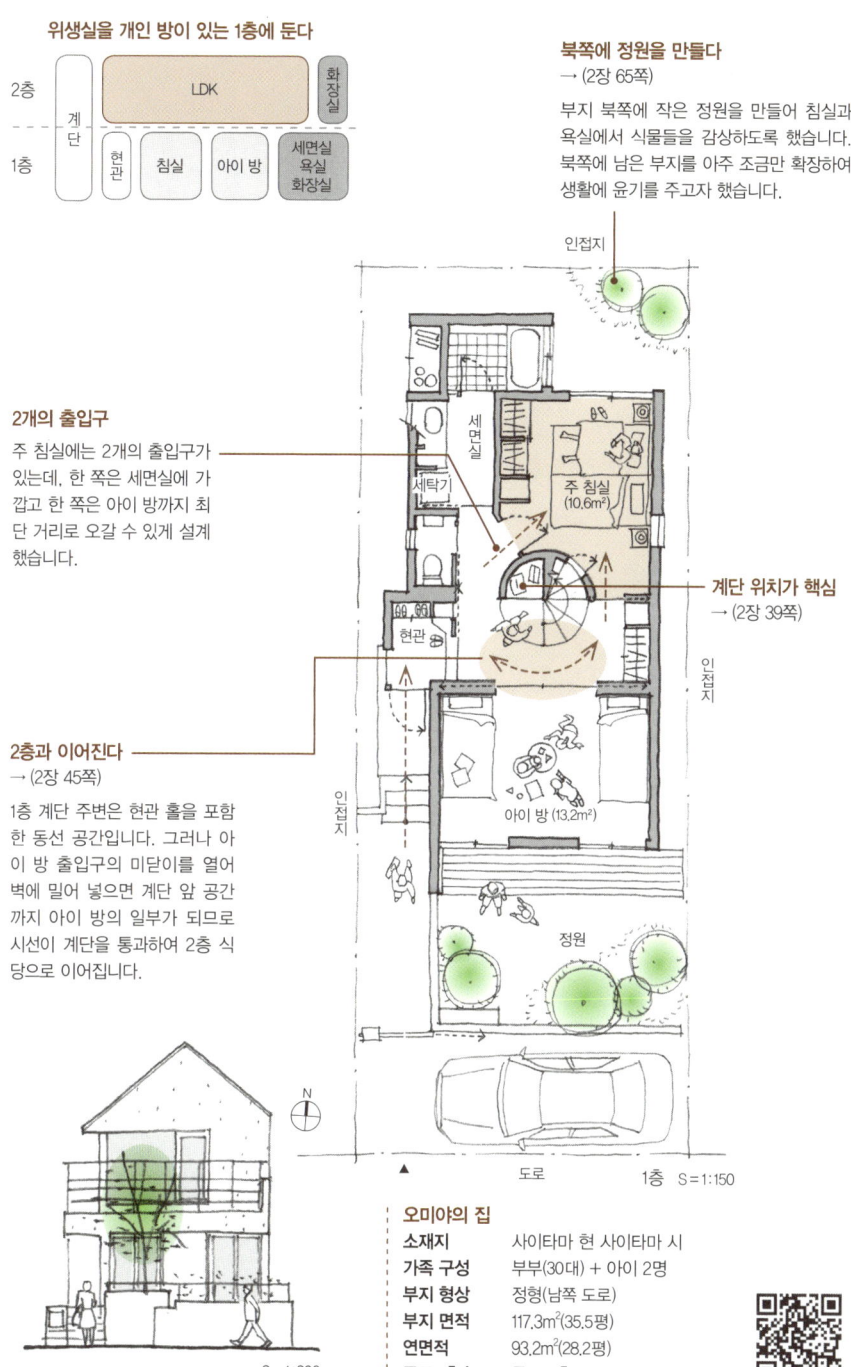

1층 S=1:150

S=1:200

오미야의 집

소재지	사이타마 현 사이타마 시
가족 구성	부부(30대) + 아이 2명
부지 형상	정형(남쪽 도로)
부지 면적	117.3m² (35.5평)
연면적	93.2m² (28.2평)
구조, 층수	목조 2층

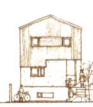
복도와 계단의 위치가 중요하다

정원을 포기하고 LDK에 집중한다

부지 면적 86.7m², 연면적 94.8m²로 2층집을 지어서 건물 외에 남는 공간은 주차 공간뿐이었습니다. 도심의 주택에서는 드문 일이 아니지만, 이렇게 외부 공간을 활용할 수 없는 경우에는 LDK를 되도록 넓게 만드는 것이 좋습니다.

그 방법으로 현관에 면적을 뺏기지 않는 2층에 LDK를 배치했습니다. 도심의 부지에서는 남쪽에 이웃집이 딱 붙어 있는 경우가 흔합니다. 이 집도 마찬가지였습니다. 그래서 남쪽으로 갈수록 천장이 높아지는 구조를 택하고 벽의 높은 부분에 고창을 만들어 자연광을 끌어들였습니다.

이웃집 벽은 가리고 햇빛만 받아들인다
→ (2장 46쪽)

북쪽, 동쪽, 남쪽에 이웃집이 바싹 붙어 있어 일반적인 위치에 창을 내면 종일 이웃집 벽을 보게 됩니다. 그래서 거실 남쪽을 벽으로 막고 고창을 달아 햇빛을 받아들였습니다.

빨래 너는 곳의 위치

1층 외부나 2층 남쪽에 빨래 널 곳이 없어서 서쪽 도로에 면한 발코니를 만들었습니다. 발코니의 난간으로는 도로 쪽의 시선을 차단하기 위해 유백색 수지판을 사용했습니다.

자연광을 구석까지 끌어들인다
→ (2장 40쪽)

남쪽에 천장고가 높은 계단실을 두고 거기에 고창을 달아 식당과 주방까지 남쪽의 햇빛이 들어가도록 했습니다.

가사실과 수납실을 하나로

LDK를 조금 줄여 세탁기까지 포함한 가사실 겸 수납실을 만들었습니다. 여기에 생활에 필요한 물건을 수납할 뿐만 아니라 세탁이 끝난 세탁물을 꺼내 반대편 2층 발코니에 널게 되므로 세탁에 관한 동선을 최소화할 수 있습니다.

채광을 위해 벽에 붙인 계단
→ (2장 31쪽)

2층 S=1:150

위생실을 개인 방이 있는 1층에 둔다

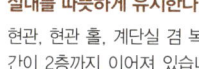

고토쿠지의 집		
소재지	도쿄 도 세타가야 구	
가족 구성	부부(30대) + 자녀 2명	
부지 형상	정형(직사각형, 서쪽 도로)	
부지 면적	86.7m²(26.2평)	
연면적	94.8m²(28.7평)	
구조, 층수	목조 2층	

실내를 따뜻하게 유지한다

현관, 현관 홀, 계단실 겸 복도, 계단 공간이 2층까지 이어져 있습니다. 현관으로 들어온 외부 공기가 다양한 공간에 영향을 미치므로 계단실과 현관 주변을 미닫이로 차단해 실내 온도가 유지되도록 했습니다.

최단 거리에 위생실을

2층에서 계단을 내려오자마자 위생실이 침실과 아이 방 사이에 있습니다. 위생실은 어느 방에서든 가장 빨리 도달할 수 있는 편리한 위치에 있습니다.

채광을 위해 벽에 붙인 계단
→ (2장 31쪽)

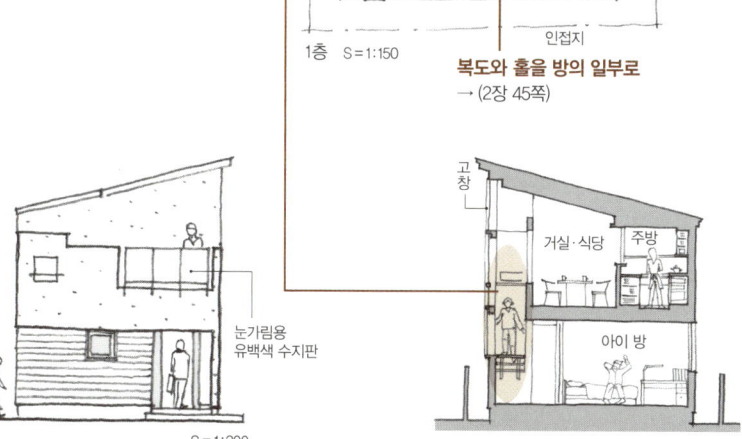

복도와 홀을 방의 일부로
→ (2장 45쪽)

정원을 대신하는 넓은 발코니와 안뜰

시선은 차단하고 채광과 통풍은 활성화한다

부지가 남북으로 길쭉하고 남쪽에 도로가 있어서 1층은 도로 쪽의 시선을 차단하기 위해 창이 작은 폐쇄적인 구조를 적용했습니다. 남쪽에는 정원을 만들지 않고 도로와 평행한 주차 공간과 입구만 배치했습니다. 남쪽에 정원을 만들지 않는 대신 부지 중앙 부근에 작은 안뜰을 만들어 상하층의 안쪽 생활공간까지 자연광이 골고루 도달하도록 했습니다. 이웃집의 시선을 최대한 피하기 위해 창의 위치를 궁리한 결과, 안뜰과 2층 발코니를 통해 시선은 차단하고 채광과 통풍은 촉진하는 구조를 만들었습니다.

외부 시선을 피하려고 선택한 고창
→ (2장 64쪽)

도로 건너편 이웃집의 시선을 피하기 위해 거실·식당의 벽을 2.5m로 높이 세우고 그 높은 부분에 고창을 달았습니다. 남쪽으로 갈수록 높아지는 경사 천장의 가장 높은 곳은 높이가 3.4m에 달합니다.

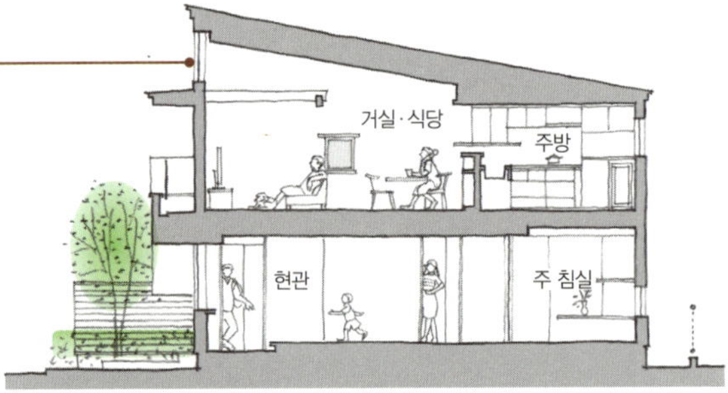

S=1:200

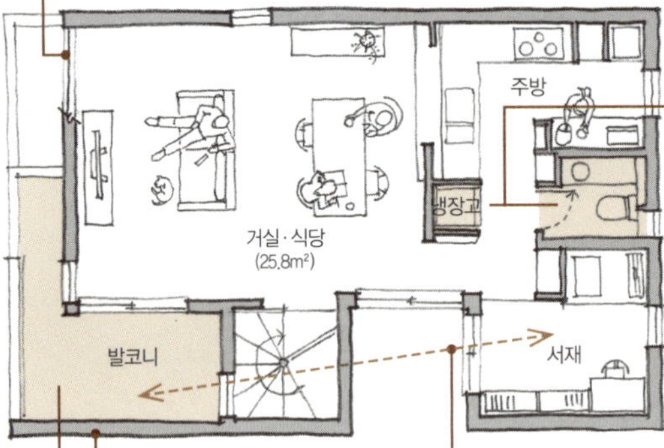

가리고 싶은 것

거실에서 냉장고와 화장실 출입구가 보이지 않도록 벽을 세웠습니다. LDK가 한 공간에 모여 있으면 거실이나 식당에서 냉장고가 보일 수도 있지만, 최소한 화장실 문은 가리는 것이 좋습니다.

2층 S=1:150

발코니를 담으로 둘러싸 거실과의 일체감을 자아낸다
→ (2장 66쪽)

이웃집 쪽에 높은 벽을 세워 외부 시선을 차단했습니다. 벽이 있는 덕분에 거실과의 일체감이 더욱 강해져 아늑한 분위기가 연출됩니다.

'밖↔안↔밖↔안'의 관계를 만들다
→ (2장 47쪽)

거실의 바닥면적을 줄이는 대신 발코니를 만들어, '발코니↔1층 계단↔안뜰 상부↔서재' 즉 '밖↔안↔밖↔안'의 관계를 형성했습니다. 덕분에 빛과 바람을 실내에 끌어들이기도 쉬워졌습니다.

위생실을 개인 방이 있는 1층에 둔다

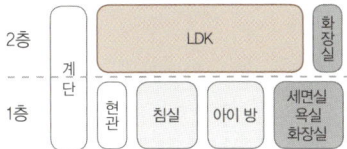

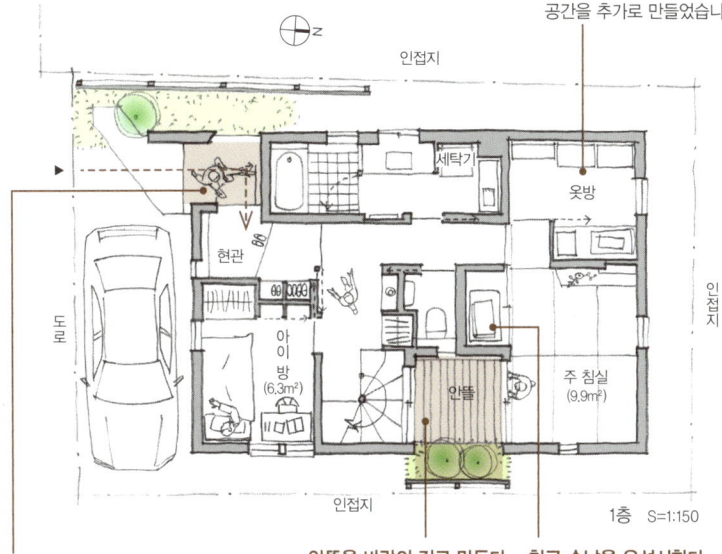

수납실을 겸한 옷장
→ (2장 59쪽)

침실 옆의 옷방에 전부터 갖고 있던 장롱을 두고, 의류 이외의 잡화를 수납할 공간을 추가로 만들었습니다.

1층 S=1:150

차분한 분위기의 현관 포치

건물의 한 구석을 잘라낸 듯한 형태로 현관 문 바깥에 현관 포치를 만들었습니다. 현관은 다소 좁아지겠지만, 처마 밑에서 비를 피할 수 있는데다 세 방향이 벽으로 둘러싸여 있어 포치에서도 아늑함이 느껴집니다.

안뜰을 바람의 길로 만든다
→ (2장 65쪽)

침구 수납을 우선시한다
→ (2장 60쪽)

침실에는 옷보다 침구를 보관할 벽장이 필요합니다. 옷은 침실 옆의 옷방에 보관하면 됩니다.

S=1:200

모모이의 집

소재지	도쿄 도 스기나미 구
가족 구성	부부(30대) + 자녀 1명
부지 형상	정형(직사각형, 남쪽 도로)
부지 면적	101.4㎡(30.7평)
연면적	96.7㎡(29.2평)
구조, 층수	목조 2층

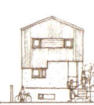
102.5m² 부지에 차량 2대의 주차장

탁 트인 듯한 테라스와 계단실

102.5m² 부지 안에 4인 가족이 살 101m²가량의 2층집, 그리고 자동차 2대를 주차할 공간을 포함해야 했습니다.

먼저 주차 공간을 부지 남쪽에 배치하여 남쪽 이웃집과 거리를 두는 것으로 1층의 채광을 해결했습니다. 또 1층에 정원이 없어 2층 식당에서 출입할 수 있는 발코니를 추가해서 생활에 유용한 외부 공간으로 활용하도록 했습니다. 2층에 LDK를 두고, 개인 영역인 1층에는 위생실, 침실, 아이 방을 배치했습니다. 1, 2층은 계단실과 계단실의 뚫린 공간을 통해 부드럽게 이어집니다.

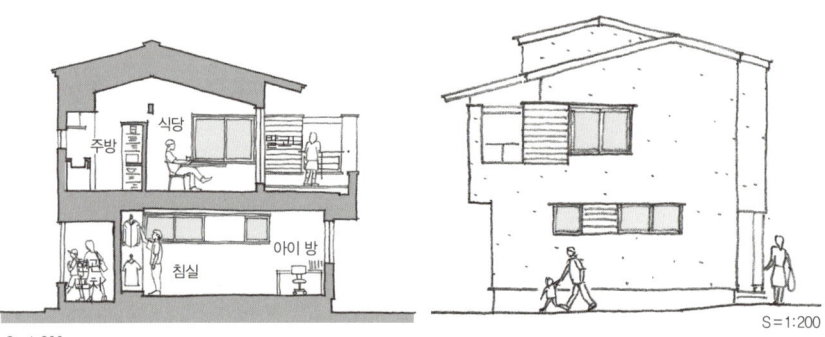

S=1:200   S=1:200

다락 수납실에도 바람이 통하도록

다락으로 가는 길에 고정 계단을 설치해서 뚫린 공간을 만들고, 다락에는 뚫린 공간에 면한 창을 설치해 통풍이 잘되게 했습니다.

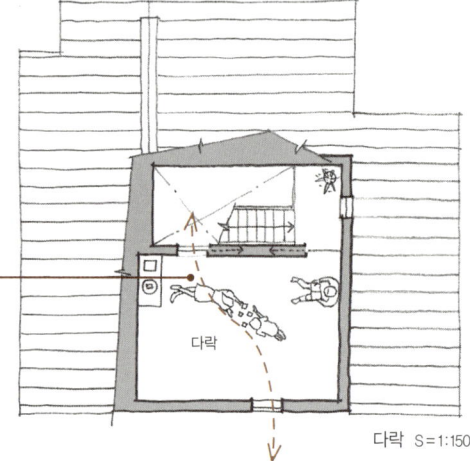

다락 S=1:150

구니타치의 집

소재지	도쿄 도 구니타치 시
가족 구성	부부(40대) + 자녀 2명
부지 형상	정형(직사각형, 북쪽 및 서쪽 도로)
부지 면적	102.8m²(31.1평)
연면적	101.8m²(30.8평) + 다락 16.8m²(5.1평)
구조, 층수	목조 2층 + 다락

위생실을 개인 방이 있는 1층에 둔다

계단실로 부드럽게 연결하다
→ (2장 39쪽, 46쪽, 70쪽)

1, 2층과 다락방을 연결하는 계단은 평면을 둘로 나누듯 집의 한가운데에 배치했습니다. 모든 방에 이 계단실의 뚫린 공간을 향한 출입구나 창이 있어서 집의 공간 전체가 가로세로로 부드럽게 연결됩니다.

주방으로 가는 두 방향의 동선
→ (2장 81쪽)

주방으로 가는 보조 동선

주방, 식당과 좌식 거실을 계단실 양쪽에 배치했습니다. 주방에서는 계단 앞을 가로지르지 않고 가사실을 거치는 보조 동선을 통해 거실로 갈 수 있습니다.

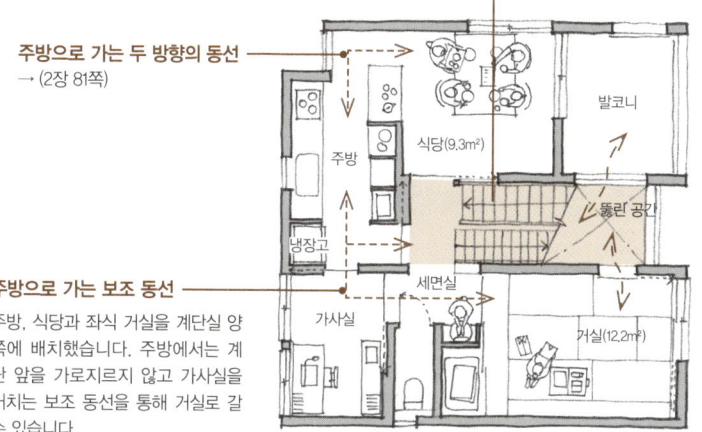

2층 S=1:150

바람이 복도와 계단을 통과한다
→ (2장 68쪽)

침실에 이불을 수납한다
→ (2장 60쪽)

침실의 한쪽 벽에 옷장을 설치하고 또 한쪽 벽에 침구 수납장을 설치했습니다. 도면을 보면 침실 남쪽에 아이 방이 둘 있지만, 신축 당시에는 하나의 넓은 침실이었습니다. 나중에 방이 하나 더 필요해지면 도면처럼 둘로 나눌 수 있습니다.

다용도로 쓰는 현관 수납실
→ (2장 61쪽)

생활에 필요한 다양한 물건을 수납하기 위해 현관 수납장을 조금 넓게 만들었습니다. 현관 수납실은 신발을 신은 채 오가는 것이 편해서 바닥을 타일이나 흙으로 마무리하기도 하지만, 이 집의 경우 다른 물건들도 함께 수납하여 바닥재를 1층과 통일해 실내 공간으로 취급했습니다.

1층 S=1:150

91.7m² 안에 LDK, 방 4개, 부가 공간까지

스킵플로어로 동선을 줄인다

5인 가족의 생활을 91.7m²에 담아낸 집입니다. 부지가 좁아 각 방의 면적을 줄이기 위해 구조를 합리적으로 설계하고 모든 방을 직사각형으로 만들었습니다.

이 집은 아이 방과 침실 등 4개의 방이 필요했습니다. 그래서 복도 면적을 줄이기 위해 스킵플로어를 채택하고, 세로 이동 수단인 계단에 가로 이동의 역할까지 부여했습니다. 즉 계단이 복도의 역할을 겸해서 집 안을 왔다 갔다 하다 보면, 상하층으로도 이동하고 가로 방향으로도 이동하게 됩니다. 또한 층과 층이 반 층 높이로 이어져 상하층 간의 거리도 짧아집니다.

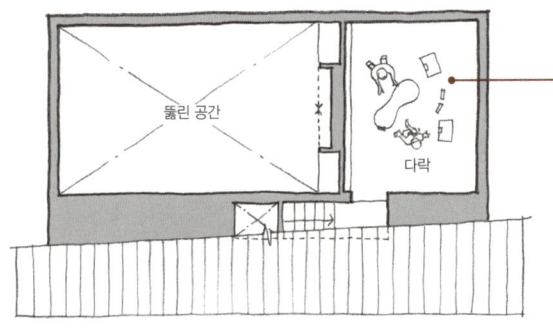

다락 S=1:200

없어서는 안 될 수납용 다락방

연면적 91.7m² 안에 LDK와 방 4개를 넣으려면 수납공간이 줄기 마련입니다. 그것을 보충하기 위해 수납용 다락방을 만들었습니다.

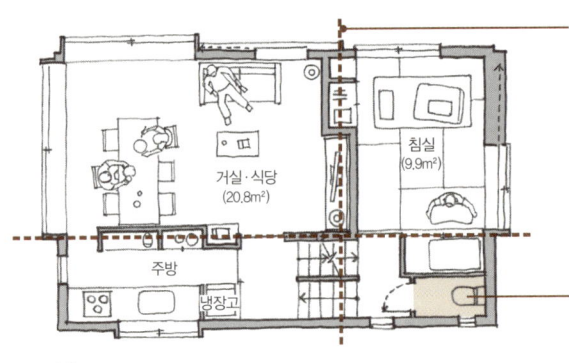

2층 S=1:150

田 평면의 변형
→ (2장 29쪽)

2층 구조는 田을 기본으로 합니다. 田 구조는 직사각형 부지에 집을 설계할 때의 기본 구조입니다.

어느 쪽에서든 최단 거리로

침실 옆 화장실은 LDK에서 반 층만 내려가면 되는 위치에 있어서 일상생활에서도 편히 쓸 수 있습니다. 출입구가 거실이나 식당에서 보이지 않는 것도 장점입니다.

개인 공간을 1, 2층으로 나눈다

S=1:200

위생실은 개인 방 가까이에 둔다

위생실은 동쪽의 아이 방 2개 옆에 있습니다. 이곳은 서쪽의 아이 방에서 반 층 올라간 곳이자 위층 침실에서 반 층 내려간 곳입니다. 즉 각 방에서 반 층만 이동하면 되니 편리합니다.

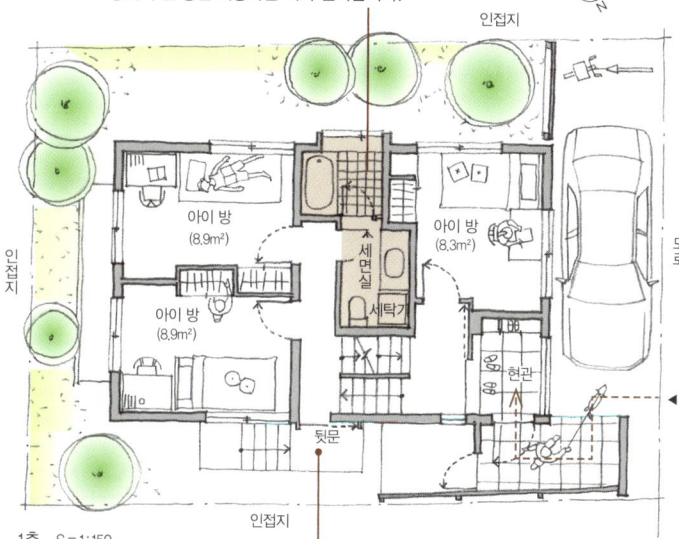

1층 S=1:150

복도에서 외부로 출입한다

복도에서 밖으로 바로 나갈 수 있는 뒷문을 만들었습니다. 덕분에 빨래를 정원에 널 때 아이 방을 거치지 않고 밖으로 나갈 수 있고, 주방에서 쓰레기를 내놓을 때도 바로 출입할 수 있습니다.

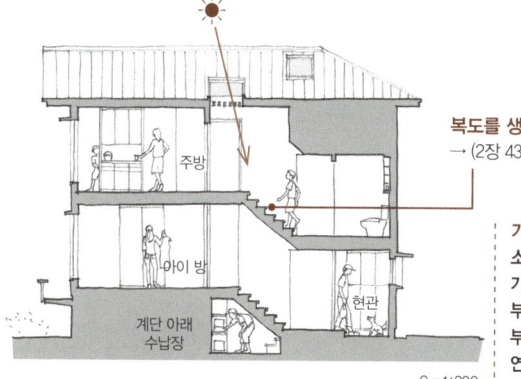

S=1:200

복도를 생략한 스킵플로어 구조
→ (2장 43쪽)

기치조지의 집

소재지	도쿄 도 무사시노 시
가족 구성	부부(40대) + 자녀 3명
부지 형상	정형(직사각형, 북쪽 도로)
부지 면적	114.9m²(34.8평)
연면적	91.7m²(27.7평) + 다락 9.6m²(2.9평)
구조, 층수	목조 2층(스킵플로어) + 다락

5인 가족도 99.2m² 이하로 충분하다

다목적으로 쓰는 침실은 LDK 옆에 둔다

1층에 세 아이의 방과 위생실을, 2층에 LDK와 침실을 배치했습니다. 침실은 낮에 다목적으로 쓸 예정이어서 LDK와 같은 층에 두는 것이 바람직했습니다. 5인 가족이라서 방의 면적이 꽤 늘어나지만, 방의 일부를 LDK에 포함하면 2층 건물의 상하층 면적 비율이 개선되므로 99.2m² 이하로도 충분한 공간을 확보할 수 있습니다. 이 집처럼 각 층에 방(침실, 아이 방)이 있다면 화장실도 각 층에 두는 것이 편리합니다. 또한 각 방에서 위생실로 가는 생활 동선도 최대한 단축하는 것이 좋습니다.

가마쿠라의 집

소재지	가나가와 현 가마쿠라 시
가족 구성	부부(40대) + 자녀 3명
부지 형상	변형(북쪽 도로)
부지 면적	130.8m²(39.6평)
연면적	97.1m²(29.4평) + 다락 19.4m²(5.9평)
구조, 층수	목조 2층 + 다락

지붕의 형상과 실내 공간의 관계

삼각 지붕의 형상에 맞춰 삼각형이 된 거실과 식당의 천장 밑에 시원하게 뚫린 공간이 있습니다. 또 침실의 천장 밑에 삼각 지붕의 빈 공간을 이용한 다락이 있습니다. 주방 위 천장에는 북쪽의 주방에 빛을 끌어들이는 작은 천창이 있습니다.

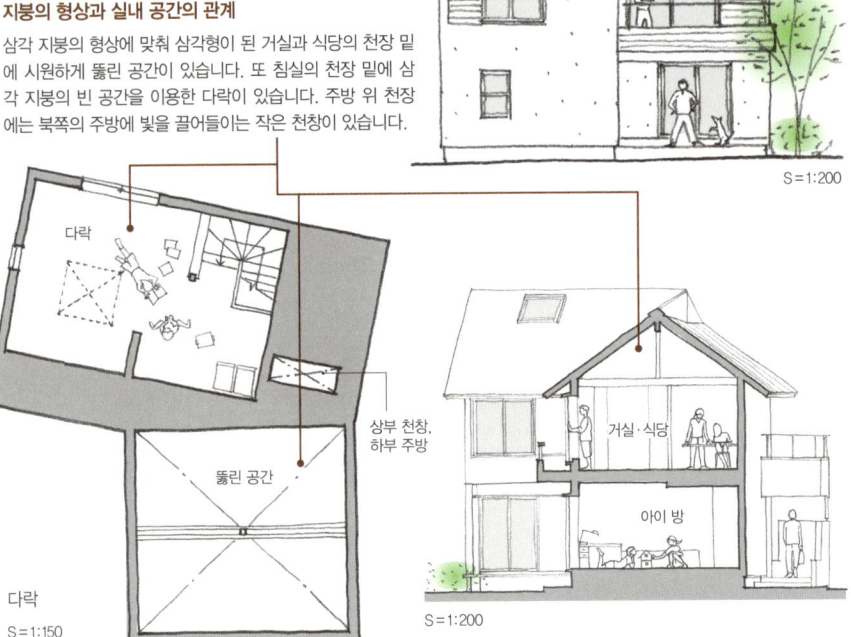

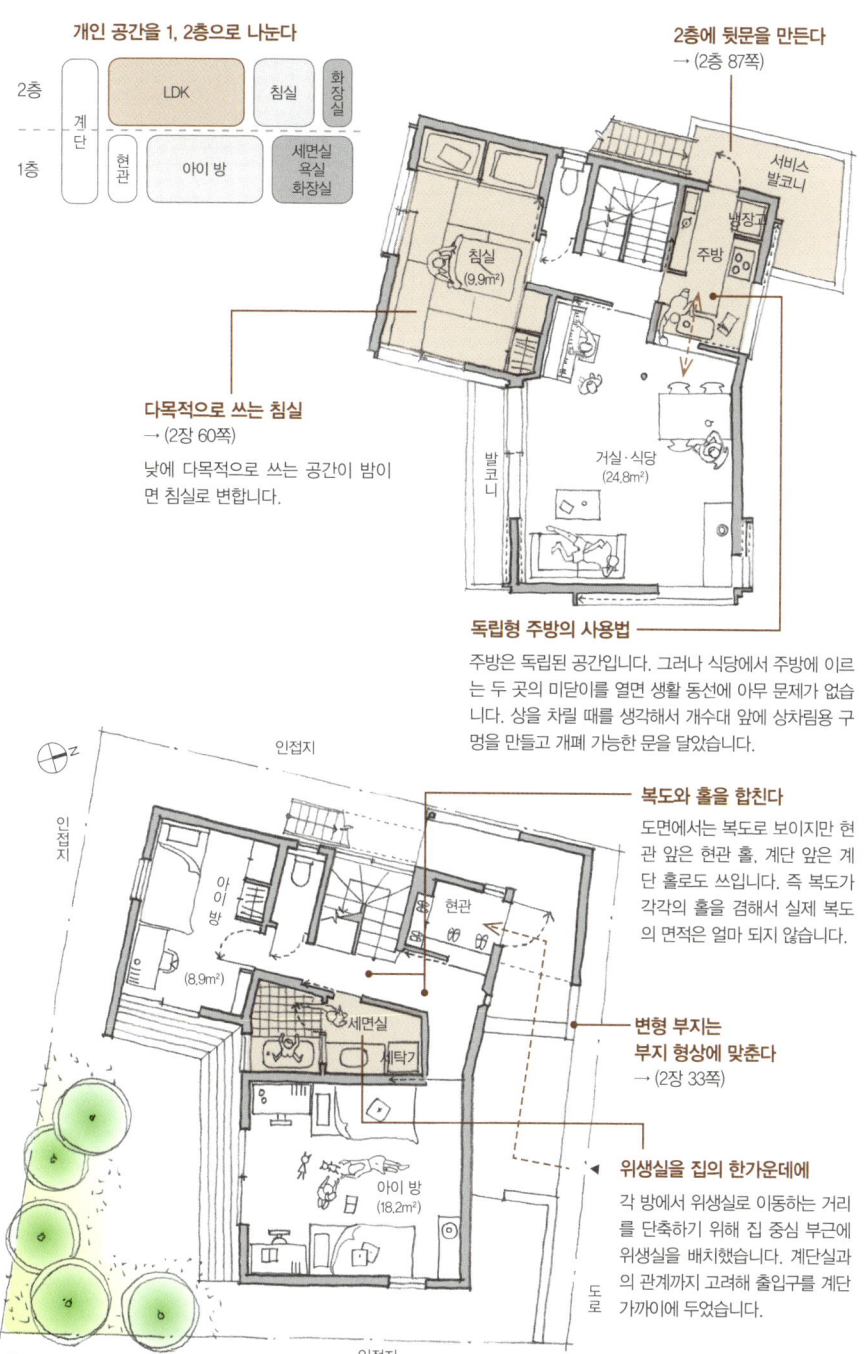

안뜰과 고창을 활용해 채광과 통풍을 꾀한다

4개의 방을 안뜰로 연결

동서로 길쭉한 부지로, 남쪽 경계선에는 이웃집이 딱 붙어 있었습니다. 따라서 1층에 침실과 위생실, 그리고 손님방을 겸한 6.6m²짜리 예비실을 배치했습니다.
2층에는 LDK와 부부가 따로 쓰는 두 곳의 서재가 있습니다. 서재는 개인 공간이지만 잠을 자는 곳은 아니므로 LDK와 같은 2층에 두고, 거실 쪽 서재의 미닫이를 열어 공간을 연결할 수 있게 했습니다. 2층의 서재 두 곳, 1층의 예비실, 주 침실은 상하층으로 안뜰을 끼고 있어 외부와 이어진 듯한 감각을 자아냅니다.

고창 아래는 책장
→ (2장 64쪽)
남쪽 이웃집이 가까이 있어서 눈높이에는 큰 창을 만들지 않고 벽 상부에 고창을 만들어 채광했습니다. 고창 밑의 벽에는 책장을 설치했습니다.

안뜰 위를 발코니로
안뜰 위에 있는 발코니의 바닥을 격자로 처리하여 안뜰에 자연광을 전달합니다. 두 곳의 서재가 외부 공간인 이 발코니를 통해 이어집니다.

각각 분위기가 다른 '장'을 만든다
→ (2장 50쪽)
원룸 LDK지만, 식당은 거실에서 살짝 빠져나와 움푹 들어간 모양을 형성하며 포근하고 아늑한 공간이 되었습니다. 주방 역시 개방형이지만 작업 공간이 넉넉합니다.

편리한 서비스 발코니
1층 현관 포치의 처마이기도 한 서비스 발코니로, 주방에서 출입할 수 있습니다. 비를 맞지 않는 수납공간도 설치했습니다.

개인 공간을 1, 2층으로 나눈다

2층: 계단 | LDK | 서재 | 화장실
1층: 계단 | 현관 | 침실+예비실 | 세면실/욕실/화장실

복도 앞을 밝힌다

현관에서 좁은 복도를 통해 들어가면 계단에 도착합니다. 계단실은 안뜰에 면해 있어 항상 밝습니다. 현관에서 바라보면 복도 안쪽이 환해 기분 좋게 앞으로 나아가게 됩니다.

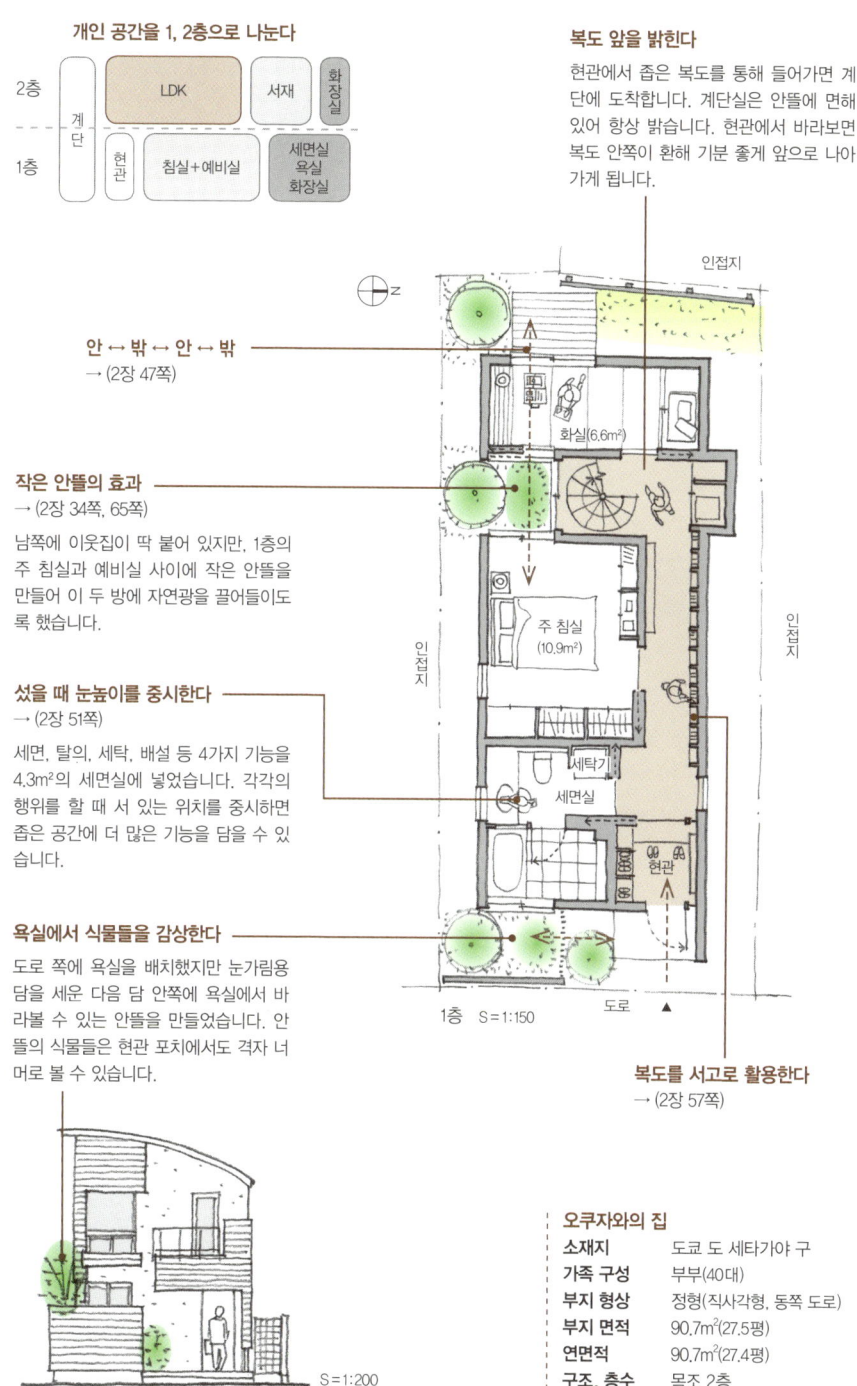

안↔밖↔안↔밖
→ (2장 47쪽)

작은 안뜰의 효과
→ (2장 34쪽, 65쪽)

남쪽에 이웃집이 딱 붙어 있지만, 1층의 주 침실과 예비실 사이에 작은 안뜰을 만들어 이 두 방에 자연광을 끌어들이도록 했습니다.

섰을 때 눈높이를 중시한다
→ (2장 51쪽)

세면, 탈의, 세탁, 배설 등 4가지 기능을 4.3m²의 세면실에 넣었습니다. 각각의 행위를 할 때 서 있는 위치를 중시하면 좁은 공간에 더 많은 기능을 담을 수 있습니다.

욕실에서 식물들을 감상한다

도로 쪽에 욕실을 배치했지만 눈가림용 담을 세운 다음 담 안쪽에 욕실에서 바라볼 수 있는 안뜰을 만들었습니다. 안뜰의 식물들은 현관 포치에서도 격자 너머로 볼 수 있습니다.

복도를 서고로 활용한다
→ (2장 57쪽)

1층 S=1:150

S=1:200

오쿠자와의 집

소재지	도쿄 도 세타가야 구
가족 구성	부부(40대)
부지 형상	정형(직사각형, 동쪽 도로)
부지 면적	90.7m²(27.5평)
연면적	90.7m²(27.4평)
구조, 층수	목조 2층

2개의 계단이 만드는 다양한 동선

가로세로 생활 동선의 낭비를 없앤다

건물을 L자 모양으로 지어 부지의 동남쪽 모서리에 주차 공간을 마련했습니다. L자형 평면은 현관 위치를 L의 안쪽 구석 혹은 바깥쪽 모서리에 두면 생활 동선을 더욱 효율화할 수 있습니다.

이 집은 1층에 침실, 예비실, 위생실이 있는데, L의 안쪽 구석에 현관을 배치하면 현관에서 방사상으로 1층의 각 공간과 계단에 출입할 수 있게 됩니다. 또 생활 동선을 원활히 하기 위해 현관 앞 메인 계단 외에 2층 침실에서 2층 주방으로 바로 가는 계단을 하나 더 만들면 세로 방향의 회전 동선이 생깁니다.

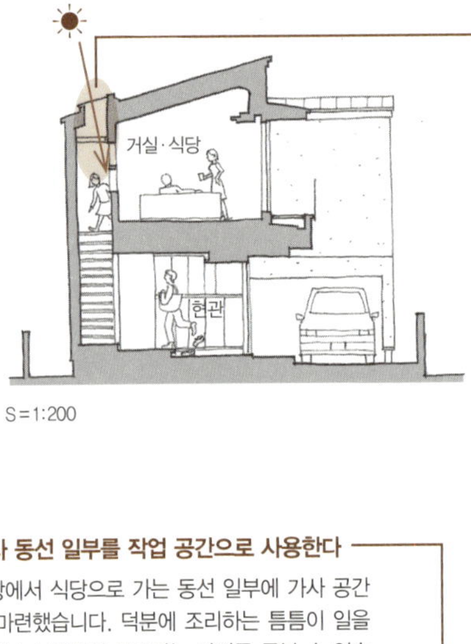

천창의 빛
→ (2장 63쪽)

계단 위 천창은 2층의 거실과 식당에 햇빛을 전하고, 계단의 뚫린 공간을 통해 1층 현관 홀까지 밝힙니다.

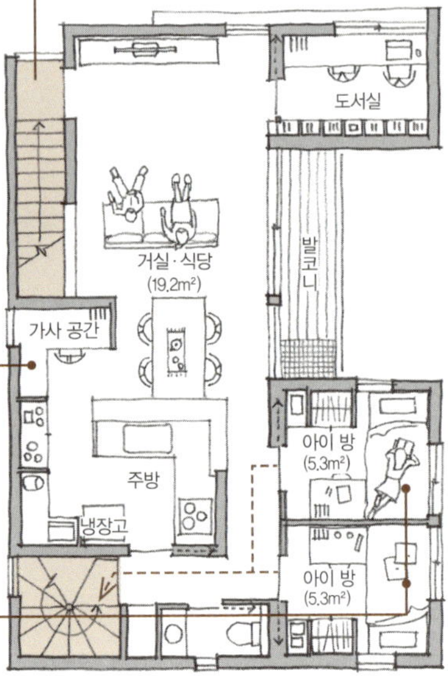

가사 동선 일부를 작업 공간으로 사용한다

주방에서 식당으로 가는 동선 일부에 가사 공간을 마련했습니다. 덕분에 조리하는 틈틈이 일을 하거나 식탁에서 공부하는 아이를 돌볼 수 있습니다.

최소한의 공간으로
→ (2장 54쪽)

아이 방의 면적은 기껏해야 각각 약 5.3m²입니다. 옷과 잡다한 물건을 수납할 공간을 확보하고, 책장을 작은 창 위에 설치한 다음 침대와 공부 책상을 두었더니 이 면적으로도 기능적인 문제가 전혀 없습니다. 게다가 입구의 미닫이 문을 열면 방 안이 복도를 통해 LDK와 부드럽게 이어집니다.

개인 공간을 1, 2층으로 나눈다

| 2층 | 계단 | LDK | 아이 방 | 화장실 |
| 1층 | | 현관 | 침실+예비실 | 세면실 욕실 화장실 |

계단실을 막는다
계단실과 현관 홀 사이에 투명 유리와 미닫이로 된 문을 설치해 1층과 2층 사이의 공기 흐름을 차단할 수 있게 했습니다.

면적이 작아도 안뜰의 효과는 확실하다
예비실의 지창으로 안뜰을 내다볼 수 있게 했습니다. 이곳의 식물들은 도로 쪽에서도 격자 너머로 볼 수 있습니다.

2개의 계단
→ (2장 42쪽)

세면실을 통로에 설치한다
양 방향에서 접근할 수 있는 세면실입니다. 귀가하자마자 세면실에서 손을 씻고 보조 동선을 통해 2층으로 올라갈 수 있습니다.

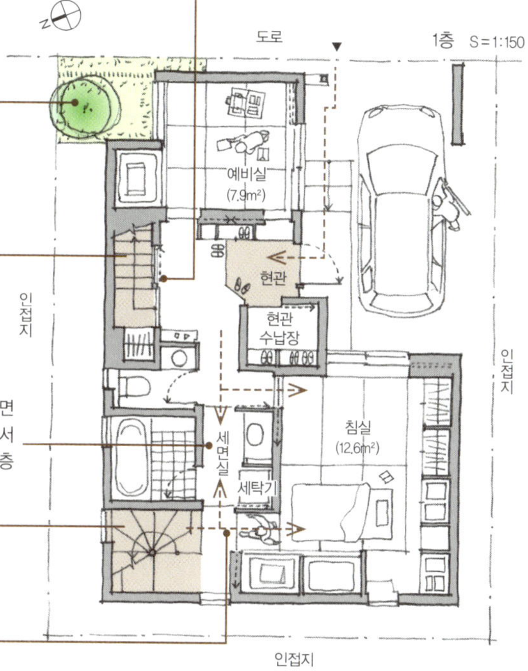

보조 동선으로 이어진다
→ (2장 86쪽)

침실에서는 현관 홀을 지나지 않고 위생실을 오갈 수 있습니다. 보조 계단을 이용하면 2층에 있는 아이 방에서도 LDK를 지나지 않고 위생실로 갈 수 있습니다.

1층 S=1:150

S=1:200

우메가오카의 집
- **소재지** 도쿄 도 세타가야 구
- **가족 구성** 부부(40대) + 자녀 2명
- **부지 형상** 정형(직사각형, 동쪽 도로)
- **부지 면적** 101.6m²(30.7평)
- **연면적** 113.8m²(34.4평)
- **구조, 층수** 목조 2층

지상 3층 건물은 위생실의 위치가 더욱 중요하다

부지가 아주 작거나, 다소 넓더라도 이웃 땅에 3층 건물이 들어서 있는(혹은 들어설 가능성이 있는) 경우에는 3층 건물을 검토하게 됩니다.

좁은 부지에 3층 건물을 지으면 각 층의 바닥면적도 좁아지므로, 개인 방이나 위생실 등 개인 공간이 여러 층에 흩어져 배치될 것입니다. 따라서 일상적으로 3층에 걸친 상하층 간의 왕래를 해야 합니다. 위생실과 방의 위치 관계도 매우 중요하니 위생실을 어떤 층에 둘지 신중하게 검토해야 합니다.

3층 건물을 검토하는 부지는 1층의 채광이 어려울 가능성이 많아 2층 이상에 LDK

2층에 LDK와 위생실을 (138쪽~)

2층에 채광이 충분하다면, 현관에서의 접근을 생각해 LDK를 2층에 배치할 수 있습니다. 이때 위생실도 2층에 배치하면 2층과 3층의 방, 2층의 LDK, 모든 공간에서 위생실이 가까워져 생활이 편해집니다. 1층에 내부 차고를 만들면 1층 바닥면적이 더 줄어들어 이 구조가 더욱 현실성을 띠게 됩니다.

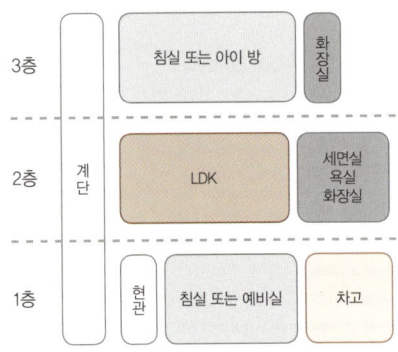

2층에 LDK를, 1층에 위생실을 (140쪽~)

2층 LDK를 되도록 넓게 만들고 싶다면 침실, 아이 방, 위생실을 1, 3층에 분산해야 합니다. 해가 잘 드는 3층에 침실이나 아이 방을 배치하면 위생실은 1층이 됩니다. 단 침실과 아이 방 전부를 3층에 두기는 높이 제한으로 어려울 가능성이 커서 1층에 위생실과 나란히 침실이나 아이 방 중 하나를 둡니다.

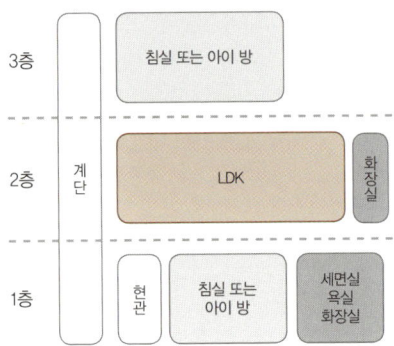

를 두게 됩니다. 이웃집이 3층 건물 이상인데 가까이 있다면 3층에 LDK를 둘 수도 있습니다. 다만 인접지와 도로에 관련한 사선제한으로 3층에 충분한 면적을 확보할 수 없다면 LDK가 2층이 됩니다.

주차 공간이 필요하면 과제는 더욱 늘어납니다. 부지 면적이 한정적이면 건물 주변에 주차 공간을 만들기 어려워 건물 안쪽에 차고를 만들 수밖에 없어서입니다. 그 면적 때문에 1층에서 쓸 수 있는 바닥면적은 더욱 줄어듭니다. 어떤 경우든 위생실(특히 세면실과 욕실)을 어느 층에 두느냐에 따라 생활 동선이 크게 달라집니다.

2층에 LDK를, 1층에 위생실과 차고를(148쪽~)

2층 LDK를 되도록 넓히려면 위생실을 1층에 배치하게 됩니다. 1층에는 그 외에도 현관과 3층에 다 들어가지 못한 방, 경우에 따라서는 차고가 전부 혹은 일부 들어갈지도 모릅니다. 그러나 그런 경우라도 82.6m² 정도의 부지 면적만 있으면 생활에 무리가 없는 집을 설계할 수 있습니다.

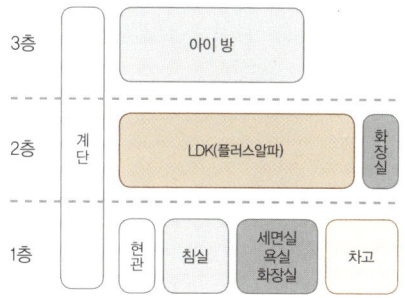

3층에 LDK를, 2층에 위생실을(154쪽~)

3층에 LDK를 둘 경우, 2층에는 위생실이나 방 등 개인 공간을 최대한 배치하여 2층과 3층에서 일상생활을 거의 끝내도록 해야 합니다. 그래야 1층에 아이 방과 차고를 만들 수 있습니다. 예비실이나 차고가 필요 없어서 침실이나 아이 방을 만든다 해도 2층에 위생실은 그대로 둬야 각 공간에서 접근하기 편해 생활 편의성이 높아집니다.

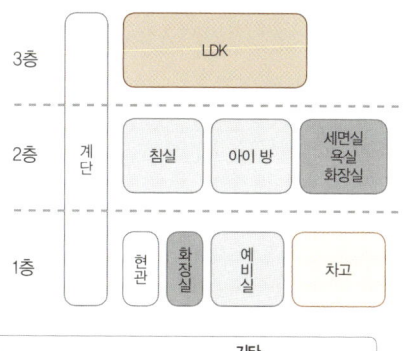

2, 3층에서 생활 행위를 끝낸다

가사를 한 층에서 끝내도록 한다

이 집은 차 2대분의 주차 공간이 필요했습니다. 게다가 남쪽 인접지의 50cm 정도 낮은 부지에 이웃집이 바싹 붙어 있었기 때문에 1층에는 차고와 사용 빈도가 상대적으로 낮은 취미실, 작은 예비실을 두었습니다.

일상생활의 장은 2, 3층에 모았습니다. 가사 작업을 한 층에서 할 수 있도록 2층에 LDK와 위생실을 배치했으며, 3층은 침실, 옷장, 예비실이 늘어선 부부의 개인 영역으로 구성했습니다. 부부가 사는 집이라 2층과 3층의 연계를 강화하기 위해 작은 뚫린 공간을 여러 개 만들어 상하층의 소통을 활성화했습니다.

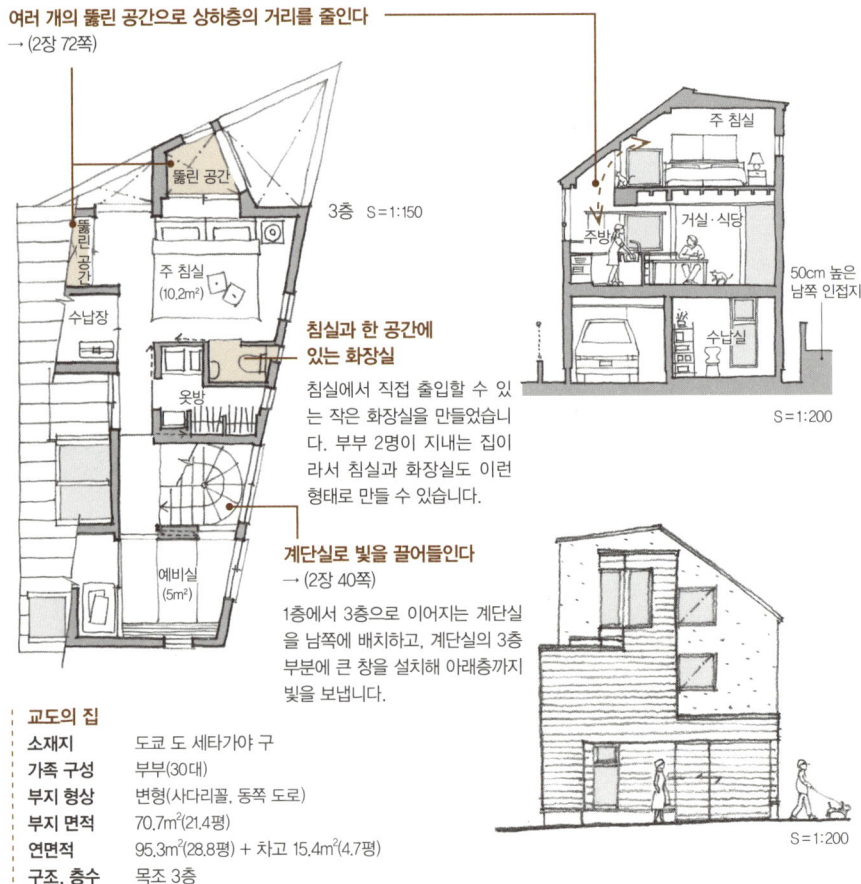

여러 개의 뚫린 공간으로 상하층의 거리를 줄인다
→ (2장 72쪽)

3층 S=1:150

침실과 한 공간에 있는 화장실
침실에서 직접 출입할 수 있는 작은 화장실을 만들었습니다. 부부 2명이 지내는 집이라서 침실과 화장실도 이런 형태로 만들 수 있습니다.

계단실로 빛을 끌어들인다
→ (2장 40쪽)

1층에서 3층으로 이어지는 계단실을 남쪽에 배치하고, 계단실의 3층 부분에 큰 창을 설치해 아래층까지 빛을 보냅니다.

S=1:200

S=1:200

교도의 집
- **소재지** 도쿄 도 세타가야 구
- **가족 구성** 부부(30대)
- **부지 형상** 변형(사다리꼴, 동쪽 도로)
- **부지 면적** 70.7m²(21.4평)
- **연면적** 95.3m²(28.8평) + 차고 15.4m²(4.7평)
- **구조, 층수** 목조 3층

2층에 LDK와 위생실을 둔다

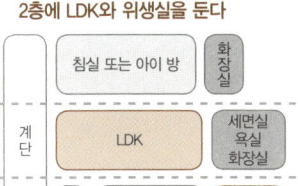

발코니를 만든다
→ (2장 66쪽)

외부 시선을 차단하기 위해 벽으로 둘러싼 작은 발코니입니다. 이곳을 실내로 만들기보다 거실과 식당을 조금 줄여서라도 외부 공간으로 만드는 것이 자연광과 바람을 방 안쪽까지 끌어들이는 방법입니다.

편의성 높은 알찬 주방
→ (2장 50쪽)

차 1대는 내부 차고에
→ (2장 79쪽)

자동차 2대분의 주차 공간을 만들며 1대분을 내부 차고로 구성하고 현관까지의 가는 진입로도 거기에 포함했습니다. 1층의 1/3의 공간을 차고가 차지하니 생활에 필요한 면적을 확보하기 위해 건물을 3층까지 올리게 되었습니다.

주방 작업과 세탁 관련 동선
→ 2장 85쪽 참조

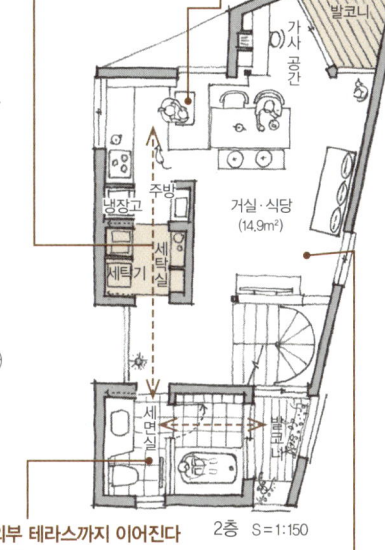

2층 S=1:150

시야가 외부 테라스까지 이어진다
→ (2장 51쪽)

3.3m²의 세면 탈의실에는 화장실도 함께 있습니다. 욕실 문과 칸막이를 투명한 강화 유리로 만들어 시야가 욕실 앞의 이너 발코니까지 이어지도록 했습니다.

생활에 딱 맞춘 면적
→ (2장 52쪽)

거실·식당은 변형된 평면의 14.9m²짜리 공간입니다. 식탁을 중심으로 가사 공간, 주방 등을 배치하여 부부가 평소에 지내기에 알맞은 면적이라 할 수 있습니다.

1층 S=1:150

현관을 깨끗하게 유지한다
→ (2장 61쪽)

1.7m²도 되지 않는 현관 수납실. 신발, 코트와 야외에서 쓰는 물건을 수납하여 현관 주변을 깨끗하게 유지합니다.

효율적인 배치
→ (2장 33쪽)

면적이 70.7m²인 변형된 토지 안에서 자동차 2대의 주차 공간을 포함한 건물주의 요청을 모두 이루기 위해 부지를 최대한 이용해야 했습니다. 그래서 민법 규정에 따라 부지 경계로부터 50cm만 남기고 부지 형상에 딱 맞는 평면을 그렸습니다.

부부의 집이라면 침실도 개방형으로

생활에 맞추어 공간을 분산한다

부부 둘만 살 집이므로 집 전체를 두 사람의 개인 영역으로 구성했습니다. 3층 침실도 완전히 독립된 방으로 만들지 않고 뚫린 공간을 통해 2층 LDK와 이어지게 했습니다. 위생실과 가사실, 옷방이 있는 1층은 주 침실이 있는 3층과 멀리 있지만 귀가 직후나 외출 전에 옷을 갈아입고 세안을 하고 손을 씻는 등의 모든 일을 1층에서 할 수 있습니다.

이처럼 한 층의 바닥면적이 29.8m²도 되지 않는 작은 집에서는 생활 행위를 분산하는 것도 괜찮은 방법입니다.

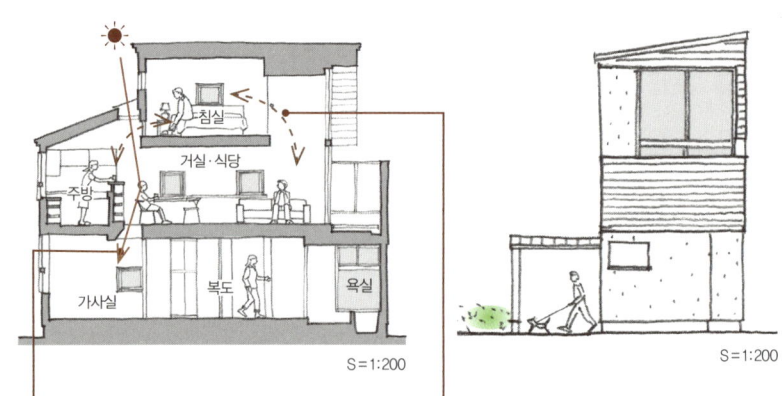

북쪽으로 낸 천창
2층 주방과 그 옆의 식당은 천창에서 들어온 햇빛으로 항상 밝습니다. 북쪽으로 낸 천창은 종일 햇빛을 보내줍니다.

세로로 이어진 회전 공간
→ (2장 48쪽, 72쪽, 73쪽, 75쪽)

부부 2명이 사는 집이라 침실과 2층 LDK를 뚫린 공간을 통해 연결했습니다. 주방에도 뚫린 공간이 있어 침실과 LDK가 세로 방향의 회전성을 갖게 되었습니다. 거실의 뚫린 공간에는 남쪽으로 큰 창문을 내서 작은 집인데도 탁 트인 느낌이 들게 했습니다.

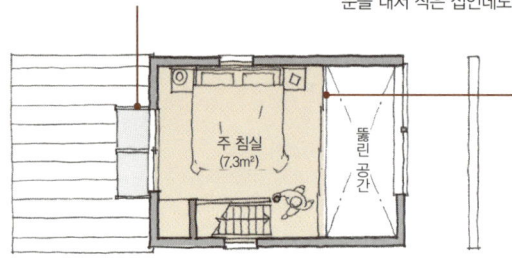

4장의 미닫이로 공간을 구분한다
3층 침실과 뚫린 공간 사이에는 미닫이 칸막이가 있습니다. 미닫이를 한쪽으로 전부 밀면 침실과 아래층 거실이 뚫린 공간을 통해 하나로 이어집니다.

2층에 LDK를, 1층에 위생실을 둔다

빛과 바람만 통과시키는 발코니
→ (2장 66쪽)

가릴 수 있는 개방형 주방
→ (2장 50쪽)

주방은 수납공간까지 총 6.6㎡입니다. 개방형 주방이지만 개수대 앞 카운터를 약간 높이고 미닫이를 달아 냉장고를 포함한 주방의 잡다한 모습이 거실·식당에서 보이지 않게 했습니다.

작은 구멍의 효과
→ (2장 71쪽)

바닥에 작은 구멍을 뚫고 강화 투명 유리를 끼웠습니다. 천창에서 내려온 자연광이 이곳을 통과해 1층 작업실까지 도달하므로 북쪽의 작은 방에서도 고립감을 느끼지 않습니다.

생활공간의 채광을 우선시한다

1층에는 작업 공간(의복 디자인), 옷방, 위생실을 배치했습니다. 욕실 앞에는 답답함을 해소하기 위한 작은 안뜰이 있습니다.

두 곳의 개인 영역

작업 공간과 옷방이 1층에 있습니다. 옷장은 3층의 주 침실과 멀지만 3층은 잠만 자는 곳일 뿐, 위생실이 있는 1층을 또 하나의 개인 영역으로 구성했습니다.

복도와 틈새 창으로 연결한다

화장실, 세면실, 옷방 문 옆에 유백색 유리를 끼운 틈새 창을 만들었습니다. 이 창을 통해 복도 쪽과 빛을 주고받으며 각 공간이 복도와 부드럽게 이어집니다. 이처럼 복도를 건물 중앙에 두면 생활 동선의 효율이 높아집니다.

방문객을 일단 멈추게 한다

폭 2m, 길이 10m의 진입로가 딸린 깃대 모양의 부지입니다. 방문객을 부지 안쪽까지 단숨에 끌어들이기보다 벽을 만들어 도중에 일단 멈추게 했습니다. 방문객은 잠시 멈춰서 벽에 달린 문패, 우체통, 인터폰을 보게 됩니다. 더 들어오면 지붕이 있는 현관 포치에 도달하여 건물 입구에서도 차분한 깊이감을 느낄 수 있습니다.

시모타카이도의 집

소재지	도쿄 도 스기나미 구
가족 구성	부부(30대)
부지 형상	깃대 모양 부지(남서 코너에 깃대 부분)
부지 면적	65.2㎡(19.7평)
연면적	69.2㎡(20.9평)
구조, 층수	목조 3층

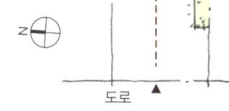

개인 방은 LDK 가까이에

개인 공간을 1층과 3층으로 나눈다

이 집은 건폐율을 꽉 채워 짓는다 해도 한 층에 $34m^2$만 할애할 수 있는 조건이었습니다. 그런 와중에도 LDK를 되도록 넓게 만들기 위해 2층에 LDK만 배치하기로 했습니다. 위생실은 저절로 1층에 배치하게 되었습니다.

주택 설계를 계획할 당시에는 가족이 부부 두 사람뿐이었지만 미래의 가족 수 변화에 대응하기 위해 침실과 예비실, 2개의 방을 미리 만들었습니다. 용적률 150%를 꽉 채워 3층을 만들고, 2층 LDK의 위아래인 1층과 3층에 방을 배치해서 두 개의 방과 LDK가 너무 멀어지지 않게 했습니다.

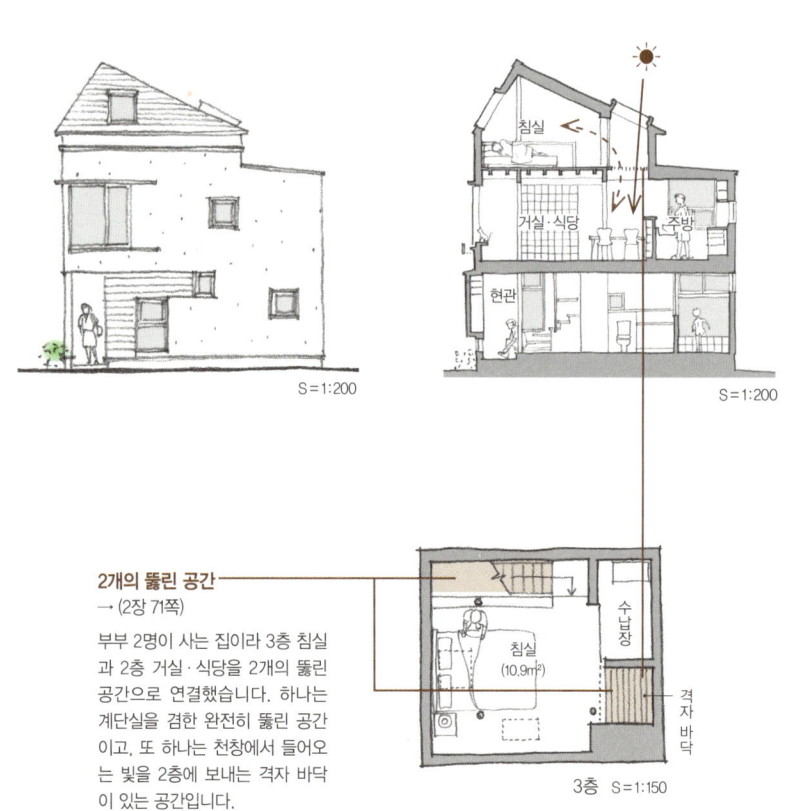

2개의 뚫린 공간
→ (2장 71쪽)

부부 2명이 사는 집이라 3층 침실과 2층 거실·식당을 2개의 뚫린 공간으로 연결했습니다. 하나는 계단실을 겸한 완전히 뚫린 공간이고, 또 하나는 천창에서 들어오는 빛을 2층에 보내는 격자 바닥이 있는 공간입니다.

2층에 LDK를, 1층에 위생실을 둔다

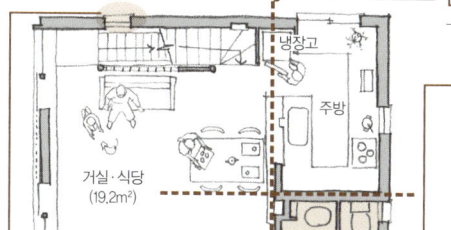

유텐지의 집

소재지	도쿄 도 메구로 시
가족 구성	부부(30대)
부지 형상	정형(직사각형, 남동쪽 일부와 서북쪽 일부에 도로)
부지 면적	57㎡(17.2평)
연면적	86.6㎡(26.2평)
구조, 층수	목조 3층

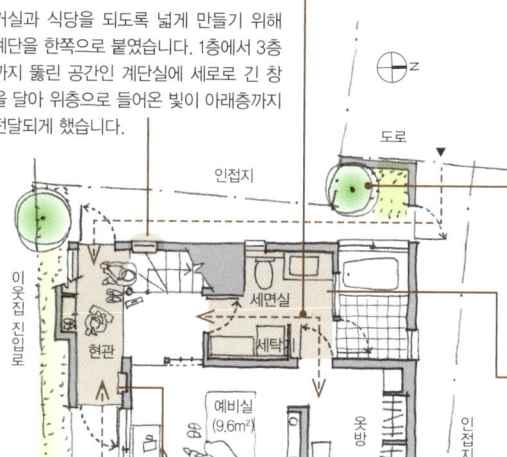

田 모양의 평면은 기본 중 기본
→ (2장 29쪽)

숨길 수 있는 위치에 둔다
3층에 침실이 있어 2층에도 화장실을 만들었습니다. 화장실을 출입하는 모습이 거실에서 보이지 않도록 화장실 앞에 손 씻는 곳을 만들고 그 안쪽에 화장실을 두었습니다.

한쪽으로 붙인 계단에는 세로로 긴 창을
→ (2장 31쪽)

거실과 식당을 되도록 넓게 만들기 위해 계단을 한쪽으로 붙였습니다. 1층에서 3층 까지 뚫린 공간인 계단실에 세로로 긴 창을 달아 위쪽으로 들어온 빛이 아래층까지 전달되게 했습니다.

위생실을 개인 공간과 직결한다
세면실에는 2개의 출입구가 있습니다. 하나는 2층 LDK에 가까운 현관 홀과 이어지고 또 하나는 옷방과 이어집니다. 화장실을 쓸 때는 문 두 개를 다 잠가야 하지만 지금은 부부만 생활하니 큰 문제가 없습니다. 그보다 1층에 회전 동선을 만드는 것을 우선시했습니다.

부지의 여백을 살린다
부지의 좁은 여백을 살려 욕실에서 바라볼 수 있는 안뜰을 만들었습니다. 여기에도 외부 시선을 차단하는 담을 설치했습니다.

서 있는 곳이 통로가 된다
→ (2장 51쪽)

세면실은 세면, 세탁, 배설, 탈의의 4가지 기능을 담당하는 곳이자 회전 동선의 통로이기도 합니다. 각각의 행위를 하는 장소가 통로를 겸하도록 해 쓸데없는 공간을 줄였습니다.

현관과 보조 현관을 하나로
부지가 대각선으로 마주보는 두 지점에서 도로와 접하므로, 양쪽에서 효율적인 동선으로 현관에 진입하도록 현관에도 2개의 출입구를 만들었습니다.

99.2m² 안에 개인 방 5개와 부가 공간까지

뚫린 공간과 창호를 활용하여 널찍함을 만들어낸다

LDK 외에 아이 방 2개와 부부 별실, 예비실까지 방이 5개 필요했습니다. 게다가 작은 수납실과 다목적 공간까지, 용적률을 거의 꽉 채운 102.5m²가량의 공간에 모두 담아냈습니다.

그래서 3층 아이 방과 다목적 공간은 미닫이를 열면 널찍한 하나의 공간이 되도록 만들었습니다. 또 뚫린 공간을 통해 3층이 2층 LDK와 하나의 공간으로 이어지게 하여 답답함을 덜어냈습니다. 2층 LDK와 복도도 미닫이를 열면 하나의 공간이 되어 널찍하게 느껴집니다.

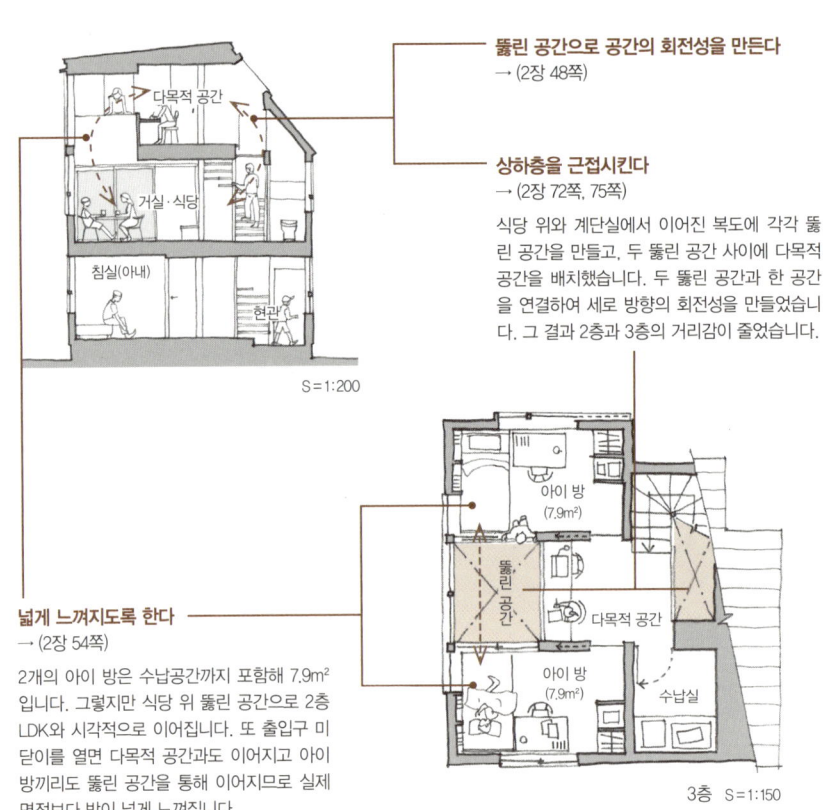

뚫린 공간으로 공간의 회전성을 만든다
→ (2장 48쪽)

상하층을 근접시킨다
→ (2장 72쪽, 75쪽)

식당 위와 계단실에서 이어진 복도에 각각 뚫린 공간을 만들고, 두 뚫린 공간 사이에 다목적 공간을 배치했습니다. 두 뚫린 공간과 한 공간을 연결하여 세로 방향의 회전성을 만들었습니다. 그 결과 2층과 3층의 거리감이 줄었습니다.

넓게 느껴지도록 한다
→ (2장 54쪽)

2개의 아이 방은 수납공간까지 포함해 7.9m²입니다. 그렇지만 식당 위 뚫린 공간으로 2층 LDK와 시각적으로 이어집니다. 또 출입구 미닫이를 열면 다목적 공간과도 이어지고 아이 방끼리도 뚫린 공간을 통해 이어지므로 실제 면적보다 방이 넓게 느껴집니다.

2층에 LDK를, 1층에 위생실을 둔다

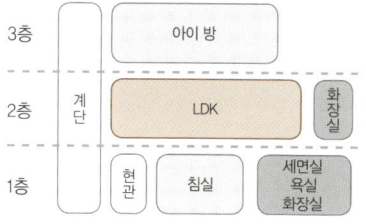

복도도 거실의 일부로 삼는다
→ (2장 45쪽)

복도와 거실·식당 사이 미닫이 2장을 활짝 열면 복도가 거실의 일부가 되어 공간이 널찍해집니다.

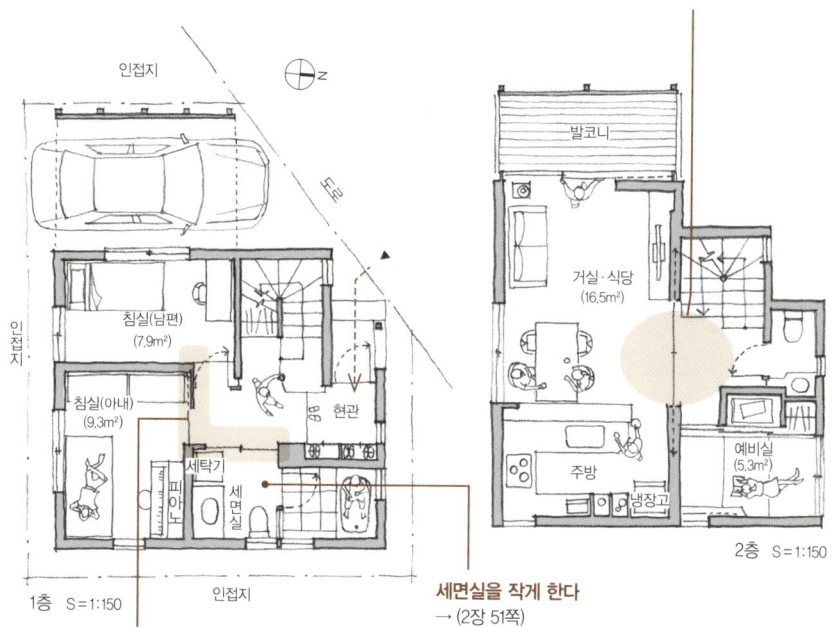

세면실을 작게 한다
→ (2장 51쪽)

피아노 반입 동선을 고려한다

사람의 출입만 생각하면 세면실에 미닫이를 한 장만 달아도 괜찮겠지만 피아노 반입 동선을 확보하기 위해 두 장을 달았습니다. 현관으로는 피아노를 넣기 어려워 일단 주차 공간에서 남편 침실로 옮긴 다음, 미닫이를 다 떼어낸 세면실에서 방향을 바꾼 후 아내의 침실로 들여왔습니다.

다카사고의 집

소재지	도쿄 도 가쓰시카 구
가족 구성	부부(40대) + 자녀 2명
부지 형상	변형(북쪽 및 서쪽 도로)
부지 면적	65.1m² (19.7평)
연면적	101.7m² (30.8평)
구조, 층수	목조 3층

S = 1:200

다목적 공간과 뚫린 공간으로 널찍한 느낌을

2개의 뚫린 공간으로 세로 방향의 회전성을 만든다

66.1m²쯤 되는 부지에 지은 4인 가족용 주택입니다. 1층에 현관을 겸한 다목적 공간을 만들어 신발을 신고 이용할 수 있게 해달라는 것이 건축주의 첫 번째 요청 사항이었습니다. 이것을 전제로 각 층에 공간을 배분해나갔습니다. 그 결과 2층에는 LDK만 두고 아이 방, 침실, 위생실은 1층과 3층에 나누게 되었습니다.

3층에 있는 2개의 아이 방은 2층과 이어진 뚫린 공간에 각각 면하게 해서 고립감을 덜어냈습니다. 한쪽 아이 방에서는 거실을, 또 한쪽 아이 방에서는 주방을 내려다볼 수 있습니다. 이 두 곳의 뚫린 공간 덕분에 2층과 3층 사이에 세로 방향의 회전성이 생겼습니다.

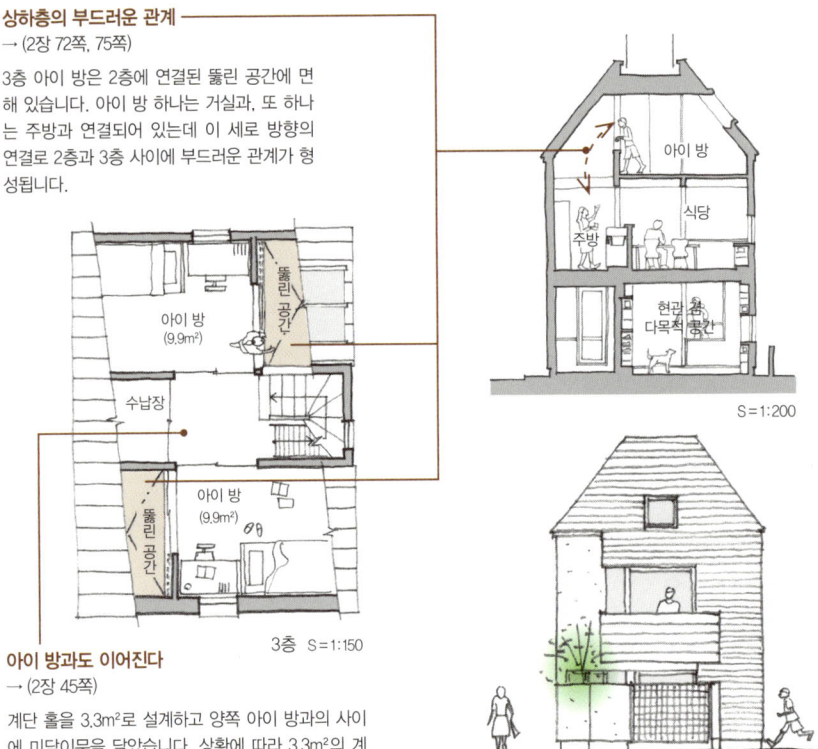

상하층의 부드러운 관계
→ (2장 72쪽, 75쪽)

3층 아이 방은 2층에 연결된 뚫린 공간에 면해 있습니다. 아이 방 하나는 거실과, 또 하나는 주방과 연결되어 있는데 이 세로 방향의 연결로 2층과 3층 사이에 부드러운 관계가 형성됩니다.

아이 방과도 이어진다
→ (2장 45쪽)

계단 홀을 3.3m²로 설계하고 양쪽 아이 방과의 사이에 미닫이문을 달았습니다. 상황에 따라 3.3m²의 계단 홀이 아이 방과 이어진 하나의 공간이 됩니다.

2층에 LDK를, 1층에 위생실을 둔다

동선 공간까지 거실의 일부로 한다
→ (2장 41쪽)

거실도 식당도 넓지는 않지만 계단, 복도와 하나의 공간으로 구성해 시각적으로 널찍합니다.

거실과 식당 사이에 계단을 둔다
→ (2장 31쪽)

세탁실 겸 식품 보관실

주방 옆 식품 보관실에 세탁기와 손빨래용 개수대를 두었습니다. 2층 발코니에 빨래를 널어서 이동 동선이 단축됩니다.

침실의 수납 계획
→ (2장 60쪽)

주방에서 출발하는 두 갈래 동선
→ (2장 81쪽)

식당을 거치지 않고 거실로 직접 갈 수 있는 보조 동선을 만들었습니다. 주방에서 상하층으로 오갈 때도 이곳이 최단 동선입니다.

입구를 효율적으로 활용한다

입구에 다목적 공간과 이어진 앞뜰을 만들고 그 일부에 나무를 심어 욕실에서 바라볼 수 있게 했습니다.

현관은 다목적 공간

현관 앞에 신발을 신고 다닐 수 있는 다목적 공간을 만들었습니다. 현관문을 폭넓은 미닫이로 하면 문을 활짝 열었을 때 입구의 공간과 일체가 되어 더 넓은 공간이 생깁니다.

하쓰다이의 집

소재지	도쿄 도 시부야 구
가족 구성	부부(40대) + 자녀 2명
부지 형상	정형(직사각형, 남쪽 및 서쪽 도로)
부지 면적	65.3m²(19.8평)
연면적	106.9m²(32.3평)
구조, 층수	목조 3층

뚫린 공간과 안뜰로 상하층을 연결한다

위생 공간을 침실과 가까이

1층은 차고에 면적을 빼앗기고, 3층은 북쪽 사선제한 때문에 방으로 쓸 수 있는 면적에 한계가 있었습니다. 그래서 가장 넓게 만들 LDK를 2층에 두고 나머지 주 침실, 아이 방 등을 2층 LDK 위아래에 있는 1층과 2층에 나누어 배치했습니다.

그렇다면 위생실을 어디에 두느냐가 문제가 됩니다. 이 집에서는 위생실이 개인적 공간임을 고려하여 침실과 같은 층에 배치하기로 했습니다. 1층에 주 침실과 위생실을, 3층에 2개의 아이 방을 배치했습니다. 그 결과 2층 LDK에 충분한 면적을 할애할 수 있었습니다.

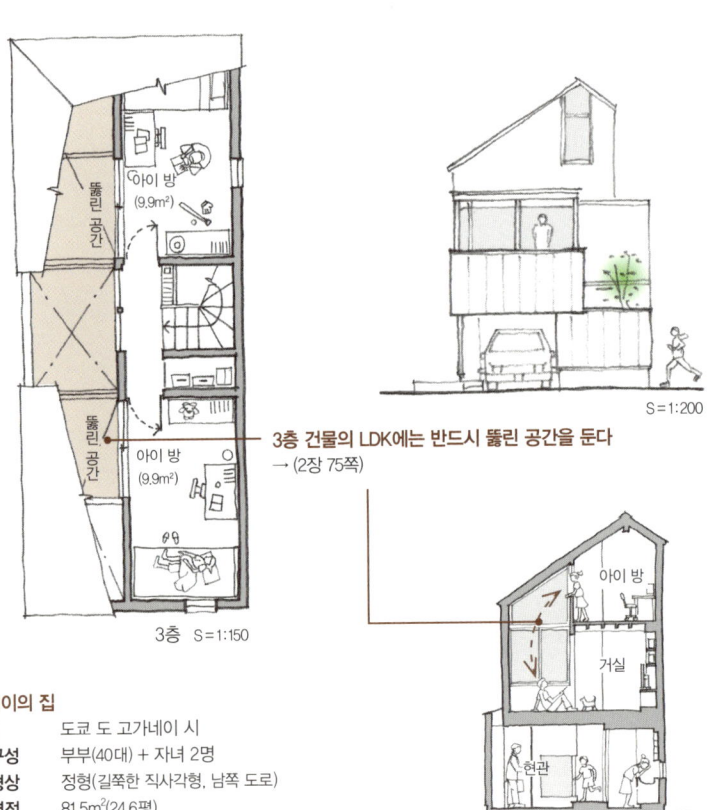

3층 건물의 LDK에는 반드시 뚫린 공간을 둔다
→ (2장 75쪽)

고가네이의 집

소재지	도쿄 도 고가네이 시
가족 구성	부부(40대) + 자녀 2명
부지 형상	정형(길쭉한 직사각형, 남쪽 도로)
부지 면적	81.5㎡(24.6평)
연면적	101.8㎡(30.8평) + 차고 12.8㎡(3.9평)
구조, 층수	목조 3층

2층에 LDK를, 1층에 위생실과 차고를 두다

3층		아이 방	
2층	계단	LDK	화장실
1층		현관 / 침실 / 세면실·욕실·화장실 / 차고	

하나의 공간이 세 가지 기능을 한다

식당과 주방은 가까이 있는 것이 기본이지만, 이 집은 주방에 서재 겸 가사 공간을 병설했습니다. 작지만 각각의 기능을 충실히 하는 공간입니다.

계단, 복도, 안뜰의 상승효과
→ (2장 41쪽)

건물 중앙에 계단실을 두면 생활 동선의 효율이 높아집니다. 2, 3층에서는 계단의 좌우에 방을 배치하여 계단 홀과 복도를 일체화하고 안뜰로 들어온 빛과 바람을 계단실로 끌어들였습니다.

부드러운 관계를 만든다
→ (2장 65쪽)

식당과 거실은 멀리 떨어져 있지만 안뜰 상부의 뚫린 공간을 통해 시각적으로 연결되어 부드러운 관계를 형성합니다.

밝은 동선 공간
→ (2장 34쪽)

건물 중앙의 안뜰로부터 현관, 복도, 침실의 세 공간에 자연광이 들어와 동선 공간도 어둡지 않습니다.

안뜰로 이어지는 현관

작은 현관이지만 문 밖에는 현관 포치가 있고, 현관 내부에서는 안뜰과 공간이 이어져 실제보다 넓게 느껴집니다. 안뜰의 식물들이 방문객을 환영합니다.

외부와 거실을 일체화한다

거실이 2층에 있어 거실 앞에 정원을 대신할 발코니를 만들었습니다. 거실의 모든 창호는 문짝을 벽에 수납하는 형태로, 거실과 발코니도 문짝을 수납해 하나의 넓은 공간으로 만들 수 있습니다.

내부 차고로 만든다
→ (2장 79쪽)

부지 면적이 한정적이라 주차 공간을 만들려면 건물 1층의 일부를 차고에 할애해야 합니다. 그래서 생활에 필요한 바닥면적을 확보하기 위해 3층 건물을 짓게 되었습니다.

안뜰로 널찍한 기분을 느끼게 한다

욕실이 도로 쪽에 있지만, 도로에서 보이지 않게 높은 담을 세우고 그 안에 안뜰을 꾸몄습니다. 욕실을 통해 세면실에서도 안뜰의 식물을 감상할 수 있습니다. 작은 위생실이지만 덕분에 답답하지 않습니다.

테라스, 안뜰, 뚫린 공간으로 채광한다

가족의 연령을 기준으로 영역을 설정한다

L자형 부지에, 남쪽으로 이웃집이 딱 붙어 있고 동쪽으로 사람이 많이 지나다니는 도로가 붙었습니다. 이런 상황에서 외부 시선을 차단하는 동시에 남쪽의 빛을 끌어들이기 위해 LDK를 2층에 두고 1, 3층에 침실과 위생실, 아이 방을 나누어 배치하기로 했습니다.

1층은 차고 때문에 방으로 쓸 수 있는 면적이 한정되므로 위생실과 주 침실만 둘 수 있었습니다. 이 집은 아이가 계단 오르내리기를 좋아하기도 해서 아이 방을 3층에 두기로 했습니다. 그렇다면 2층 화장실은 아이가 계단을 내려오자마자 들어갈 수 있는 곳에 두는 것이 중요합니다.

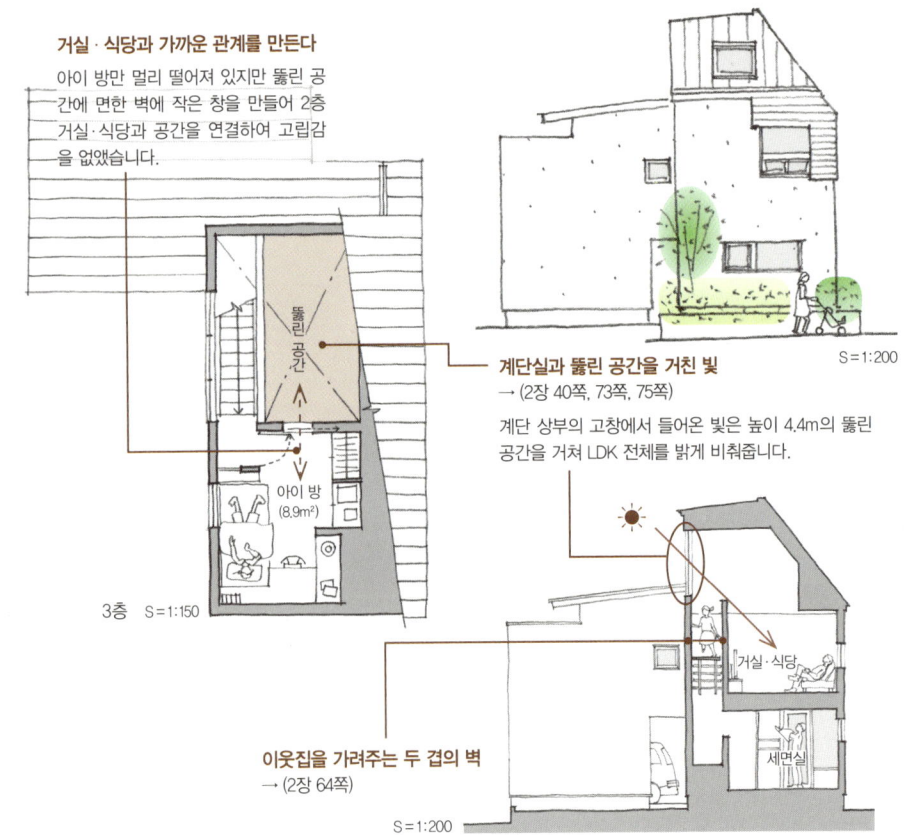

거실·식당과 가까운 관계를 만든다
아이 방만 멀리 떨어져 있지만 뚫린 공간에 면한 벽에 작은 창을 만들어 2층 거실·식당과 공간을 연결하여 고립감을 없앴습니다.

3층 S=1:150

계단실과 뚫린 공간을 거친 빛
→ (2장 40쪽, 73쪽, 75쪽)

계단 상부의 고창에서 들어온 빛은 높이 4.4m의 뚫린 공간을 거쳐 LDK 전체를 밝게 비춰줍니다.

S=1:200

이웃집을 가려주는 두 겹의 벽
→ (2장 64쪽)

S=1:200

2층에 LDK를, 1층에 위생실과 차고를 둔다

깊이를 만들어낸다
창보다 폭은 좁지만 깊이가 깊은 발코니. 이 깊이로 8.3m²의 작은 방에도 깊이감이 생겨납니다.

미야사카 2번지의 집
- **소재지**: 도쿄 도 세타가야 구
- **가족 구성**: 부부(60대) + 자녀 1명
- **부지 형상**: 부정형(L자형, 동쪽 및 북쪽 도로)
- **부지 면적**: 86.1m²(26.1평)
- **연면적**: 100.5m²(30.4평) + 차고 15.9m²(4.8평)
- **구조, 층수**: 목조 3층

마중 정원
도로에서 안쪽으로 물러나 있는 현관. 입구에 들어서면 정원의 식물들과 햇빛이 반갑게 마중합니다. 욕실에서도 정원을 볼 수 있습니다.

주방의 보조 동선은 식품 보관실
→ (2장 85쪽)

3층 건물로 짓는다
→ (2장 79쪽)

26m²짜리 부지에 주차 공간을 추가하면 대부분 3층 건물이 됩니다. 북쪽 사선제한 때문에 3층 전체를 방으로 쓰기가 어려우므로, 천장을 비스듬히 잘라도 괜찮은 아이 방을 3층에 배치할 때가 많습니다.

침실을 위생실 가까이에
2층이 LDK로 꽉 차면 개인 공간은 1층과 3층으로 나눠야 합니다. 그러나 대부분 3층에는 위생실을 배치하지 않습니다. 그러면 1층에 위생실과 방 하나를 두게 되는데, 위생실이 개인적 특성이 강한 공간이라 대개 1층에 침실을 둡니다.

계단실과 천창에서 들어오는 빛

주차 공간에 빼앗긴 면적을 보충하는 3층 생활공간

이 집은 부지 면적 83.2m²에 건폐율 60%를 꽉 채워 건물을 지어서 주차 공간의 일부가 건물 내부로 들어갔습니다. 1층 바닥면적이 줄어든 만큼, 3층에도 방을 만들기로 했습니다.

1층 남쪽은 현관과 주차 공간에 빼앗겨서 2층에 LDK를 두고, 1층에는 침실 및 위생실, 3층에는 아이 방을 배치했습니다. 3층은 북쪽 사선제한으로 건물의 남쪽 절반에만 방을 만들 수 있었지만, 북쪽에 큰 면적이 남아 2층 지붕의 일부를 지붕 발코니로 만들었습니다.

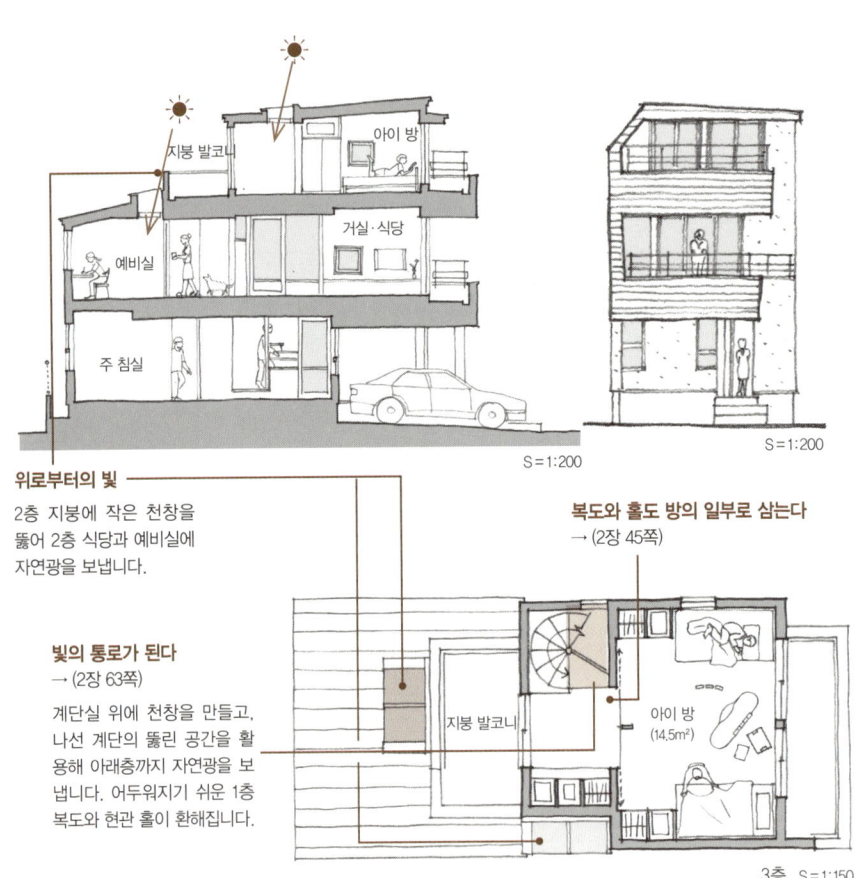

위로부터의 빛
2층 지붕에 작은 천창을 뚫어 2층 식당과 예비실에 자연광을 보냅니다.

빛의 통로가 된다
→ (2장 63쪽)
계단실 위에 천창을 만들고, 나선 계단의 뚫린 공간을 활용해 아래층까지 자연광을 보냅니다. 어두워지기 쉬운 1층 복도와 현관 홀이 환해집니다.

복도와 홀도 방의 일부로 삼는다
→ (2장 45쪽)

3층 S=1:150

2층에 LDK, 1층에 위생실과 차고를 둔다

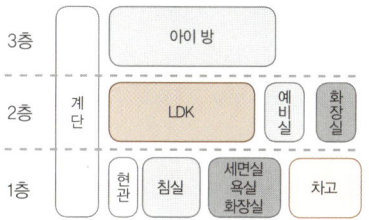

아카쓰미 2번지의 집

소재지	도쿄 도 세타가야 구
가족 구성	부부(40대) + 자녀 2명
부지 형상	정형(직사각형, 남쪽 도로)
부지 면적	83.2m²(25.2평)
연면적	118.2m²(35.8평) + 차고 6.8m²(2평)
구조, 층수	목조 3층

다용도실 기능
주방에 세탁기와 손빨래용 개수대를 두고 동선을 예비실로 연결했습니다. 실내 건조와 다리미질을 할 수 있는 예비실은 주방에 연결된 다용도실로도 씁니다.

온열 환경을 유지한다
계단실은 1층에서 3층까지 뚫린 공간으로, 2층에 투명 유리 미닫이를 달아 LDK의 실온이 일정하게 유지되게 했습니다.

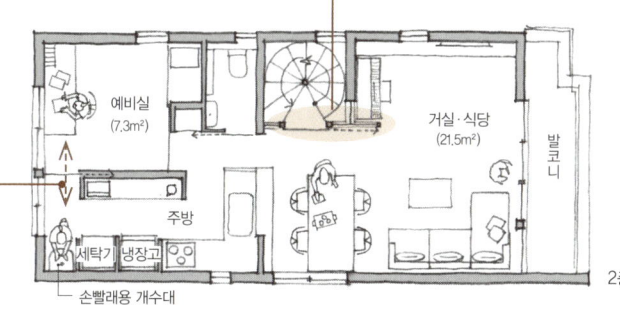

2층 S=1:150

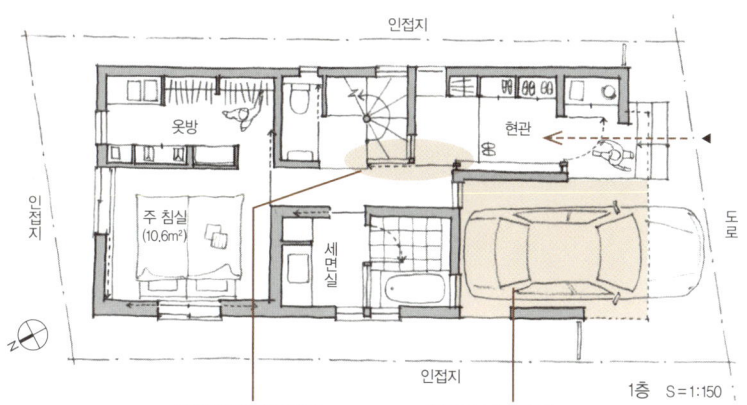

1층 S=1:150

연결하면서 차단한다
현관 홀과 복도는 투명 유리 미닫이로 구분하여 시각적으로는 이어지고 공기 흐름은 차단되도록 했습니다.

차고도 가지가지
→ (2장 79쪽)
부지 면적이 한정되어 내부 차고를 선택했습니다. 필요한 실내 면적을 조정한 결과 자동차 일부가 건물 밖으로 튀어나오는 형태가 되었습니다.

2, 3층에서 일상생활을 끝낸다

부지가 좁을수록 내부 차고가 필요하다

부지 면적 61.7m²에 건폐율 60%를 꽉 채워 건물을 지으면 건물 주변에 남는 땅이 거의 없습니다. 그래서 주차 공간은 내부 차고가 되고는 합니다. 게다가 3층 건물인 이웃집이 딱 붙어 있으면 채광 등을 생각해서 3층에 LDK를 둡니다. 그 결과 다른 방은 1, 2층에 배치하게 됩니다.

개인 방(침실, 아이 방)과 위생실은 3층 LDK와의 관계를 고려하여 2층에 두고, 1층은 작업실(방음실)로 쓰게 되었습니다.

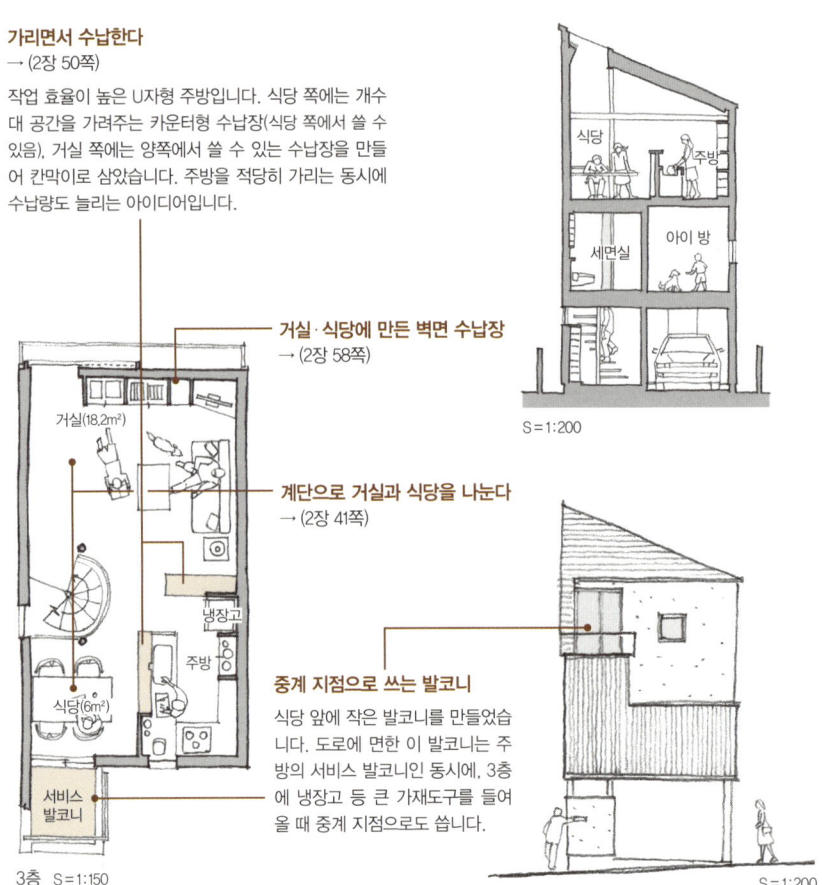

가리면서 수납한다
→ (2장 50쪽)

작업 효율이 높은 U자형 주방입니다. 식당 쪽에는 개수대 공간을 가려주는 카운터형 수납장(식당 쪽에서 쓸 수 있음), 거실 쪽에는 양쪽에서 쓸 수 있는 수납장을 만들어 칸막이로 삼았습니다. 주방을 적당히 가리는 동시에 수납량도 늘리는 아이디어입니다.

거실·식당에 만든 벽면 수납장
→ (2장 58쪽)

계단으로 거실과 식당을 나눈다
→ (2장 41쪽)

중계 지점으로 쓰는 발코니

식당 앞에 작은 발코니를 만들었습니다. 도로에 면한 이 발코니는 주방의 서비스 발코니인 동시에, 3층에 냉장고 등 큰 가재도구를 들여올 때 중계 지점으로도 씁니다.

3층에 LDK를, 2층에 위생실을 둔다

가미마치의 집

소재지	도쿄 도 세타가야 구
가족 구성	부부(40대) + 자녀 1명
부지 면적	61.7m²(18.7평)
부지 형상	정형(직사각형, 북쪽 도로)
연면적	97.8m²(29.6평) + 차고 15.5m²(4.7평)
구조, 층수	목조 3층

편의성과 수납 위치
이곳에는 일할 때 쓰는 무거운 기재를 수납합니다. 기재를 자동차에 실을 때를 생각해 차고에서 직접 출입할 수 있는 곳을 선택했습니다.

세면실은 작게 만든다
→ (2장 51쪽)

벽을 비스듬히 세운다
주차할 때를 생각하면 차고의 앞쪽 폭을 넓히고, 안쪽은 차 폭에서 약간의 여유 크기만 확보하면 됩니다. 그 결과 차고와 현관을 구분하는 벽이 비스듬해졌습니다. 차고와 현관 쪽 모두 편리해졌습니다.

생활에 필요한 방은 2, 3층에
→ (2장 79쪽)

주차 공간을 건물 내부에 넣어 1층에는 쓸 수 있는 면적이 한정되었습니다. 이웃집이 세 방향으로 붙어 있어 낮의 채광을 고려해서 LDK를 3층에 배치하고 생활에 필요한 방은 모두 2층에 두었습니다.

벽으로 둘러싸인 발코니
2층 발코니 바닥을 격자로 처리하여 빛이 아래층 차고에 전달되게 했습니다. 맞은편의 시선을 차단하기 위해 높은 벽을 세운 이 발코니는 널찍함을 느끼게 하는 욕실 앞 외부 공간이기도 합니다.

LDK가 3층에 있어도 쾌적한 구조

가사를 1층에서 해결한다

해가 잘 드는 2층 발코니에 빨래를 너는 것도 괜찮다고 생각했지만, 미래에 취침 이외의 모든 생활을 한 층에서 끝내기 위해 세탁을 포함한 모든 가사를 1층에서 해결하게 했습니다.

그래서 개인 영역과 위생실이 상하층으로 나뉘었지만, 2층에서 계단을 내려오자마자 세면실로 출입할 수 있는 생활 동선을 구성했습니다. 또 세면실에서 직접 주방으로 출입하는 보조 동선(회전 동선), 세면실과 주방 사이의 뒷문 등 옥외 공간과의 관계까지 고려한 가사 동선을 면밀히 설계했습니다.

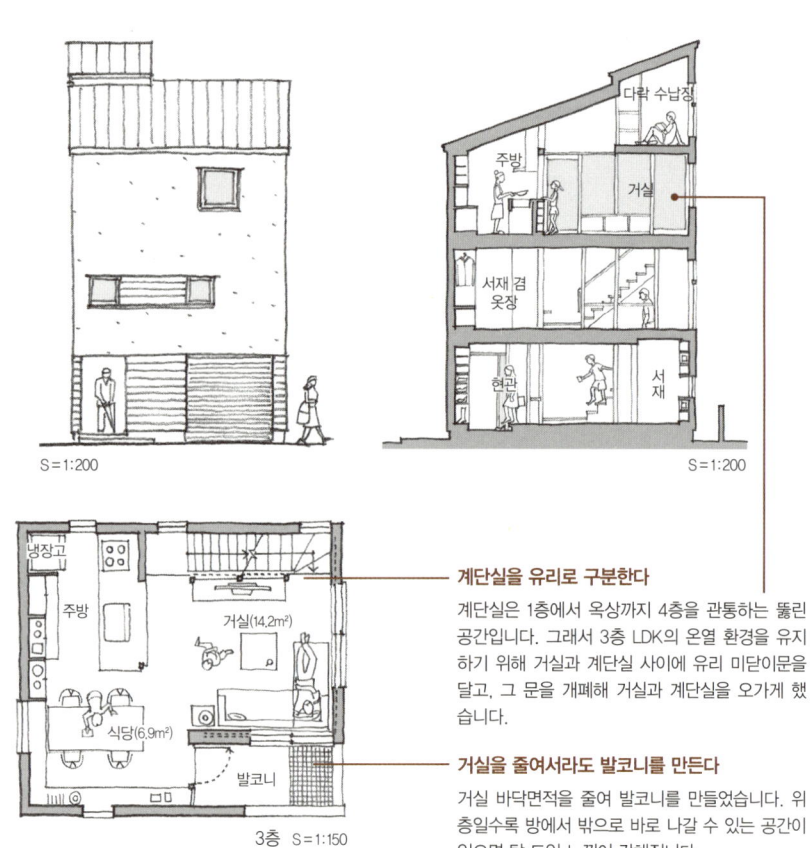

계단실을 유리로 구분한다

계단실은 1층에서 옥상까지 4층을 관통하는 뚫린 공간입니다. 그래서 3층 LDK의 온열 환경을 유지하기 위해 거실과 계단실 사이에 유리 미닫이문을 달고, 그 문을 개폐해 거실과 계단실을 오가게 했습니다.

거실을 줄여서라도 발코니를 만든다

거실 바닥면적을 줄여 발코니를 만들었습니다. 위층일수록 방에서 밖으로 바로 나갈 수 있는 공간이 있으면 탁 트인 느낌이 강해집니다.

3층에 LDK를, 2층에 위생실을 둔다

3층		LDK	
2층	계단	침실	세면실 욕실 화장실
1층		현관	화장실	예비실	차고

동선 공간도 밝게
1층에서 2층으로 올라가는 계단의 정면에 큰 창이 있고 여기를 비추는 남쪽의 햇빛이 계단실과 복도를 밝혀줍니다.

서재 겸 옷장
침실 옆의 의류 수납용 옷방은 서재를 겸하므로 복도에서도 출입할 수 있게 만들었습니다.

침실의 수납
→ (2장 60쪽)
부부 침실은 최소 면적인 7.4m²로 공간이 좁지만, 복도 쪽 입구에 0.8m²의 디딤판을 두어 답답함을 줄였습니다. 침실에는 침구를 수납할 곳을 마련해야 합니다.

2층 S=1:150

위생실과 이어진다
→ (2장 66쪽)
위생실에서 출입할 수 있는 발코니입니다. 욕실 창이 있는데다 빨래도 널어야 하니 벽을 세워 외부 시선을 차단했습니다.

입구 주변의 여유 공간
각 층은 약 29.8m²로 좁지만 모든 공간이 답답하지 않도록 현관 주변에 특별히 여유를 주었습니다. 도로에서 현관까지 간 다음, 벽으로 둘러싸인 현관 포치에서 현관 문을 열고 현관 안으로 들어가게 됩니다. 차고에서 직접 현관으로 들어갈 수도 있습니다.

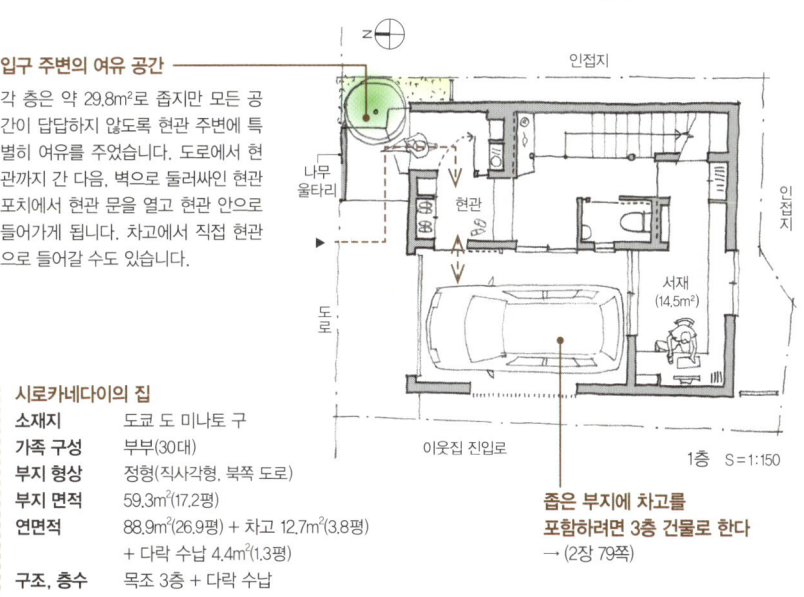

1층 S=1:150

좁은 부지에 차고를 포함하려면 3층 건물로 한다
→ (2장 79쪽)

시로카네다이의 집
- **소재지**: 도쿄 도 미나토 구
- **가족 구성**: 부부(30대)
- **부지 형상**: 정형(직사각형, 북쪽 도로)
- **부지 면적**: 59.3m²(17.2평)
- **연면적**: 88.9m²(26.9평) + 차고 12.7m²(3.8평)
+ 다락 수납 4.4m²(1.3평)
- **구조, 층수**: 목조 3층 + 다락 수납

지하 + 지상 2층 건물에서는 지하의 용도에 주의한다

높이 제한이나 사선제한 때문에 3층 건물을 지을 수 없는 부지도 있습니다. 그래도 2층으로는 필요한 바닥면적을 확보하지 못한다면 지하실을 만들 수 있습니다. 즉 지하 1층, 지상 2층, 총 3층이 됩니다. 이때는 어떤 층에 어떤 방을 배치하느냐가 문제가 됩니다. 보통은 LDK를 다른 층에 떼어놓을 수 없으니 개인 공간(침실, 아이 방)과 위생실을 각각 다른 층에 나눕니다.

LDK를 1층에 두느냐 2층에 두느냐를 먼저 선택하고, 다음으로 개인 공간을 지하

1층 LDK, 2층 위생실(160쪽~)

1층에 현관과 LDK를 배치하면 개인 공간은 2층과 지하로 나뉩니다. 위생실은 배수 문제가 있어서 지하가 아닌 2층에 배치하니, 지하에 방을 만들면 그 방에서 2층 위생실까지 위아래층 간 거리가 멀어집니다. 그래서 애초에 2층에 위생실과 침실, 아이 방을 모아놓고, 지하에는 서재와 수납실, 예비실 등 자주 쓰지 않는 공간을 배치하는 것이 좋습니다.

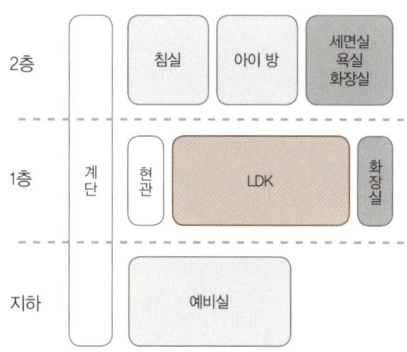

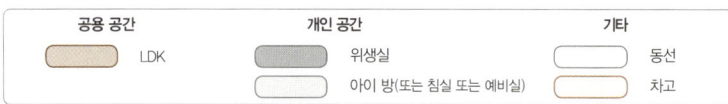

를 포함해 어느 층에 두느냐를 검토합니다. 위생실은 배수 설비가 필요하니 원칙적으로 지하에 두지 않습니다. 위생실을 어느 층(1층 또는 2층)에 배치하느냐에 따라 침실과 아이 방, 위생실의 거리가 멀어져 위생실을 이용할 때마다 3개 층을 이동해야 하는 사태도 생길 수 있습니다.

또 지하에 침실을 배치하느냐 아이 방을 배치하느냐, 혹은 예비실(서재, 취미실, 다목적실 등)을 배치하느냐도 선택해야 하는데, 이런 방들과 위생실의 위치 관계에 따라 생활 편의성이 크게 달라집니다.

생활 동선이 3개 층에 걸쳐 있으므로 가족 모두가 매일 오가는 위생실을 어느 층에 둘지를 충분히 검토해야 합니다.

2층 LDK, 1층 위생실(162쪽~)

LDK를 맨 위층인 2층에 두고, 개인 공간을 지하와 1층에 두면 개인 공간이 3개 층만큼 떨어지지 않아 생활 동선이 짧아집니다. 그래서 위생실을 어떤 층에 두느냐가 중요한데, 지하에 두면 배수 문제가 생길 수 있어 1층에 배치하는 것이 바람직합니다.

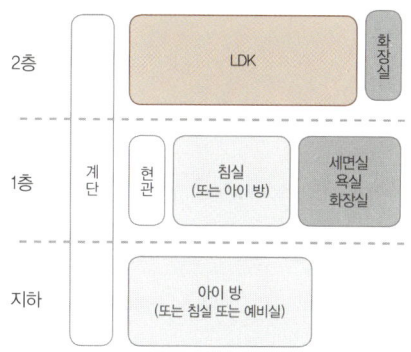

2층 LDK, 2층 위생실(172쪽~)

1층에 내부 차고를 만들면 그만큼의 면적이 2층이나 지하에서 빠집니다. 1층의 나머지 바닥면적을 생각하면 LDK를 3층에 두는 것이 보통입니다. 위생실은 지하를 제외한 1층이나 2층이 될 텐데, 1층에 두면 침실과 아이 방이 1층을 사이에 두고 멀어집니다. 반면 위생실을 2층에 두면 지하 방에서 위생실까지 3개 층을 이동해야 하지만, 아이 방(1층)과 침실(지하)이 가까워집니다. 또 2층 주방과 위생실이 가까워지니 가사 동선이 짧아집니다. 이 경우 1층에 화장실을 하나 더 두면 편의성이 높아집니다.

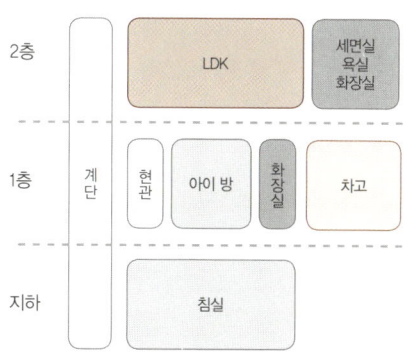

지하 방이 주는 여유

개인 공간을 2층에 모은다

지하에는 서재, 놀이방, 수납실 등 예비하는 방을 두고, 1층에는 LDK, 2층에는 침실과 아이 방 그리고 위생실을 배치했습니다.

한정된 면적 내에서 조금이라도 거실과 식당이 넓게 보이도록 정원에 나무 데크를 깔았습니다. 이웃집과의 경계에는 나무 울타리를 세워 아늑한 느낌을 내는 동시에 실내와 실외의 일체감을 강화했습니다. 2층에는 아이 방 2개와 주 침실 등 3개의 방과 위생실을 배치하여 각각의 방은 좁아졌지만, 개인적 특성이 강한 공간을 한데 모아 생활 편의성은 높아졌습니다.

구게누마 사쿠라가오카의 집

소재지	가나가와 현 후지사와 시
가족 구성	부부(40대) + 자녀 2명
부지 형상	정형(직사각형, 서쪽 도로), 도로와 부지의 높이 차이 0.8m
부지 면적	94.1m²(28.5평)
연면적	103.7m²(31.4평)
구조, 층수	지하 1층, 지상 목조 2층

작아서 더 차분하다
→ (2장 54쪽)

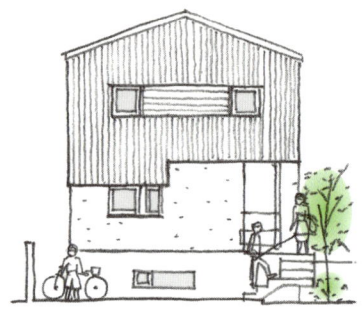

S=1:200

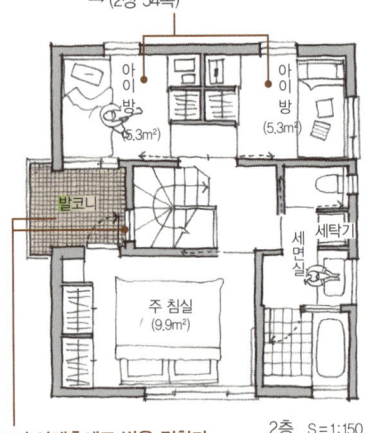

2층 S=1:150

발코니 아래층에도 빛을 전한다

2층 발코니 바닥을 FRP(섬유강화플라스틱) 소재의 격자로 처리했습니다. 그 덕분에 발코니 밑의 데크 공간에도 빛이 전달됩니다. 계단실의 세로로 긴 창에서도 빛이 골고루 비칩니다.

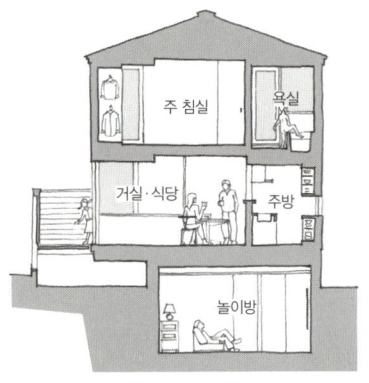

S=1:200

1층에 LDK를, 2층에 위생실을 둔다

가족이 동시에 쓸 수 있는 공간
가사 공간이지만 아이들도 여기서 공부할 수 있도록 3명이 함께 쓸 수 있는 면적을 확보했습니다.

현관에서 주방으로 가는 보조 동선
→ (2장 83쪽)

외부로 빠져나가는 동선
→ (2장 53쪽)

현관에서 정원을 대신하는 나무 테라스로 나갈 수 있습니다. '밖 ↔ 안 ↔ 밖'의 연결 관계가 생겨나 면적이 넓지 않아도 탁 트인 느낌이 듭니다.

계단실의 세로로 긴 창
→ (2장 40쪽)

3층을 관통하는 계단실을 남쪽으로 배치하고 세로로 긴 창을 달았습니다. 이 창에서 들어온 빛이 지하까지 도달합니다.

공간을 연결한다
→ (2장 52쪽)

거실·식당은 11.2m²이므로 좁은 편입니다. 그러나 계단실 너머의 현관 홀과 이어지고, 개방형 주방과도 하나의 공간으로 합쳐져 실제보다 훨씬 넓게 느껴집니다.

공기를 흐르게 한다

지하는 공기가 고여 습기가 차기 쉬운 것이 약점입니다. 그래서 수납실을 서재 및 놀이방과 연결해 공기가 순환되게 했습니다.

반지하의 이점
→ (2장 36쪽, 78쪽)

도로보다 부지가 80cm쯤 높은 점을 이용하여 반지하를 만들었습니다. 반지하는 창을 만들어 드라이 에어리어를 생략할 수 있고, 드라이 에어리어를 만들더라도 빗물을 자연 배수할 수 있는 것이 장점입니다.

지하는 부부만의 휴식 공간

지하의 이점을 살린 침실

도시형 주택의 정석대로 2층에 LDK를 배치하고 지하와 1층을 개인 공간에 할애했습니다. 아이 방은 하나만 있으면 되어 각 층의 면적 비율을 고려하여 1층에 아이 방과 위생실을, 지하에 부부 침실과 수납실을 배치했습니다.

침실이 위생실과 다른 층에 배치되었지만, 지하인데도 채광과 통풍을 위해 만든 드라이 에어리어가 정원을 대신하여 이웃집이나 도로 쪽의 시선을 신경 쓰지 않으면서 외부와 연결된 공간이 만들어졌습니다. 또 지하는 외부 기온의 영향을 덜 받고 방음 효과도 뛰어나 조용하고 쾌적한 취침 환경을 제공합니다.

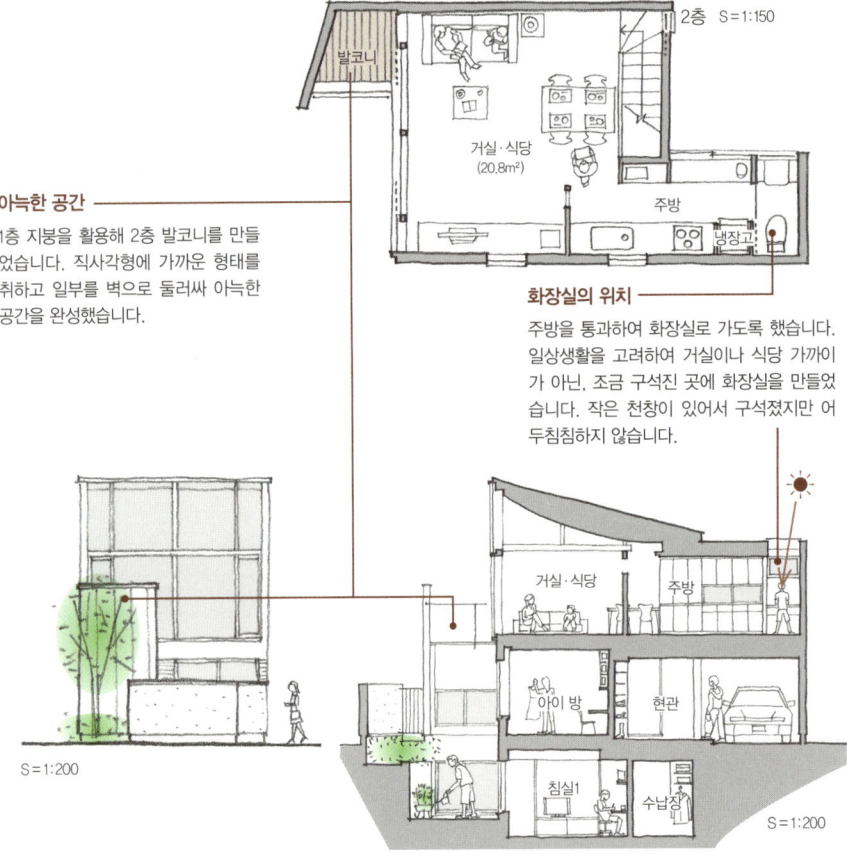

아늑한 공간
1층 지붕을 활용해 2층 발코니를 만들었습니다. 직사각형에 가까운 형태를 취하고 일부를 벽으로 둘러싸 아늑한 공간을 완성했습니다.

화장실의 위치
주방을 통과하여 화장실로 가도록 했습니다. 일상생활을 고려하여 거실이나 식당 가까이가 아닌, 조금 구석진 곳에 화장실을 만들었습니다. 작은 천창이 있어서 구석졌지만 어두침침하지 않습니다.

2층에 LDK를, 1층에 위생실을 둔다

2층	LDK	화장실
1층	계단 / 현관 / 아이 방	세면실 욕실 화장실
지하	침실	

세타의 집
- **소재지**: 도쿄 도 세타가야 구
- **가족 구성**: 부부(50대) + 자녀 1명
- **부지 형상**: 정형(직사각형, 동쪽 및 남쪽 도로)
- **부지 면적**: 75.4m²(22.8평)
- **연면적**: 90m²(27.2평)
- **구조, 층수**: 지하 1층, 지상 목조 2층

걸리적거리지 않는 수납장
세면실은 탈의실 기능도 겸하여 옷을 갈아입을 때 수건걸이가 거치적거리지 않게 벽을 일부 없애고 수건걸이를 설치했습니다.

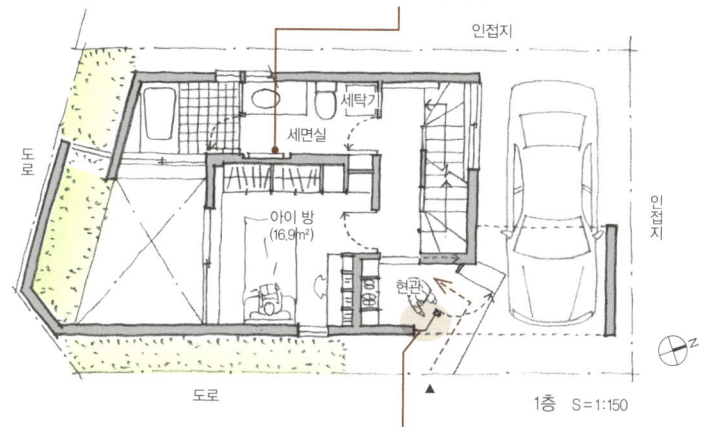

자연광을 이용한다
→ (2장 53쪽)

자동차의 출입을 고려해 건물의 구석을 없앴더니 작은 현관이 더 작아졌습니다. 그러나 현관 벽의 일부를 불투명 유리로 처리하여 부드러운 빛이 들어오게 해 답답함을 없앴습니다.

2개의 침실
침실은 부부 별실인데, 방 면적이 확연히 차이가 나서 침실2가 좁아 보입니다. 그러나 미닫이를 열면 외부 공간인 드라이 에어리어와 이어져 답답함이 해소됩니다.

작은 집이라도 수납실 겸 옷장을 만든다
→ (2장 59쪽)

부부만의 장소
→ (2장 76쪽)

지하는 부부만의 공간으로 부부의 침실, 옷방, 수납실만 있습니다.

지하의 채광과 통풍을 위한 드라이 에어리어
→ (2장 67쪽)

변형된 좁은 부지라서 오히려 좋은 집

지하에서 2층까지 연결하는 뚫린 공간

2층에는 LDK만 두고, 1층과 지하에 개인 공간을 배분했습니다. 아이가 둘 다 악기를 연주해서 지하에 아이 방과 피아노실을 배치하고, 1층에 주 침실과 위생실을 배치했습니다. 층마다 건축 기준법상 허가된 최대의 바닥면적을 확보했습니다.

지하 피아노실은 계단실뿐 아니라 상부에도 뚫린 공간이 있는데, 이 공간이 지하의 아이 방, 피아노실, 1층의 주 침실, 2층의 가사 공간으로 이어지며 각 층을 연결합니다. 지하에 있는 아이들은 다른 층에 있는 부모님의 기척을 항상 느낄 수 있습니다.

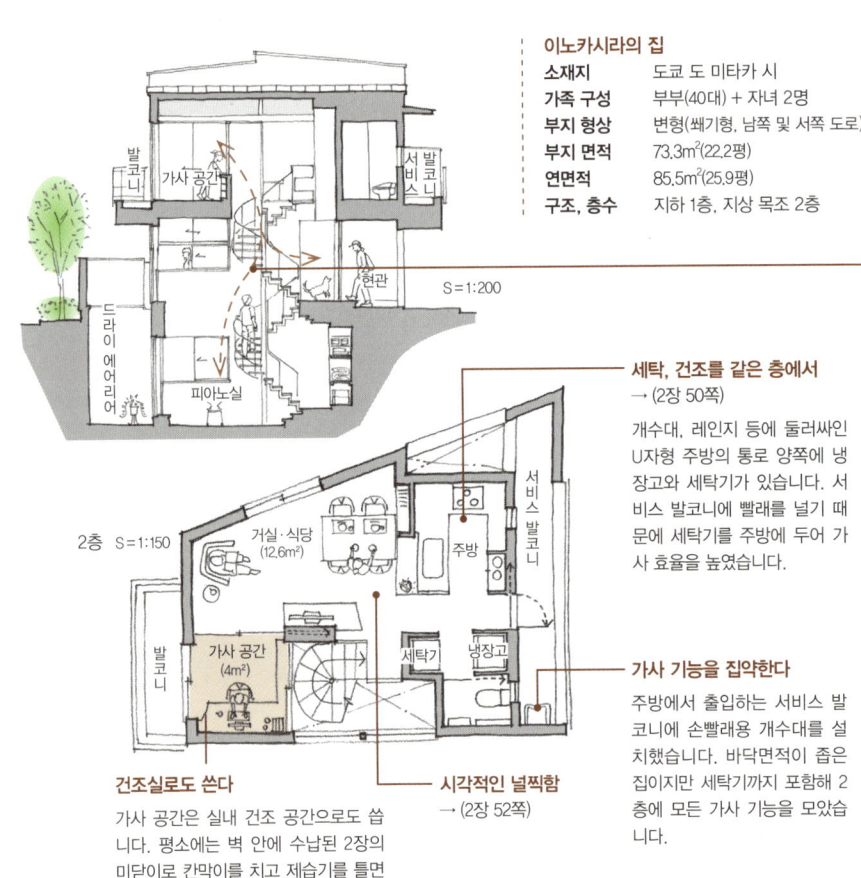

이노카시라의 집
- **소재지** 도쿄 도 미타카 시
- **가족 구성** 부부(40대) + 자녀 2명
- **부지 형상** 변형(쐐기형, 남쪽 및 서쪽 도로)
- **부지 면적** 73.3m²(22.2평)
- **연면적** 85.5m²(25.9평)
- **구조, 층수** 지하 1층, 지상 목조 2층

세탁, 건조를 같은 층에서
→ (2장 50쪽)

개수대, 레인지 등에 둘러싸인 U자형 주방의 통로 양쪽에 냉장고와 세탁기가 있습니다. 서비스 발코니에 빨래를 널기 때문에 세탁기를 주방에 두어 가사 효율을 높였습니다.

가사 기능을 집약한다

주방에서 출입하는 서비스 발코니에 손빨래용 개수대를 설치했습니다. 바닥면적이 좁은 집이지만 세탁기까지 포함해 2층에 모든 가사 기능을 모았습니다.

건조실로도 쓴다

가사 공간은 실내 건조 공간으로도 씁니다. 평소에는 벽 안에 수납된 2장의 미닫이로 칸막이를 치고 제습기를 틀면 간이 건조실이 됩니다.

시각적인 널찍함
→ (2장 52쪽)

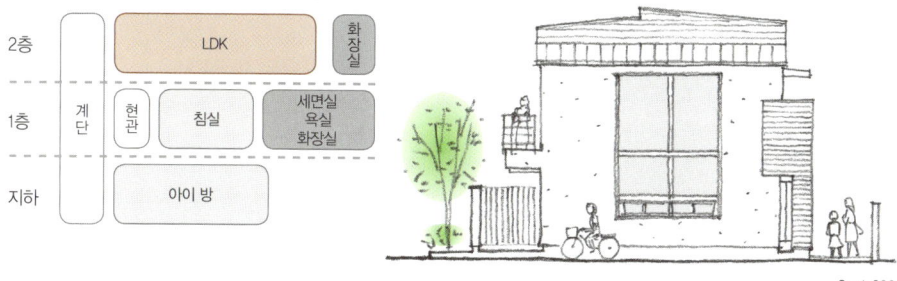

2층에 LDK를, 1층에 위생실을 둔다

세로로 연결한다
→ (2층 46쪽, 70쪽)

커다란 뚫린 공간으로 3개 층을 연결했습니다. 각 층의 바닥면적은 29.8m² 이하로 작지만 세로로 공간을 연결해서 널찍해 보이는 집을 만들었습니다.

부지의 형상에 맞춘다
→ (2장 33쪽)

부지는 세 방향이 도로로 둘러싸인 쐐기 모양입니다. 쐐기의 끝부분에 드라이 에어리어를 두고 그 뒤쪽을 부지 형상에 맞춘 사다리꼴 평면으로 만들어 부지 전체를 효과적으로 활용했습니다. 세 방향이 도로로 둘러싸인 점을 살려 현관에 두 방향으로 진입하도록 했습니다.

남쪽에 계단을 붙인다
→ (2장 40쪽)

1층 S=1:150

붙박이 가구
→ (2장 54쪽)

아이 방은 수납공간까지 포함해도 각각 6.9m², 8.6m²뿐인데다 변형된 모양입니다. 그래서 침대, 책상, 수납공간을 전부 붙박이로 설치해 공간을 알차게 활용했습니다.

바람이 잘 통하는 지하
→ (2장 67쪽)

지하의 두 아이 방에 바깥 공기가 흘러들도록 2개의 드라이 에어리어를 만들었습니다. 드라이 에어리어를 통해 피아노실을 포함한 지하 전체에 바람이 흐릅니다.

지하 S=1:150

지하에 쾌적한 생활공간을 만든다
→ (2장 76쪽)

동선 공간을 활용한 수납

지하 벽면에 수납공간을 만들었습니다. 수납실을 만들려면 일정한 면적이 필요하겠지만 동선 공간에 수납장을 설치하면 필요한 바닥면적을 최소한으로 줄일 수 있습니다.

미래를 대비한 공간설계

2개의 드라이 에어리어 덕분에 지하가 쾌적한 생활공간으로 바뀐다

2층에 LDK, 1층에 아이 방과 위생실, 지하에 주 침실과 예비실을 배치했습니다. 지하에 있는 방 2개의 채광과 통풍을 돕기 위해 드라이 에어리어도 2개 만들었습니다. 1층의 아이 방은 출입구 미닫이를 열면 계단실의 뚫린 공간을 통해 2층 LDK와 연결되므로 방에서도 거실의 동향을 살필 수 있습니다. 두 아이의 방이 14.9m²이어서 작아 보이지만, 아이들이 성장해서 개인 방이 필요해지면 이곳을 부부 침실로 바꾸고 지하의 방 2개(현재 주 침실과 예비실)를 아이 방으로 바꿀 계획입니다.

계단실의 뚫린 공간으로 상하층을 연결한다
→ (2장 70쪽)

빛을 전달하는 계단실
→ (2장 40쪽)

남쪽에 이웃집이 딱 붙어 있어서 겨울철에는 해가 잘 들지 않습니다. 계단을 남쪽으로 붙이고 계단실 고창으로 빛을 끌어들였습니다. 빛은 계단실을 통과해서 지하까지 닿습니다.

공간에 명확한 기능을 부여한다
→ (2장 50쪽)

2층에 올라가면 왼쪽이 거실과 식당, 오른쪽이 주방입니다. U자형 주방은 개수대 및 조리를 하는 쪽, 레인지로 취사를 하는 쪽, 조리 기구와 식기를 수납하는 쪽으로 공간이 명확히 나뉩니다. 덕분에 주방이 작지만 알차고 편리합니다.

2층에 LDK를, 1층에 위생실을 둔다

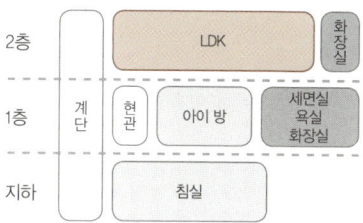

무사시코가네이의 집

소재지	도쿄 도 고가네이 시
가족 구성	부부(30대) + 자녀 2명
부지 형상	정형(직사각형, 동쪽 도로)
부지 면적	82.1m²(24.8평)
연면적	98.5m²(29.8평)
구조, 층수	지하 1층, 지상 목조 2층

지하 공간
→ (2장 76쪽)

지하에 주 침실과 예비실을 두었습니다. 또 자연광과 통풍을 확보하기 위해 각각의 방에 드라이 에어리어를 만들었습니다.

방을 교환한다

신축 당시, 두 자매가 쓰는 아이 방은 하나였습니다. 아이들이 커서 개인 방이 필요해지면 지하의 주 침실과 예비실을 두 아이의 방으로 바꾸고, 1층의 아이 방을 부부 침실로 바꿀 계획입니다. 이처럼 아이의 성장에 따라 방을 바꿀 수도 있습니다.

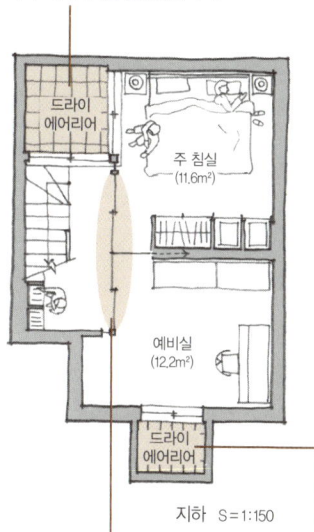

지하 S=1:150

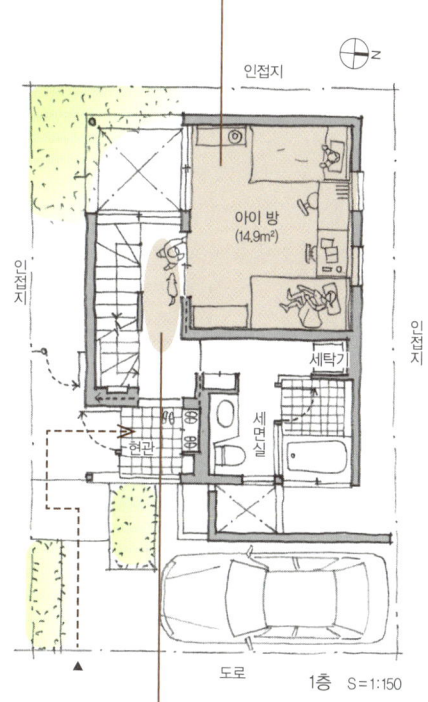

1층 S=1:150

답답함을 방지한다
→ (2장 45쪽)

지하 복도는 답답해지기 쉽습니다. 그래서 복도와 방의 모든 경계에 미닫이를 달았습니다. 미닫이의 열고 닫음에 따라 복도와 방의 관계가 변화하니 복도도 필요에 따라 방의 일부가 됩니다.

지하의 채광과 통풍을 돕는 드라이 에어리어
→ (2장 67쪽)

복도도 방의 일부로
→ (2장 45쪽)

아이 방의 출입구에 벽에 밀어 넣을 수 있는 미닫이를 설치했습니다. 미닫이를 열면 아이 방이 복도, 계단과 이어진 널찍한 공간이 됩니다.

반지하의 장점

어떤 층에서든 계단실이야말로 구조설계의 핵심

반지하에 침실과 옷장, 그리고 작은 서재 공간을 배치했습니다. 1층을 동선 공간(현관, 복도, 계단실) 양쪽으로 아이 방과 위생실을 배치하니, 지하와 1층은 완전한 개인 공간이 되었습니다. 2층은 계단실 양쪽으로 LDK와 가족 모두가 쓸 수 있는 가사 공간을 배치했습니다.

계단실과 계단으로 이어지는 복도는 각 층의 핵심 공간입니다. 지하에서 계단실은 아담한 피아노 연습실이 되고, 1층에서는 아이 방과 현관으로 이어지는 여유 공간이 되며, 2층에서는 상하 방향의 회전성을 만드는 구조로 씁니다.

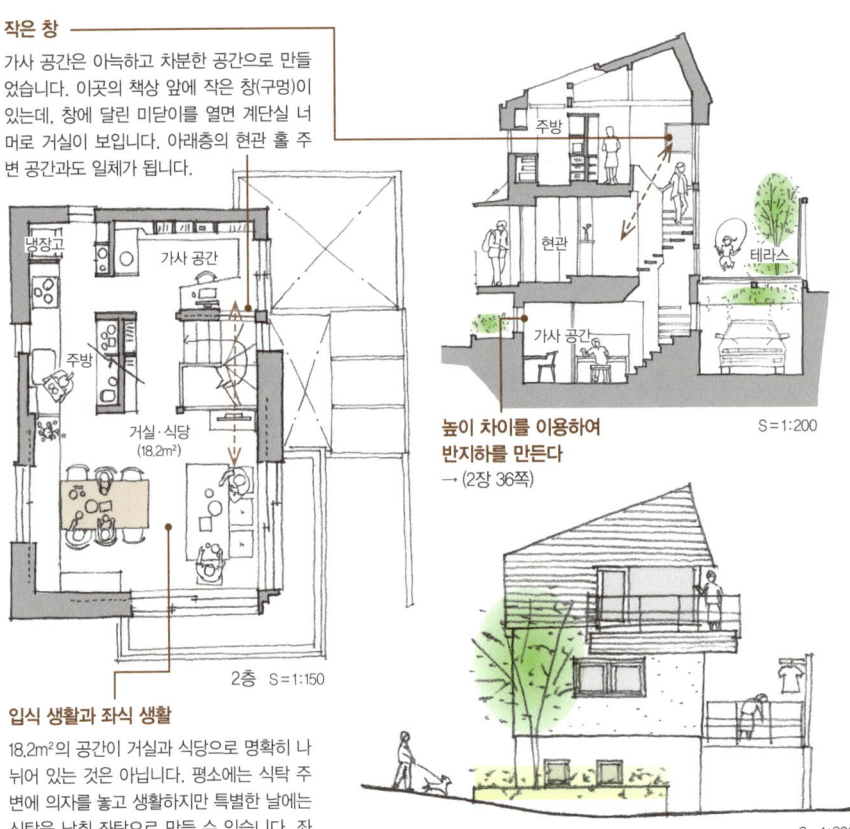

작은 창
가사 공간은 아늑하고 차분한 공간으로 만들었습니다. 이곳의 책상 앞에 작은 창(구멍)이 있는데, 창에 달린 미닫이를 열면 계단실 너머로 거실이 보입니다. 아래층의 현관 홀 주변 공간과도 일체가 됩니다.

2층 S=1:150

높이 차이를 이용하여 반지하를 만든다
→ (2장 36쪽)

S=1:200

입식 생활과 좌식 생활
18.2m²의 공간이 거실과 식당으로 명확히 나뉘어 있는 것은 아닙니다. 평소에는 식탁 주변에 의자를 놓고 생활하지만 특별한 날에는 식탁을 낮춰 좌탁으로 만들 수 있습니다. 좌식 생활도 즐길 수 있게 만든 장치입니다.

S=1:200

2층에 LDK를, 1층에 위생실을 둔다

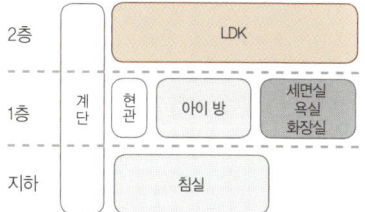

사쿠라가오카의 집

소재지	도쿄 도 다마 시
가족 구성	부부(40대) + 자녀 2명
부지 형상	정형(직사각형, 북쪽 및 서쪽 도로)
부지 면적	91.9m²(27.8평)
연면적	100.7m²(30.5평)
구조, 층수	지하 1층, 지상 목조 2층

1층 S=1:150

현관 일부가 수납실로
→ (2장 61쪽)

현관을 작게 줄인 대신 현관 수납실을 추가했습니다. 현관이나 수납실 공간이 널찍한 현관 홀과 이어져 전혀 답답하지 않습니다. 방풍을 위해 미닫이로 홀과 현관을 구분할 수도 있습니다.

공간끼리 연계하여 널찍하게 연출한다
→ (2장 45쪽, 54쪽)

복도를 계단실까지 포함하여 넓게 만들고 아이 방 출입구에 미닫이를 달았습니다. 미닫이를 열면 복도와 아이 방이 하나의 공간이 되어 6.3m²의 아이 방에서도 시각적인 널찍함을 느낄 수 있습니다.

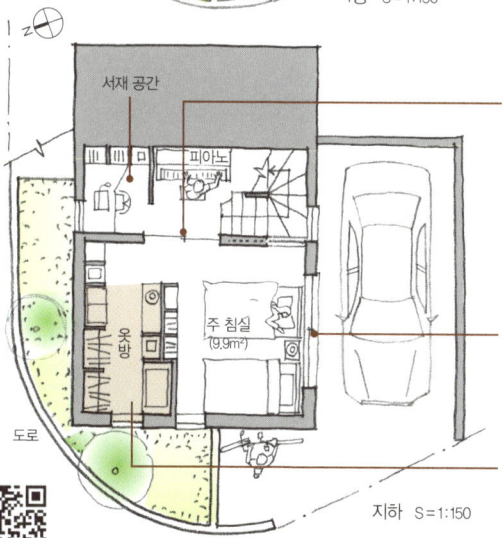

지하 S=1:150

피아노 공간과 반입 동선

사용 빈도를 고려해서 지하 계단 밑에 피아노를 두었습니다. 피아노를 지하에 둘 때는 반입 동선을 미리 생각해야 합니다. 여기서는 주 침실 창을 통해 피아노를 실내로 들인 후 계단 밑까지 운반했습니다. 침실 출입구에 달린 2장의 미닫이문은 피아노 등을 반입할 때 떼어낼 수 있습니다.

반지하에는 창을 달 수 있다
→ (2장 78쪽)

반지하를 선택해 드라이 에어리어가 아닌 창으로 채광합니다. 창으로 빛을 받아들여 실내를 밝게 유지하는 동시에 공기를 순환시켜 실내의 습기를 배출하는 것이 중요합니다.

여유 있는 수납공간
→ (2장 59쪽)

침실 옆에 수납공간을 되도록 넓게 만들어 의류와 잡다한 물건을 수납하게 했습니다.

부가 공간인 방음실을 반지하에

변칙적인 스킵플로어로 상하층을 연결한다

북쪽 도로 옆에 차 2대분의 주차 공간을 확보해서 건물은 남쪽으로 붙였습니다. 남향의 햇빛을 받아들이기 위해 2층에 LDK를 배치하고, 1층을 개인 공간으로 구성했습니다.

피아노 레슨실을 반지하에 배치하니 1층은 스킵플로어 구조가 되었습니다. 그러나 2층은 층간 높이 때문에 LDK가 나뉘지 않도록 평평한 바닥의 한 공간으로 설계했습니다. 그 덕분에 현관과 계단실 주변에 여유가 생겨 상하층의 연계가 강해졌습니다. 계단실 상부 천창으로 들어온 빛이 넉넉한 현관 주변 공간을 밝혀줍니다.

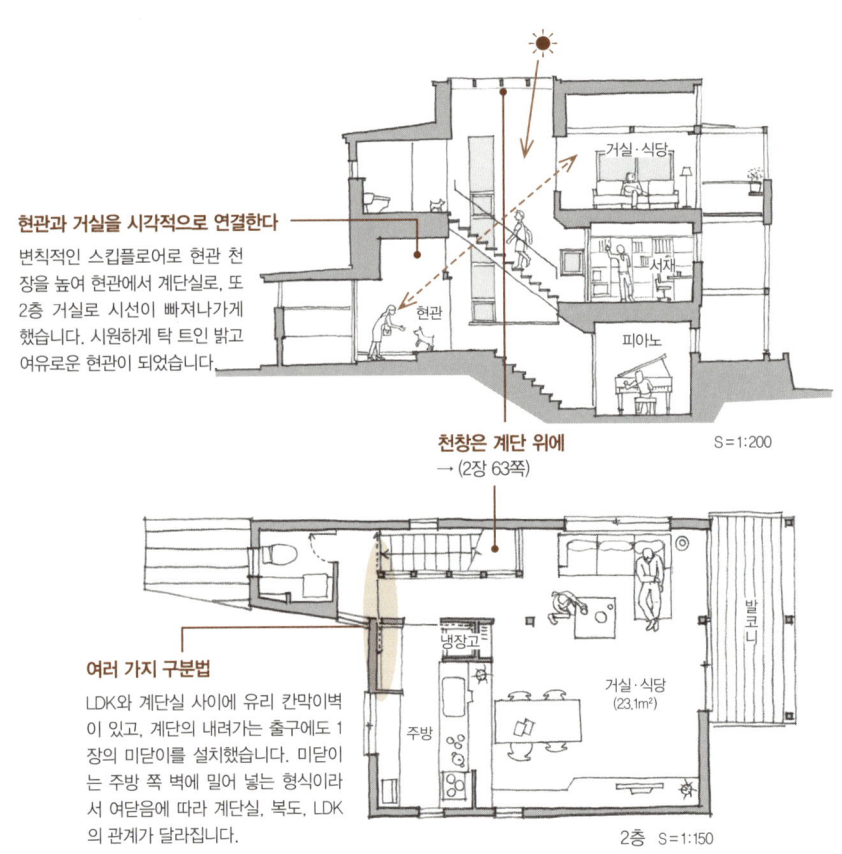

현관과 거실을 시각적으로 연결한다
변칙적인 스킵플로어로 현관 천장을 높여 현관에서 계단실로, 또 2층 거실로 시선이 빠져나가게 했습니다. 시원하게 탁 트인 밝고 여유로운 현관이 되었습니다.

천창은 계단 위에
→ (2장 63쪽)

S=1:200

여러 가지 구분법
LDK와 계단실 사이에 유리 칸막이벽이 있고, 계단의 내려가는 출구에도 1장의 미닫이를 설치했습니다. 미닫이는 주방 쪽 벽에 밀어 넣는 형식이라서 여닫음에 따라 계단실, 복도, LDK의 관계가 달라집니다.

2층 S=1:150

2층에 LDK를, 1층에 위생실을 둔다

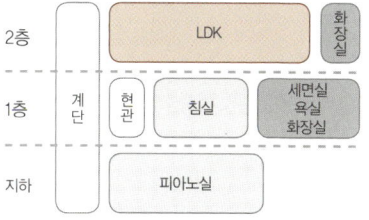

침실의 편의성을 우선시한다
의류 수납공간은 침실 쪽에서 쓰게 되어 있습니다. 뒤쪽으로 들어가면 철 지난 옷과 기타 물건을 수납하는 공간이 있습니다.

자유로운 공간을 만든다
침실 면적에 여유를 주어 서재나 휴식 공간 등을 자유롭게 구성할 수 있습니다.

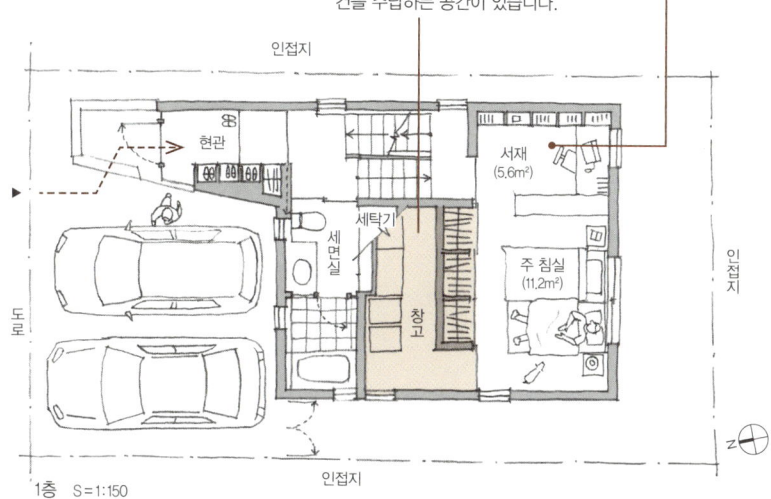

1층 S=1:150

3층 건물과 지하실의 사이
→ (2장 78쪽)

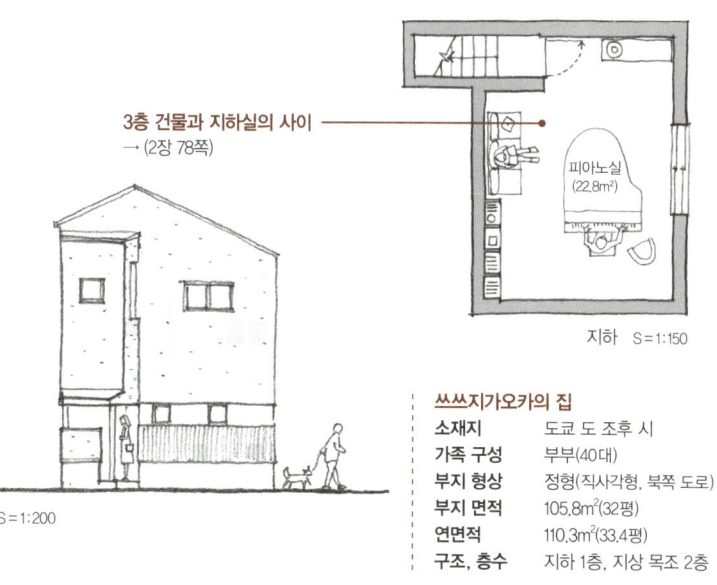

지하 S=1:150

S=1:200

쓰쓰지가오카의 집

소재지	도쿄 도 조후 시
가족 구성	부부(40대)
부지 형상	정형(직사각형, 북쪽 도로)
부지 면적	105.8m²(32평)
연면적	110.3m²(33.4평)
구조, 층수	지하 1층, 지상 목조 2층

사선제한이 엄격한 땅에 지은 3층 건물

작은 부지라도 넓은 공간을 확보한다

59.5m² 남짓한 부지에 주차 공간을 포함한 4인 가족의 집을 지으려면 3층 건물을 선택하는 것이 일반적입니다. 그러나 이 지역에는 북쪽 사선제한이 있어서 3층을 천장 높이 1.4m의 다락으로 만들고 지하를 추가했습니다. 1층은 차고가 건물 일부를 차지하여 면적이 줄어들어 2층에 LDK와 위생실을, 1층에는 아이 방을, 지하에는 침실과 다목적 공간을 배치했습니다. 지하에서도 지상층과 똑같은 거주 환경을 누릴 수 있게 2개의 드라이 에어리어를 만들어 원활한 채광과 통풍을 꾀했습니다.

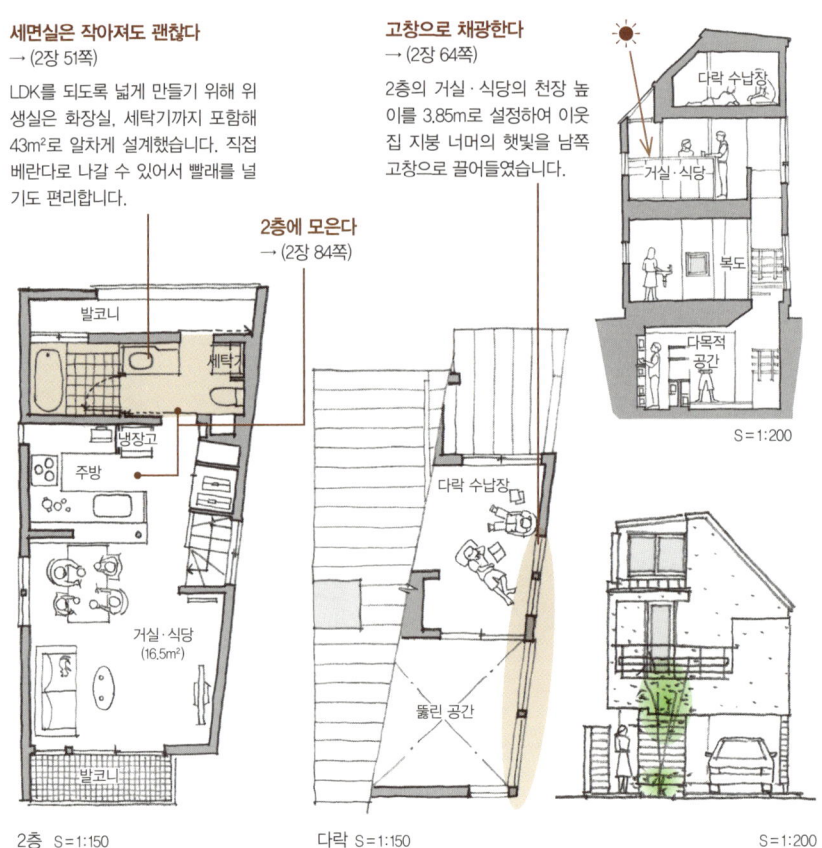

세면실은 작아져도 괜찮다
→ (2장 51쪽)
LDK를 되도록 넓게 만들기 위해 위생실은 화장실, 세탁기까지 포함해 43m²로 알차게 설계했습니다. 직접 베란다로 나갈 수 있어서 빨래를 널기도 편리합니다.

고창으로 채광한다
→ (2장 64쪽)
2층의 거실·식당의 천장 높이를 3.85m로 설정하여 이웃집 지붕 너머의 햇빛을 남쪽 고창으로 끌어들였습니다.

2층에 모은다
→ (2장 84쪽)

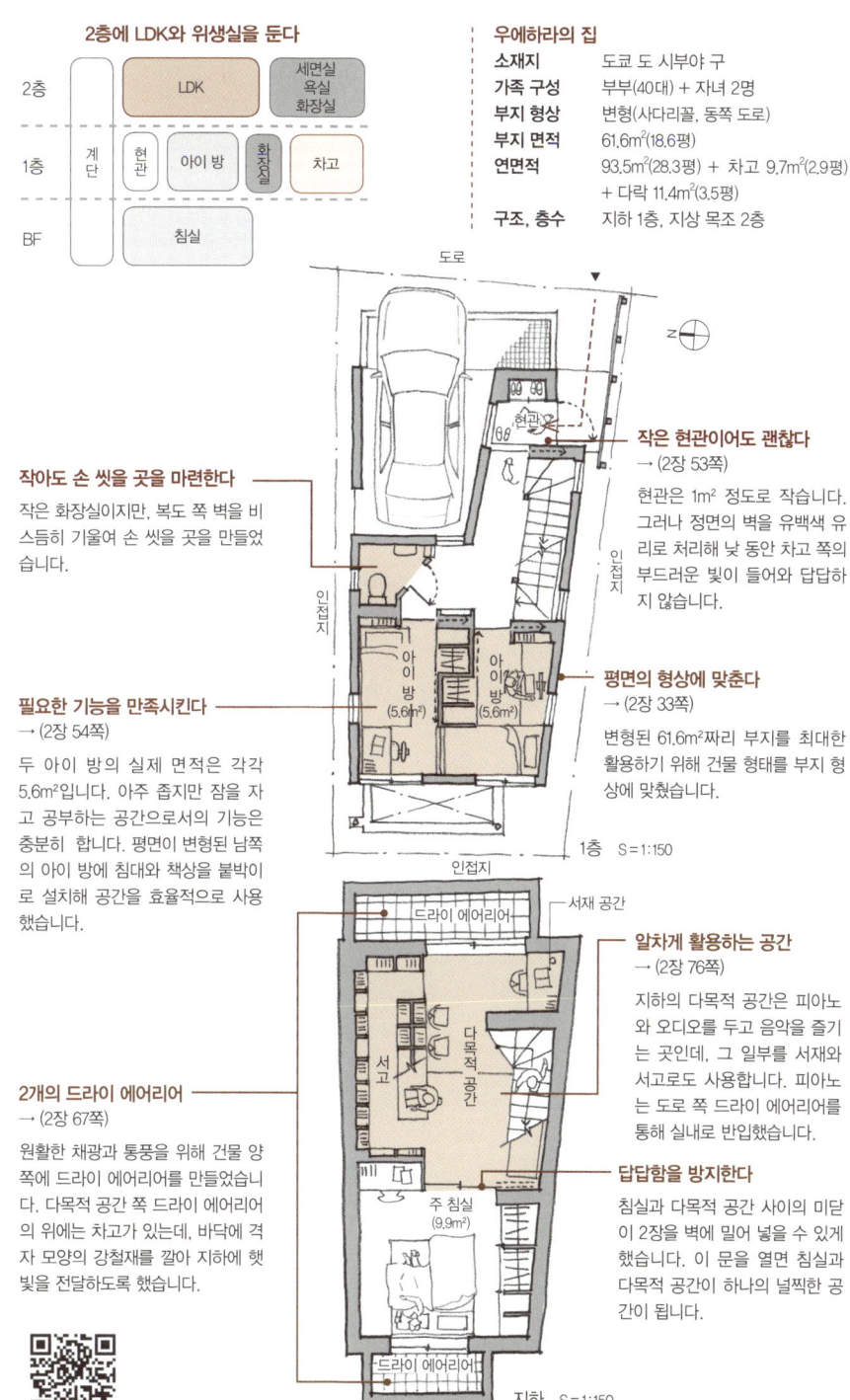

# 4층 건물의 위생실은 중간층에 둔다

부지 면적이 76m²쯤 되면 지상 3층 건물을 짓든 지하 1층과 지상 2층을 합쳐 총 3층을 만들든 해서 생활에 필요한 바닥면적을 가까스로 확보할 수 있습니다. 그러나 부지가 49.6m²까지 줄어들면 3층으로 필요한 바닥면적을 도저히 확보할 수 없어 4층 건물을 짓게 됩니다.

부지마다 지역에서 정한 높이 제한이 있어서 지상 4층 건물이 불가능하다면 지상 3층에 지하를 추가해 총 4층을 확보하면 됩니다. 어쨌든 일상적인 상하 방향의 이동 거리가 길어지는데, 실내의 기점이 되는 현관이 4개 층 중 최하층에 위치하느냐 두 번째 층에 위치하느냐에 따라 각 방의 위치 관계가 달라집니다.

지하 + 지상 3층 건물(176쪽~)

지역에 따라서는 높이 제한으로 지하 1층, 지상 3층, 총 4층 건물을 짓는 경우가 있습니다. 사실 구조설계에서 실내의 기점이 되는 1층 현관과 기타 공간의 관계는 3층 건물과 크게 다르지 않습니다. 다만 각 층의 바닥면적이 작아져 개인 공간이 각 층으로 분산될 뿐입니다.

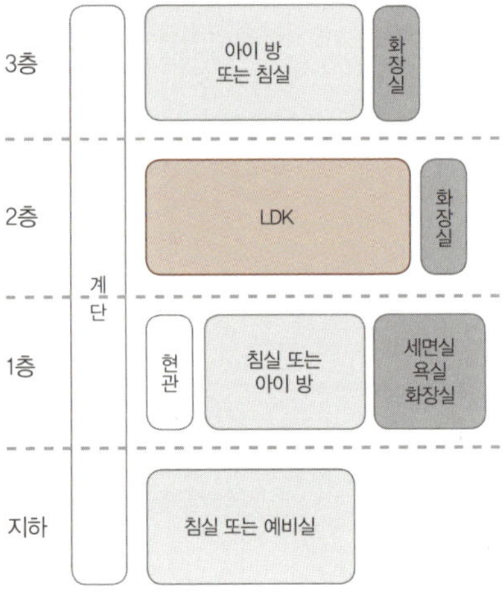

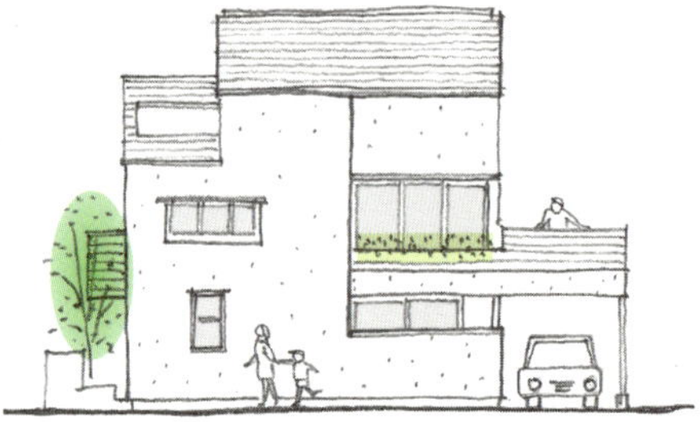

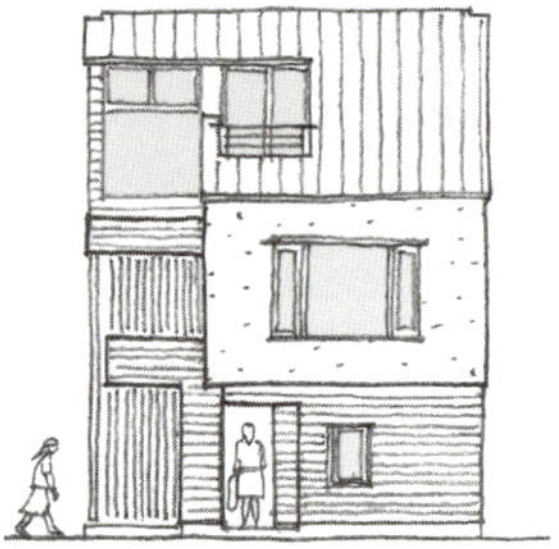

다만 위생실은 배수 처리 문제 때문에 일반적으로 지하에 두지 않습니다. 수압이 낮아지는 4층에 두는 것 또한 바람직하지 않습니다. 한 층의 면적에 한계가 있으니 LDK와 같은 층에 둘 수도 없습니다.

그렇다면 위생실은 지하와 4층, LDK가 있는 층을 제외한 층에 둡니다. 그다음에 다른 층에 배분된 침실과 아이 방, 예비실 등과 위생실의 관계를 고려하여 각각의 공간을 배치하면 됩니다. 당연한 얘기지만 LDK는 경치가 좋은 위층에 배치하는 것이 좋습니다.

지상 4층 건물(180쪽~)

높이 제한이 엄격하지 않아 건물을 위로 늘릴 수 있다면, 비용이 많이 드는 지하를 만들기보다 지상 4층 건물을 선택하는 것이 낫습니다. 지상 4층 건물은 1층 현관에서 맨 위층의 생활공간까지 상하 이동 거리가 길어지겠지만, 일단은 LDK와 각각의 방 및 위생실의 관계만 생각합시다. LDK 공간을 어느 층에 두느냐, 그리고 위생실을 어디에 두어 다른 공간들과 연계하느냐 하는 것이 작은 부지에 4층집을 지을 때 결정해야 할 첫 번째 문제입니다.

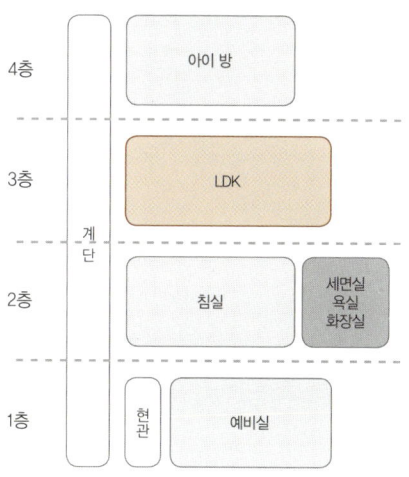

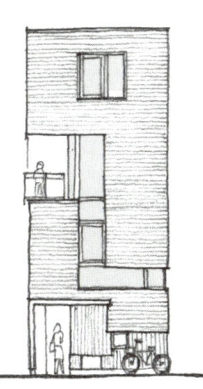

약 46.3m²에는 한 층에 한 가지 기능만 있는 4층 건물

환경이 좋은 2층에 LDK를 배치하고 다른 공간은 분산한다

46.3m²도 되지 않는 부지에서 생활에 필요한 바닥면적을 확보하려면 4층 건물을 지어야 합니다. 그런데 이 집은 도로 사선제한으로 지하 1층, 지상 3층을 선택하게 되었습니다.

모든 층의 바닥면적이 26.4m² 정도뿐이어서 아무리 궁리해도 한 층에 한두 가지 기능만 넣을 수 있었습니다. 채광, 현관으로부터의 동선, 면적 등의 조건이 가장 좋았던 2층에 우선 LDK를 배치하기로 했습니다. 위생실은 배수 처리 문제 때문에 1층에 두고, 침실과 아이 방, 예비실 등 각각의 방을 LDK가 있는 2층 외의 층에 분산했습니다.

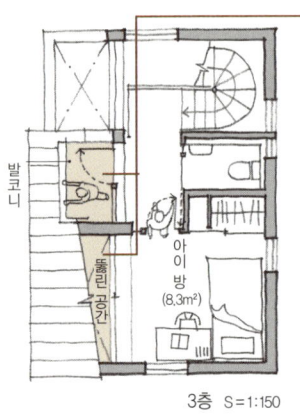

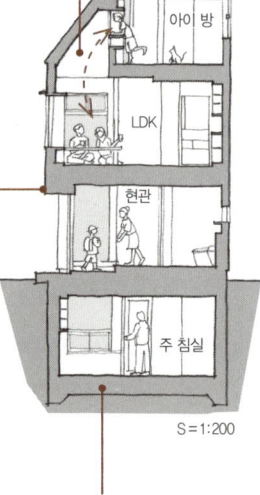

사선제한을 이용한다
도로 사선제한에 따라 건물 지붕이 비스듬히 잘렸습니다. 이 점을 이용해 2층 거실 및 식당에서 3층의 아이 방으로 이어지는 뚫린 공간을 만들고, 3층에 작은 발코니도 만들었습니다. 이 발코니는 3층 이상 주택에 필수적인 비상용 진입로이기도 합니다.

한 층에 한 기능만
→ (2장 37쪽)

공용 공간인 LDK는 한꺼번에 2층에 배치했지만 개인 공간을 한 층에 모으기에는 층별 면적이 부족합니다. 그래서 한 층에는 아이 방을 모으고, 다른 층에 침실과 관련된 공간을 모으는 등 한 층에 한 기능씩 부여하는 것을 원칙으로 삼았습니다.

계단실도 방으로 만든다
거실 및 식당과 계단실을 구분하는 창호를 폭넓은 미닫이로 처리했습니다. 이 미닫이를 벽에 밀어 넣으면 발코니와 계단실까지 거실·식당의 일부가 되어 널찍한 하나의 공간이 생겨납니다.

면적에 얽매이지 않아도 되는 거실 겸 식당
→ (2장 52쪽)

4개 층을 쌓아 올리는 선택지도 있다
→ (2장 77쪽)

지하 1층 + 지상 3층 건물

3층	아이 방 / 화장실
2층	LDK
1층	현관 / 예비실 / 세면실·욕실·화장실
지하	침실

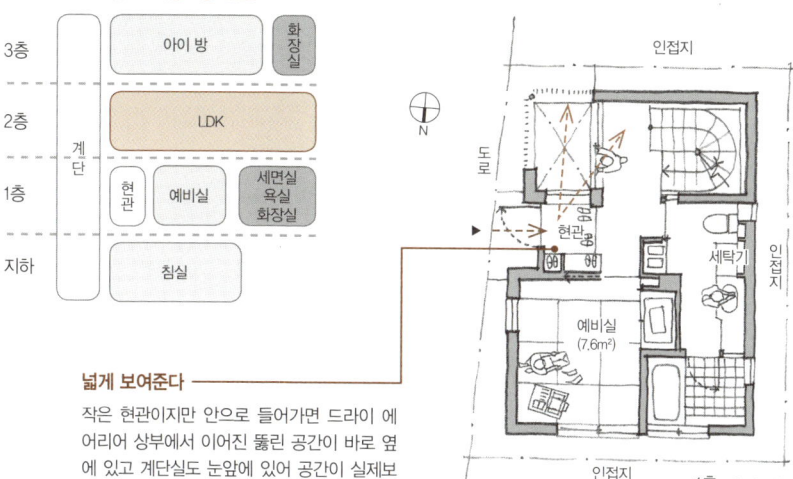

1층 S=1:150

넓게 보여준다

작은 현관이지만 안으로 들어가면 드라이 에어리어 상부에서 이어진 뚫린 공간이 바로 옆에 있고 계단실도 눈앞에 있어 공간이 실제보다 널찍하게 느껴집니다.

어디서든 자연광을 즐긴다
→ (2장 67쪽)

면적이 3.3m²도 되지 않는 드라이 에어리어지만 건물 모서리에 배치하여 계단실, 침실, 서재 등 모든 장소에서 자연광을 느끼게 했습니다.

고립되지 않게 한다

직업상 부부 둘 다 서재가 필요하여 둘이 나란히 작업할 수 있는 서재를 만들었습니다. 지하실 특유의 고립감과 압박감을 해소하기 위해 침실 쪽 칸막이벽을 1.5m 정도로 낮추고 상부의 공간을 연결했습니다.

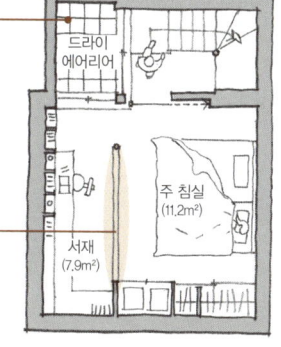

지하 S=1:150

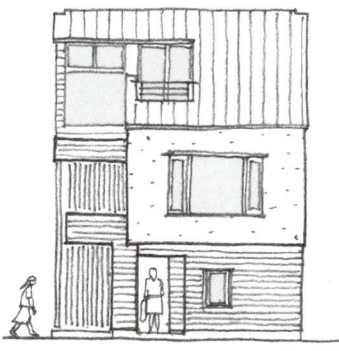

S=1:200

센다기 2의 집

소재지	도쿄 도 분쿄 구
가족 구성	부부(40대) + 자녀 1명
부지 형상	정형(동쪽 도로)
부지 면적	40.1m²(13.9평)
연면적	100.4m²(30.4평)
구조, 층수	지하 1층, 지상 철골조 3층

지하는 책과 서재를 위한 공간

각 층이 각기 다른 형태로 바깥과 이어진다

부지 남쪽의 주차 공간 위에 2층 거실에서 출입하는 발코니를 만들어 정원 대신 활용하기로 했습니다. 지하에는 두 곳의 서재와 서고를 배치했는데, 양쪽 서재에서 드라이 에어리어로 나갈 수 있습니다. 1층 역시 마찬가지로, 침실에서는 테라스 너머로 지하 드라이 에어리어의 식물들을, 위생실 안의 욕실에서는 안뜰을 감상할 수 있습니다. 3층 아이 방에서도 지붕 발코니로 나갈 수 있습니다.

이처럼 어떤 층에 있든지 각각 바깥과의 연결고리가 있어 한정된 면적 안에서도 여유를 느낄 수 있습니다.

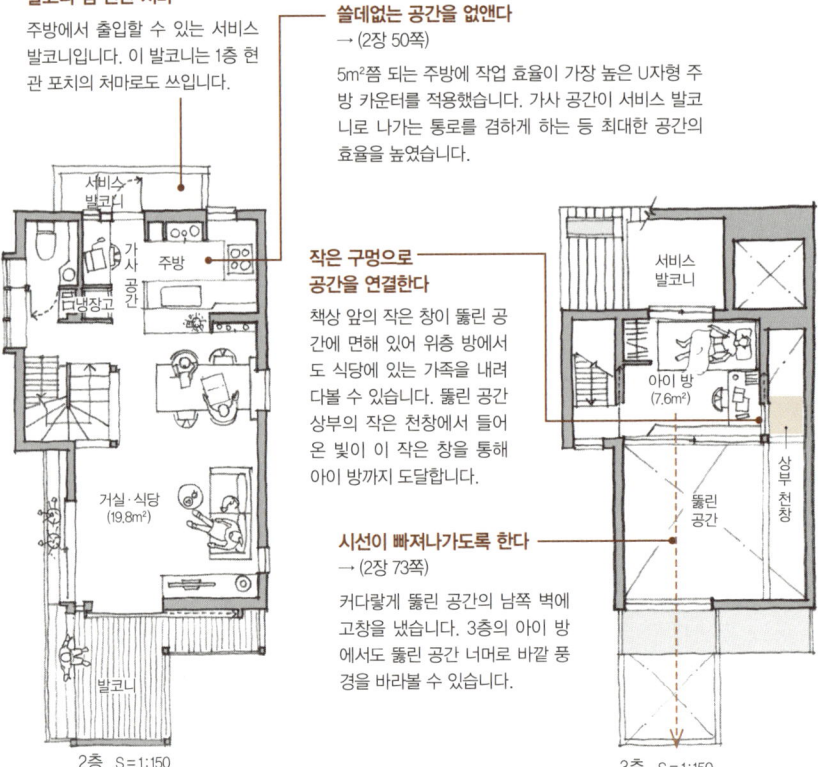

발코니 겸 현관 처마
주방에서 출입할 수 있는 서비스 발코니입니다. 이 발코니는 1층 현관 포치의 처마로도 쓰입니다.

쓸데없는 공간을 없앤다
→ (2장 50쪽)
5m²쯤 되는 주방에 작업 효율이 가장 높은 U자형 주방 카운터를 적용했습니다. 가사 공간이 서비스 발코니로 나가는 통로를 겸하게 하는 등 최대한 공간의 효율을 높였습니다.

작은 구멍으로 공간을 연결한다
책상 앞의 작은 창이 뚫린 공간에 면해 있어 위층 방에서도 식당에 있는 가족을 내려다볼 수 있습니다. 뚫린 공간 상부의 작은 천창에서 들어온 빛이 이 작은 창을 통해 아이 방까지 도달합니다.

시선이 빠져나가도록 한다
→ (2장 73쪽)
커다랗게 뚫린 공간의 남쪽 벽에 고창을 냈습니다. 3층의 아이 방에서도 뚫린 공간 너머로 바깥 풍경을 바라볼 수 있습니다.

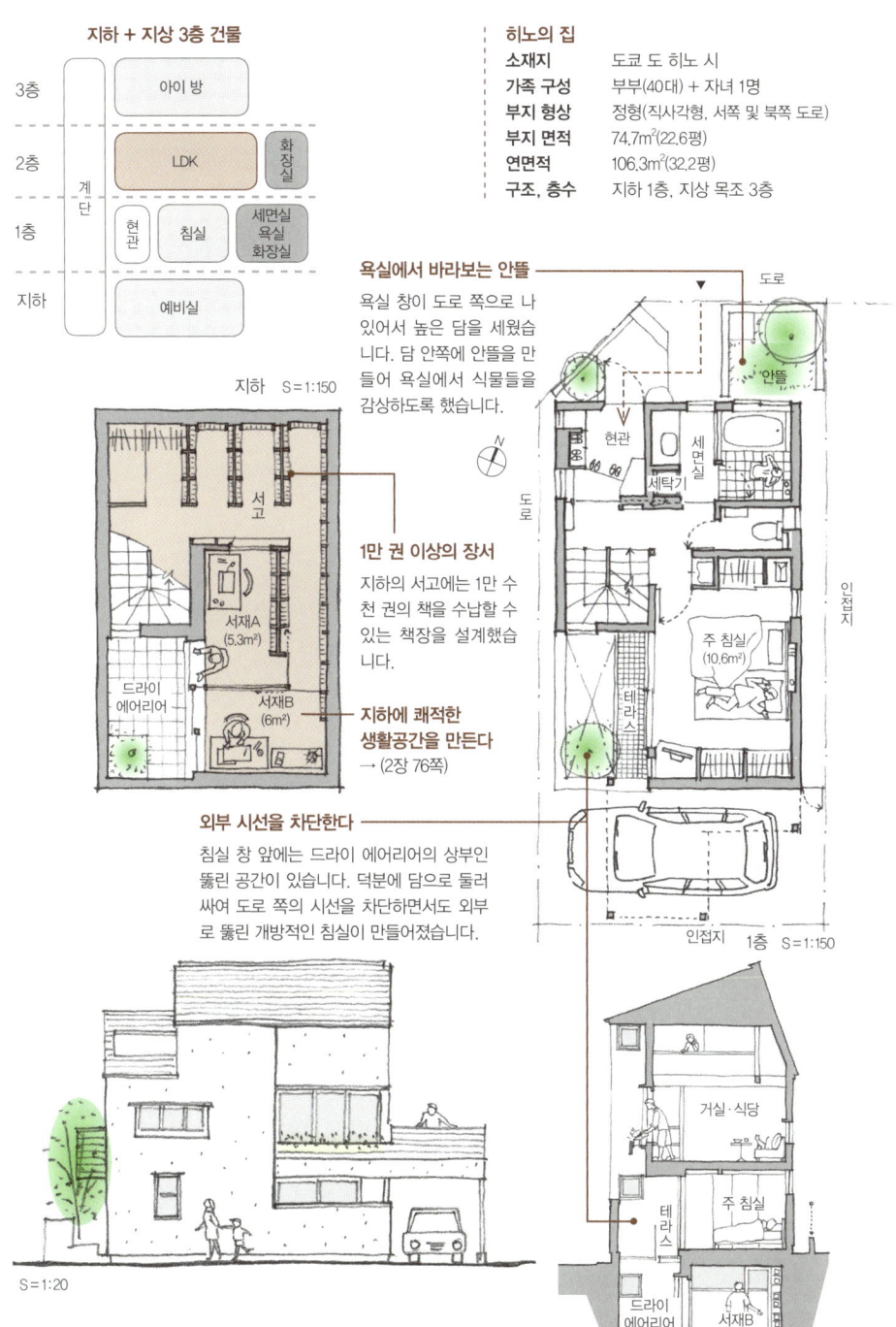

'한 층에 한 기능' 원칙

LDK를 중심에 두고 생활공간을 배치한다

46.3m²도 되지 않는 부지에 60%의 건폐율을 만족하는 집을 지으려면 한 층의 바닥면적이 27.8m²도 채 되지 않습니다. 연면적 99.2m² 전후를 확보하려면 4층으로 지어야 합니다. 게다가 이 집에는 4인 가족이 지낼 생활공간뿐만 아니라 서고 겸 음악실이 필요했습니다.

그래서 해가 잘 들지 않는 1층을 서고 겸 음악실로 만들고, 그 위 3개 층을 생활공간으로 구성했습니다. 또 3층 LDK를 4층 아이 방과 2층 침실의 중간인 3층에 두어 가족이 모이는 장소와 각자 방의 거리를 줄이고 편의성도 높였습니다.

다실처럼 사용한다
→ (2장 52쪽)

11.9m² 안에 거실과 식당이 공존합니다. 식탁을 두면 의자에만 앉을 수 있으니 좌탁을 두어 옛날의 다실 같은 공간을 만들었습니다. 주방은 대면식이지만 주방 내부, 특히 주방의 바닥 쪽은 거실·식당 쪽에서 보이지 않습니다.

아이 방은 6.6m²로 충분하다
→ (2장 54쪽)

한 방의 면적은 실질적으로 6.6m²쯤 되므로 책상만 두기에 적합합니다. 그래서 침대를 2단 침대로 만들어 두 방의 중앙에 두었는데, 상하층을 별도로 양쪽 방에서 사용하도록 만들어 각자의 사생활을 지킬 수 있게 했습니다.

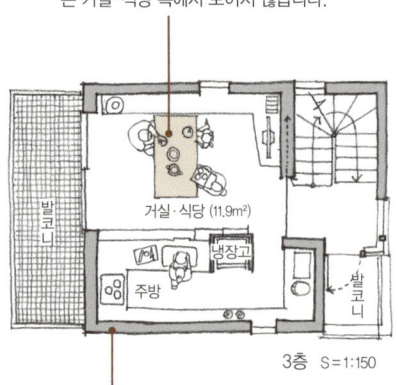

3층 S=1:150

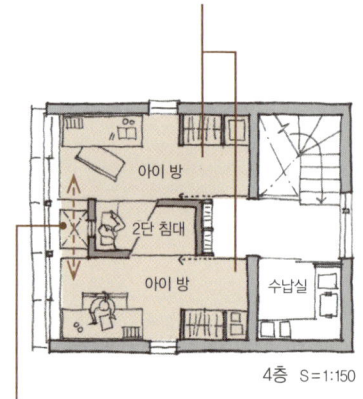

4층 S=1:150

한 층이 한 기능만 한다
→ (2장 37쪽, 77쪽)

모든 층이 약 26.4m²이므로 편의성을 높이기 위해 여러 기능을 각 층에 분산하는 '한 층에 한 기능' 원칙을 고수했습니다. 3층은 LDK로 특화했습니다.

작은 구멍으로 연결한다
→ (2장 71쪽)

4층의 아이 방과 3층의 LDK는 작은 뚫린 공간으로 이어져 상하층 사이의 소통이 원활합니다. 아이 방끼리도 칸막이벽의 여닫이를 열면 공간이 이어집니다.

지상 4층 건물

4층	아이 방
3층	LDK
2층	침실 / 세면실·욕실·화장실
1층	현관 / 예비실

(계단)

아카쓰쓰미의 집

소재지	도쿄 도 세타가야 구
가족 구성	부부(40대) + 자녀 2명
부지 형상	정형(직사각형, 북쪽 도로), 도로와의 높이 차이 1m
부지 면적	45.9m²(13.9평)
연면적	105.4m²(31.9평)
구조, 층수	철골조 4층

수납장에는 여닫이문이 좋을까 미닫이문이 좋을까
→ (2장 60쪽)

침실에는 옷을 수납할 공간과 이불을 수납할 벽장이 필요합니다. 각각 적합한 크기가 있으므로 옷과 이불 수납장을 따로 만들어 옷장에 여닫이문을 달았습니다. 이불을 펴놓아도 이불에 걸리지 않고 열 수 있는 문의 크기를 측정해 제작했습니다.

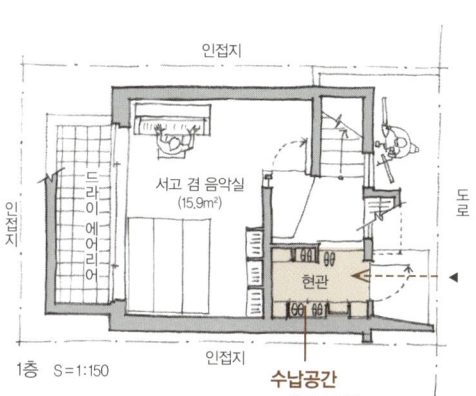

1층 S=1:150

수납공간
→ (2장 53쪽)

현관의 깊이를 이용해 작은 수납장을 설치하여 현관이 물건으로 어지러워지지 않게 했습니다.

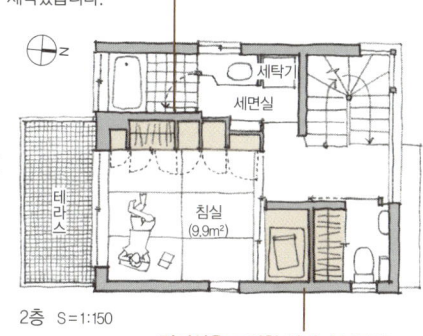

2층 S=1:150

편의성을 고려한 양면 수납공간

침실 쪽은 이불을 수납하는 벽장. 화장실 쪽은 화장실의 잡화를 수납하는 수납장입니다.

상부 수납장과 하부 수납장
→ (2장 58쪽)

S=1:200

S=1:200

감사의 말

편집을 맡아준 이치카와 미키오 씨와 일러스트를 그려 그림에 생생한 숨결을 불어넣어 준 아오키 미도리 씨에게 감사드립니다. 또 무엇보다 한정된 부지 면적에도 좌절하지 않고 긍정적인 생각을 유지하며 집 짓기에 도전해준 실제 사례 41채의 건축주 여러분께 깊이 감사드립니다. 집 짓기 과정에서 다양한 취사선택을 하면서도 꿈꾸던 집을 실현하기 위해 변함없이 함께 노력해주었습니다. 우리를 함께 집을 지을 파트너로 선택해주어서 정말 감사합니다.

평 → 제곱미터 환산표

0.5평 = 1.7m²	16평 = 52.9m²
1평 = 3.3m²	17평 = 56.2m²
1.5평 = 5m²	18평 = 59.5m²
2평 = 6.6m²	19평 = 62.8m²
3평 = 9.9m²	20평 = 66.1m²
4평 = 13.2m²	21평 = 69.4m²
5평 = 16.5m²	22평 = 72.7m²
6평 = 19.8m²	23평 = 76m²
7평 = 23.1m²	24평 = 79.3m²
8평 = 26.4m²	25평 = 82.6m²
9평 = 29.8m²	26평 = 86m²
10평 = 33.1m²	27평 = 89.3m²
11평 = 36.4m²	28평 = 92.6m²
12평 = 39.7m²	29평 = 95.9m²
13평 = 43m²	30평 = 99.2m²
14평 = 46.3m²	40평 = 132.2m²
15평 = 49.6m²	100평 = 330.6m²

작은 집 짓기 해부도감

1판 1쇄 발행 2018년 7월 18일
1판 7쇄 발행 2024년 4월 19일

지은이 혼마 이타루
옮긴이 노경아

발행인 김기중
주간 신선영
편집 백수연, 정진숙
마케팅 김신정, 김보미
경영지원 홍운선

펴낸곳 도서출판 더숲
주소 서울시 마포구 동교로 43-1 (04018)
전화 02-3141-8301
팩스 02-3141-8303
이메일 info@theforestbook.co.kr
페이스북 @forestbookwithu
인스타그램 @theforest_book
출판신고 2009년 3월 30일 제2009-000062호

ISBN 979-11-86900-56-7 (13590)

※ 이 책은 도서출판 더숲이 저작권자와의 계약에 따라 발행한 것이므로
  본사의 서면 허락 없이는 어떠한 형태나 수단으로도 이 책의 내용을 이용하지 못합니다.
※ 잘못된 책은 구입하신 곳에서 바꾸어 드립니다.
※ 책값은 뒤표지에 있습니다.
※ 독자 여러분의 원고투고를 기다리고 있습니다. 출판하고 싶은 원고가 있는 분은
  info@theforestbook.co.kr로 기획 의도와 간단한 개요를 연락처와 함께 보내주시기 바랍니다.